PRÉ-CÁLCULO

A198p Adami, Adriana Miorelli.
         Pré-cálculo / Adriana Miorelli Adami, Adalberto Ayjara
       Dornelles Filho, Magda Mantovani Lorandi. – Porto Alegre :
       Bookman, 2015.
         xv, 191 p. : il. ; 25 cm.

         ISBN 978-85-8260-320-8

         1. Matemática - Engenharia. 2. Pré-cálculo. I. Dornelles
       Filho, Adalberto Ayjara. II. Lorandi, Magda Mantovani. III.
       Título.

                                                        CDU 51:62

Catalogação na publicação: Poliana Sanchez de Araujo – CRB 10/2094

ADRIANA MIORELLI adami
ADALBERTO AYJARA dornelles filho
MAGDA MANTOVANI lorandi

PRÉ-CÁLCULO

© Bookman Companhia Editora Ltda., 2015

Gerente editorial: *Arysinha Jacques Affonso*

Colaboraram nesta edição:

Editora: *Denise Weber Nowaczyk*

Capa: *Márcio Monticelli*

Imagens da capa: *Maxkrasnov/iStock/Thinkstock; Iscatel57/iStock/Thinkstock*

Preparação de originais: *Cristhian Matheus Herrera*

Editoração: *Techbooks*

Crédito das imagens: p. 35: COASTERGALLERY.com. [*Jeff Rogers*]. c1999-2014. Disponível em: <http://www.coastergallery.com>. Acesso em: 10 dez. 2014. p. 54: aKabei/iStock, Thinkstock. p. 109: prappan/iStock/Thinkstock. p.133: bubaone/iStock/Thinkstock. p.133: NATIONAL PARK SERVICE. [*Site*]. 2014. Disponível em: <http://www.nps.gov/index.htm>. Acesso em: 10 dez. 2014. p. 162: Jorge Pereira/iStock/Thinkstock

Reservados todos os direitos de publicação, em língua portuguesa, à
BOOKMAN EDITORA LTDA., uma empresa do GRUPO A EDUCAÇÃO S.A.
Av. Jerônimo de Ornelas, 670 – Santana
90040-340 – Porto Alegre – RS
Fone: (51) 3027-7000   Fax: (51) 3027-7070

É proibida a duplicação ou reprodução deste volume, no todo ou em parte, sob quaisquer formas ou por quaisquer meios (eletrônico, mecânico, gravação, fotocópia, distribuição na Web e outros), sem permissão expressa da Editora.

Unidade São Paulo
Av. Embaixador Macedo Soares, 10.735 – Pavilhão 5 – Cond. Espace Center
Vila Anastácio – 05095-035 – São Paulo – SP
Fone: (11) 3665-1100   Fax: (11) 3667-1333

SAC 0800 703-3444 – www.grupoa.com.br

IMPRESSO NO BRASIL
PRINTED IN BRAZIL

Autores

Adriana Miorelli Adami

Possui graduação em Licenciatura Plena em Matemática pela Universidade de Caxias do Sul, mestrado em Matemática Aplicada pela Universidade Federal do Rio Grande do Sul e doutorado em Engenharia Elétrica pela Oregon Health and Science University. É professora da Área de Matemática e Estatística da Universidade de Caxias do Sul.

Adalberto Ayjara Dornelles Filho

Possui graduação em Licenciatura em Física e mestrado em Matemática Aplicada pela Universidade Federal do Rio Grande do Sul e especialização em Estatística Aplicada pela Universidade de Caxias do Sul. É professor da Área de Matemática e Estatística da Universidade de Caxias do Sul.

Magda Mantovani Lorandi

Possui graduação em Licenciatura Plena em Ciências - Matemática pela Universidade de Caxias do Sul, mestrado em Matemática Aplicada pela Universidade Federal do Rio Grande do Sul e especialização em Estatística Aplicada pela Universidade de Caxias do Sul. É professora da Área de Matemática e Estatística da Universidade de Caxias do Sul.

Para André e Ana Carolina (A. M. A.)
Para Elisa e Luísa (A. A. D. F.)
Para Cesar, Afonso e Augusto (M. M. L.)

Sumário

1 **Matemática Básica**
  1.1 Conjuntos 1
  1.2 Desigualdades e intervalos 3
  1.3 Intervalos limitados e ilimitados de números reais 4
  1.4 Operações com frações 6
   1.4.1 Adição e subtração de frações 6
   1.4.2 Multiplicação 7
   1.4.3 Divisão 8
  1.5 Potenciação 8
  1.6 Radiciação 10
   1.6.1 Simplificação 12
   1.6.2 Operações 12
  1.7 Simplificação de expressões algébricas fracionárias 13
  1.8 Problemas 15

2 **Função**
  2.1 Noção de função 19
  2.2 Função, domínio e imagem 20
  2.3 Representação de uma função 23
   2.3.1 Forma verbal 23
   2.3.2 Tabela de valores 24
   2.3.3 Fórmula 24
   2.3.4 Gráfico 24
  2.4 Teste da reta vertical 26
  2.5 Zeros e interceptos 27
  2.6 Sinal 30
  2.7 (De)crescimento 31
  2.8 Simetria 32
  2.9 Problemas 33

3 Função Afim e Função Linear

3.1 Definições e principais características. 39
3.2 A inclinação da reta. 40
3.3 Função linear crescente, decrescente e constante. 43
3.4 A equação da reta 46
3.5 Funções definidas por mais de uma sentença 48
3.6 Problemas. 51

4 Limites e Função Potência

4.1 Limites (noção intuitiva) 57
    4.1.1 Limites laterais e limites bilaterais 58
    4.1.2 Limites infinitos 60
    4.1.3 Limites no infinito 62
    4.1.4 Limites infinitos no infinito 62
4.2 Continuidade 63
4.3 Função potência 65
    4.3.1 Funções da forma $f(x) = x^n$, com n inteiro positivo 65
    4.3.2 Funções da forma $f(x) = x^{-n}$, com n inteiro positivo 66
    4.3.3 Funções da forma $f(x) = x^{1/n}$ com n inteiro e positivo 68
4.4 Transformações na função potência 70
4.5 Problemas. 74

5 Função Polinomial

5.1 Definição e principais características 79
    5.1.1 Domínio e imagem 80
    5.1.2 Zeros 81
5.2 Fatoração de polinômios. 86
    5.2.1 Produtos notáveis. 88
5.3 Estudo de limites de funções polinomiais 88
5.4 Gráficos 90
5.5 Problemas. 98

6 Função Racional

6.1 Definição e principais características 101
    6.1.1 Assíntotas verticais. 103
6.2 Estudo de limites no infinito de uma função racional. 104
    6.2.1 Assíntotas horizontais. 105
6.3 Problemas. 108

7 Função Exponencial e Função Logarítmica

7.1 Função exponencial 111
7.2 Função exponencial de base natural. 114
7.3 Logaritmos e as funções logarítmicas 116
    7.3.1 Sistemas de logaritmos 117
    7.3.2 Mudança de base 118
    7.3.3 Propriedades dos logaritmos 119
    7.3.4 Definição de função logarítmica 120
7.4 Composição de funções. 123
7.5 Funções inversas 126
    7.5.1 Existência de inversa. 127
    7.5.2 Gráficos de funções inversas. 128
7.6 Problemas. 129

8 Trigonometria e Funções Trigonométricas

8.1 Trigonometria. 135
    8.1.1 Ângulo e suas unidades de medida 135
    8.1.2 O triângulo retângulo 136
    8.1.3 Razões trigonométricas no triângulo retângulo. 137
    8.1.4 Razões trigonométricas seno, cosseno e tangente
           dos ângulos de 30°, 45° e 60° 139
    8.1.5 Identidades trigonométricas. 141
    8.1.6 Ciclo trigonométrico 142
    8.1.7 Redução ao primeiro quadrante 146
    8.1.8 Ângulos de medidas opostas. 148
8.2 Funções trigonométricas. 148
8.3 Funções trigonométricas inversas 156
8.4 Problemas. 160

Apêndice A   Fórmulas Úteis e de Emergência 165

Apêndice B   Respostas aos Problemas. 171

Referências 191

Introdução

Já que me pediste [...], que te indicasse o modo como se deve proceder para ir adquirir o tesouro do conhecimento, devo dar-te a seguinte indicação: deves optar pelos riachos e não por entrar imediatamente no mar, pois o difícil deve ser atingido a partir do fácil.

São Tomás de Aquino, *De modo studendi* (c. 1250)

Ao estudante

Boa parte da matemática utilizada em cursos universitários gira em torno do estudo das *funções*. Estas constituem a maneira mais importante de descrever os fenômenos da natureza, desde os mais simples (como o movimento uniforme de um automóvel) até os mais intrincados (como o decaimento de um isótopo radioativo). A partir das noções mais elementares, pode-se progredir para o estudo do *cálculo diferencial e integral*, que é a continuação natural do estudo das funções.

Escrevemos este livro com esta intenção: fornecer aos estudante um ponto de referência sobre o conceito de função, cuja compreensão sólida (propriedades, domínio, imagem, gráficos, etc.) permita uma transição mais suave para o que vem a seguir.

Sobre o livro

O livro aborda o tema das *funções*, suas características, definições, gráficos e aplicações, bem como, ainda que de forma intuitiva, o assunto dos limites. Ele tem como objetivo ser uma revisão e uma preparação para o estudo do cálculo diferencial e integral. O material é constituído de oito capítulos, brevemente descritos a seguir:

Capítulo 1 Matemática Básica. Revisão de alguns tópicos de matemática necessários para o estudo das funções. Aborda os conjuntos numéricos e intervalos, operações com frações, regras de potenciação e radiação, e simplificação de expressões algébricas fracionárias.

Capítulo 2 Função. Introdução dos principais conceitos relacionados ao estudo de funções: caracterização de função, domínio, imagem, propriedades algébricas e gráficas, etc.

Capítulo 3 Função Afim e Função Linear. Estudo da função afim e da função linear, cuja principal característica é a variação a uma taxa constante. São abordadas também as funções definidas por mais de uma sentença.

Capítulo 4 Limites e Função Potência. Desenvolvimento do conceito de limites funcionais a partir de uma abordagem simples e intuitiva. Em seguida, são apresentadas a função potência e suas transformações.

Capítulo 5 Função Polinomial. Estudo da função polinomial, uma combinação de funções potência. São abordados os temas da fatoração e dos zeros.

Capítulo 6 Função Racional. Abordagem da função racional, definida pela razão de dois polinômios, e sua característica mais notável: as assíntotas verticais e horizontais.

Capítulo 7 Função Exponencial e Função Logarítmica. Estudo da função exponencial, cuja característica mais evidente é a taxa de crescimento à razão constante. Também são introduzidas as funções inversas, a partir da função logarítmica.

Capítulo 8 Trigonometria e Funções Trigonométricas. Desenvolvimento das funções trigonométricas, que descrevem os fenômenos periódicos.

Apêndice A Fórmulas Úteis e de Emergência. Uma breve coleção de fórmulas que podem ser úteis na resolução dos problemas propostos.

Apêndice B Respostas aos Problemas. Respostas a todos os problemas propostos, incluindo gráficos.

A estrutura do texto

Os capítulos foram redigidos a partir da definição de conceitos e da resolução de exemplos. Os gráficos ajudam a ilustrar as características das funções. Ao final dos capítulos, uma coleção de problemas é apresentada. Os problemas são divididos entre os mais simples (básicos) e os mais complexos (além do básico).

Ao longo do texto, são apresentadas diversas biografias de matemáticos e cientistas. Os autores acreditam que isso contribui para o entendimento da matemática como um conhecimento construído ao longo dos tempos pelo esforço e engenho de pessoas. O estudante pode (e deve) fazer a sua parte nessa tarefa.

Problemas precedidos pelo símbolo 📈 são especialmente indicados para o uso exploratório de um Recurso Gráfico Computacional: uma calculadora com recursos gráficos, etc. ou um *software* matemático (Scientific Notebook, MATLAB, WinPlot, etc.).

Agradecimentos

Os primeiros textos que deram início a este livro foram elaborados de forma conjunta e colaborativa. Os autores expressam aqui o seu agradecimento aos colegas que colaboraram no aperfeiçoamento destas notas: Helena M. Lüdke, Isolda G. de Lima, Janaína P. Zingano, Juliana Dotto, Kelen B. de Mello, Laurete T. Z. Sauer, Luciana M. Somavilla, Marília S. de Azambuja, Marina D'Agostini, Mauren T. Pize, Rejane Pergher e Simone F. T. Gonçalves.

Os autores também agradecem aos nossos alunos que, ao longo das várias revisões, foram participantes ativos do processo, lendo, questionando e resolvendo os problemas propostos. Os autores agradecem antecipadamente a todos que enviarem sugestões, correções ou comentários, bem como aos professores e alunos que compartilharem conosco suas experiências com o uso de nosso material.

Capítulo 1
Matemática Básica

Neste capítulo, faremos uma breve revisão de alguns tópicos de Matemática Básica necessários nas disciplinas de cálculo diferencial e integral. Os tópicos revisados neste capítulo são: conjuntos numéricos e intervalos, operações com frações, regras de potenciação e radiação e simplificação de expressões algébricas fracionárias. Ao começarmos nossos estudos é importante estabelecer um conjunto de ferramentas com as quais desenvolveremos conceitos mais elaborados. Na matemática, um conceito leva a outro; um conceito pressupõe outro mais elementar. Assim, descreveremos um conjunto básico de ferramentas que nos permitirá chegar ao nosso objetivo: entender as funções.

1.1 Conjuntos

Podemos classificar um número de acordo com os seguintes conjuntos:

Conjunto dos números naturais: $\mathbb{N} = \{0, 1, 2, 3, \ldots\}$. Um asterisco colocado junto à letra que simboliza um conjunto significa que o zero foi excluído de tal conjunto. Desse modo, $\mathbb{N}^* = \{1, 2, 3, \ldots\}$.

Conjunto dos números inteiros[1]: $\mathbb{Z} = \{\ldots, -3, -2, -1, 0, 1, 2, 3, \ldots\}$. Alguns subconjuntos de $\mathbb{Z}$ bastante úteis são:

- $\mathbb{Z}^* = \{\ldots, -3, -2, -1, 1, 2, 3, \ldots\} = \mathbb{Z} - \{0\}$, o conjunto dos números inteiros não nulos.
- $\mathbb{Z}^*_+ = \{1, 2, 3, \ldots\}$, o conjunto dos números inteiros positivos.
- $\mathbb{Z}^*_- = \{\ldots, -3, -2, -1\}$, o conjunto dos números inteiros negativos.
- $\mathbb{Z}_+ = \{0, 1, 2, 3, \ldots\}$, o conjunto dos números inteiros não negativos.
- $\mathbb{Z}_- = \{\ldots, -3, -2, -1, 0\}$, o conjunto dos números inteiros não positivos.

O conjunto dos números naturais está contido no conjunto dos números inteiros. Simbolicamente: $\mathbb{N} \subset \mathbb{Z}$.

---

[1] Os símbolos $\mathbb{Z}$ e $\mathbb{Q}$ derivam do alemão *Zahl* (número) e *Quotient* (quociente). Aparentemente, foram usados pela primeira vez no livro *Éléments de mathématique: Algèbre*, de Nicolas Bourbaki, pseudônimo coletivo de um grupo de matemáticos franceses criado em 1935. Adaptado de Weisstein (2014).

Conjunto dos números racionais: conjunto de números que podem ser representados por uma razão entre dois números inteiros $\mathbb{Q} = \{x \mid x = \frac{m}{n}, \text{ com } m, n \in \mathbb{Z} \text{ e } n \neq 0\}$. Exemplos de números racionais são os números 8/5, 5/12 e −4/3. O conjunto dos números inteiros está contido no conjunto dos números racionais. Simbolicamente: $\mathbb{Z} \subset \mathbb{Q}$.

Conjunto dos números irracionais: conjunto de números que *não* podem ser representados na forma racional. Números tais como $\sqrt{3} = 1{,}7321\ldots$, o número de Euler, $e = 2{,}7183\ldots$, e o número pi, $\pi = 3{,}1416\ldots$ pertencem ao conjunto dos números irracionais. Esse conjunto é representado por $\mathbb{Q}'$.

Conjunto dos números reais: representado por $\mathbb{R}$, consiste de todos os números positivos e negativos racionais e irracionais, e também do zero. Assim, são subconjuntos dos números reais o conjunto dos **números naturais**, o conjunto dos **números inteiros**, o conjunto dos **números racionais** e o conjunto dos **números irracionais**.

A Figura 1.1 mostra como os conjuntos são inclusos.

Exemplo 1.1 *Determine se os números $a = 1{,}75$; $b = 3{,}72727272727272\ldots$ e $c = \sqrt{2} = 1{,}414213562373095\ldots$ são racionais ou irracionais.*

> **Solução:** O número a é racional, pois sua representação decimal é finita ($a = 7/4$). O número b é racional, pois sua representação decimal, embora infinita, é periódica ($b = 41/11$). Já c é irracional, pois sua representação decimal é infinita e não periódica. Todos esses números também são números reais.

Exemplo 1.2 *A quais conjuntos pertencem os números $a = \sqrt{49}$, $b = \sqrt{50} = 7{,}0711\ldots$, $c = 7{,}0711$, $x = \dfrac{-33}{3}$, $y = 4{,}131313\ldots$, $z = 0{,}12$?*

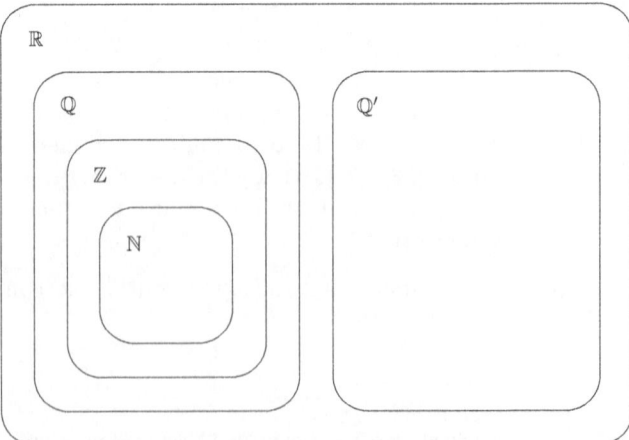

Figura 1.1 Os conjuntos numéricos.

Solução: O número $a = 7$ é inteiro, logo $a \in \mathbb{N} \subset \mathbb{Z} \subset \mathbb{Q} \subset \mathbb{R}$. O número b é irracional, logo $b \in \mathbb{Q}' \subset \mathbb{R}$. O número $c = \frac{70711}{10000}$ é racional, logo $c \in \mathbb{Q} \subset \mathbb{R}$. O número $x = -11$ é um inteiro negativo, logo $x \in \mathbb{Z} \subset \mathbb{Q} \subset \mathbb{R}$. O número $y = \frac{409}{99}$ é racional, logo $y \in \mathbb{Q} \subset \mathbb{R}$. O número $z = \frac{12}{100}$ é racional, logo $z \in \mathbb{Q} \subset \mathbb{R}$.

1.2 Desigualdades e intervalos

O conjunto dos números reais é ordenado. Isso significa que podemos comparar a magnitude de quaisquer dois números reais que não são iguais usando desigualdades. As desigualdades também podem ser usadas para descrever intervalos de números reais. Os símbolos $<, >, \geq$ e $\leq$ são símbolos de desigualdade, e seu uso segue a notação mostrada na tabela a seguir, onde a e b são números reais.

Notação	Leitura
$a < b$	a é menor que b
$a > b$	a é maior que b
$a \leq b$	a é menor ou igual a b
$a \geq b$	a é maior ou igual a b

O eixo, ou reta real, é uma reta horizontal usada para representar números reais, onde o número zero define a origem e os números reais positivos ficam à direita da origem, enquanto os números reais negativos ficam à esquerda da origem, como mostra a Figura 1.2.
Geometricamente:

- $a > b$ significa que a está à direita de b ou que b está à esquerda de a no eixo real.

- $a < b$ significa que a está à esquerda de b ou que b está à direita de a no eixo real.

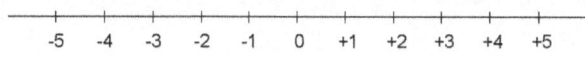

Figura 1.2 O eixo real.

Exemplo 1.3 *Descreva os números reais que pertencem a cada uma das desigualdades a seguir:*

(a) $x < 2$;

(b) $-1 < x \leq 3$;

(c) $0 < x < 2$;

(d) $-2 \leq x \leq 2$.

Solução:

(a) A desigualdade $x < 2$ descreve todos os números reais menores que 2.

(b) A dupla desigualdade $-1 < x \leq 3$ representa todos os números reais entre -1 e 3, excluindo -1 e incluindo 3.

(c) A dupla desigualdade $0 < x < 2$ representa todos os números reais entre 0 e 2, excluindo 0 e excluindo 2.

(d) A dupla desigualdade $-2 \leq x \leq 2$ representa todos os números reais entre -2 e 2, incluindo -2 e incluindo 2.

A seguir, listaremos tipos de intervalos com a notação usual para indicá-los. As letras a e b designam números reais, fixados com $a < b$, denominados extremos do intervalo. Serão utilizados os símbolos $+\infty$ (lê-se "infinito" ou "mais infinito") e $-\infty$ (lê-se "menos infinito"). Esses símbolos não representam números reais. Eles são usados para representar intervalos não limitados. Relembramos que as chaves $\{\}$ são utilizadas para descrever conjuntos com seus elementos, o símbolo $\in$ lê-se "pertence a" e a barra vertical $|$ lê-se "tal que" ou "com a propriedade de".

1.3 Intervalos limitados e ilimitados de números reais

Nesta seção, definiremos a notação e os tipos de intervalos usados quando trabalhamos com intervalos limitados de números reais. A Tabela 1.1 apresenta os tipos de intervalo numéricos limitados e a Tabela 1.2 lista os tipos de intervalo numérico não limitados. O intervalo $(-\infty, +\infty)$ representa o conjunto dos números reais; isto é, $(-\infty, +\infty) = \mathbb{R}$.

Exemplo 1.4 *Classifique cada sentença abaixo como* Verdadeira *ou* Falsa:

(a) ∞ não é um número real;

(b) $[4, 6)$ é um intervalo aberto;

(c) $(-\infty, -1]$ é um intervalo aberto;

(d) $(-\infty, 1)$ é um intervalo aberto;

(e) $2 \in (2, 4]$;

(f) $-3 \in (-\infty, -1)$;

(g) $[-20, 4)$ está contido em $(-21, 4]$.

Solução:

(a) Verdadeira. O símbolo é utilizado na representação de intervalos não limitados.

(b) Falsa. O intervalo $[4, 6)$ é um intervalo fechado à esquerda e aberto à direita.

(c) Falsa. O intervalo $(-\infty, -1]$ não é limitado e é fechado.

(d) Verdadeira.

(e) Falsa. O intervalo $(2, 4]$ representa todos os números reais entre -2 e 4, excluindo 2 e incluindo 4.

(f) Verdadeira. O intervalo $(-\infty, -1)$ representa todos os números reais menores que -1. Como $-3 < -1$, ele pertence ao intervalo.

(g) Verdadeira.

Tabela 1.1 Tipos de intervalos numéricos limitados na reta real

Notação	Tipo	Conjunto	Representação gráfica
$[a, b]$	fechado	$\{x \in \mathbb{R} : a \leq x \leq b\}$	
(a, b)	aberto	$\{x \in \mathbb{R} : a < x < b\}$	
$[a, b)$	fechado à esquerda, aberto à direita	$\{x \in \mathbb{R} : a \leq x < b\}$	
$(a, b]$	aberto à esquerda, fechado à direita	$\{x \in \mathbb{R} : a < x \leq b\}$	

Tabela 1.2 Tipos de intervalos numéricos não limitados na reta real

Notação	Tipo	Conjunto	Representação gráfica
$[a, +\infty)$	fechado	$\{x \in \mathbb{R} : a \leq x\}$	
$(a, +\infty)$	aberto	$\{x \in \mathbb{R} : a < x\}$	
$(-\infty, b]$	fechado	$\{x \in \mathbb{R} : x \leq b\}$	
$(-\infty, b)$	aberto	$\{x \in \mathbb{R} : x < b\}$	

Exemplo 1.5   *Para cada item do Exemplo 1.3, reescreva as desigualdades usando a notação de intervalo e de conjunto. Desenhe também sua representação gráfica.*

Solução: A Tabela 1.3 mostra cada desigualdade e seus respectivos intervalos, conjuntos numéricos e representação gráfica.

Tabela 1.3   Desigualdades do Exemplo 1.3

Desigualdade	Intervalo	Conjunto	Representação gráfica
$x < 2$	$(-\infty, 2)$	$\{x \in \mathbb{R}: x < 2\}$	
$-1 < x \leq 3$	$(-1, 3]$	$\{x \in \mathbb{R}: -1 < x \leq 3\}$	
$0 < x < 2$	$(0, 2)$	$\{x \in \mathbb{R}: 0 < x < 2\}$	
$-2 \leq x \leq 2$	$[-2, 2]$	$\{x \in \mathbb{R}: -2 \leq x \leq 2\}$	

1.4 Operações com frações

Nesta seção, revisaremos as técnicas para efetuar operações com frações.

1.4.1 Adição e subtração de frações

A chave para o cálculo da soma ou da diferença entre frações (que resultará sempre em outra fração) está em seus denominadores.

- **Frações com denominadores iguais:** Adicionamos ou subtraímos os numeradores e mantemos o denominador comum, simplificando o resultado final sempre que possível.

Exemplo 1.6   *Resolva as seguintes operações:*

(a) $\frac{3}{5} + \frac{1}{5}$;

(b) $\frac{4}{9} + \frac{8}{9}$;

(c) $\frac{7}{6} - \frac{3}{6}$.

Solução:

(a) $\frac{3}{5} + \frac{1}{5} = \frac{3+1}{5} = \frac{4}{5}$;

(b) $\frac{4}{9} + \frac{8}{9} = \frac{4+8}{9} = \frac{12}{9} = \frac{4}{3}$;

(c) $\frac{7}{6} - \frac{3}{6} = \frac{7-3}{6} = \frac{4}{6} = \frac{2}{3}$.

- **Frações com denominadores diferentes:** Reduzimos as frações ao mesmo denominador por meio do mínimo múltiplo comum. O **mínimo múltiplo comum** é o produto de todos os fatores primos nos denominadores, em que cada fator está elevado ao maior expoente encontrado em qualquer um dos denominadores.

Exemplo 1.7 *Resolva as seguintes operações:*

(a) $\frac{1}{3} + \frac{2}{4}$;

(b) $\frac{1}{2} - \frac{1}{3}$;

(c) $\frac{7}{10} - \frac{2}{5}$;

(d) $\frac{3}{4} + \frac{5}{6} + \frac{1}{8} + \frac{1}{2}$.

Solução:

(a) $\frac{1}{3} + \frac{2}{4} = \frac{4+6}{12} = \frac{10}{12} = \frac{5}{6}$;

(b) $\frac{1}{2} - \frac{1}{3} = \frac{3-2}{6} = \frac{1}{6}$;

(c) $\frac{7}{10} - \frac{2}{5} = \frac{7-4}{10} = \frac{3}{10}$;

(d) $\frac{3}{4} + \frac{5}{6} + \frac{1}{8} + \frac{1}{2} = \frac{18+20+3+12}{24} = \frac{53}{24}$.

1.4.2 Multiplicação

Para esta operação, basta multiplicarmos numerador por numerador e denominador por denominador, simplificando o resultado quando possível.

Exemplo 1.8 *Resolva as seguintes operações:*

(a) $\frac{2}{3} \times \frac{5}{7}$;

(b) $-\frac{6}{11} \times \frac{9}{5}$;

(c) $\frac{13}{5} \times \frac{7}{2}$.

Solução:

(a) $\frac{2}{3} \times \frac{5}{7} = \frac{2\times 5}{3\times 7} = \frac{10}{21}$;

(b) $-\frac{6}{11} \times \frac{9}{5} = \frac{-6\times 9}{11\times 5} = -\frac{54}{55}$;

(c) $\frac{13}{5} \times \frac{7}{2} = \frac{13\times 7}{5\times 2} = \frac{91}{10}$.

1.4.3 Divisão

A divisão de frações deve ser efetuada aplicando uma regra prática e de fácil assimilação, que diz: repetir a fração no numerador e multiplicar pela fração do denominador, invertendo seu numerador e seu denominador.

Exemplo 1.9 *Resolva as seguintes operações:*

(a) $\frac{9}{2} \div \frac{7}{3}$;

(b) $-\frac{8}{3} \div \left(-\frac{5}{9}\right)$;

(c) $-\frac{12}{5} \div \frac{6}{7}$;

(d) $\frac{4}{\frac{3}{9}}$.

Solução:

(a) $\frac{9}{2} \div \frac{7}{3} = \frac{9}{2} \times \frac{3}{7} = \frac{9\times 3}{2\times 7} = \frac{27}{14}$;

(b) $-\frac{8}{3} \div \left(-\frac{5}{9}\right) = -\frac{8}{3} \times \left(-\frac{9}{5}\right) = \frac{8\times 9}{3\times 5} = \frac{72}{15}$;

(c) $-\frac{12}{5} \div \frac{6}{7} = -\frac{12}{5} \times \frac{7}{6} = \frac{-12\times 7}{5\times 6} = -\frac{84}{30}$;

(d) Considerando que o número real 4 pode ser reescrito como $\frac{4}{1}$, temos: $\frac{4}{\frac{3}{9}} = \frac{4}{1} \times \frac{9}{3} = \frac{4\times 9}{1\times 3} = \frac{36}{3} = 12$.

1.5 Potenciação

A notação de potência é usada para "encurtar" produtos de fatores que se repetem. Sejam a um número real e n um número real inteiro positivo. Então, denomina-se potência de base a e expoente n o número a^n, que é igual ao produto de n fatores iguais a a da forma:

$$a^n = \underbrace{a \times a \times a \times \ldots \times a}_{n \text{ fatores}}$$

Exemplo 1.10 *Desenvolva as potências* 2^5, $\left(\frac{1}{2}\right)^3$ *e* $(-1)^4$.

Solução:
(a) $2^5 = 2 \times 2 \times 2 \times 2 \times 2 = 32$;
(b) $\left(\frac{1}{2}\right)^3 = \frac{1}{2} \times \frac{1}{2} \times \frac{1}{2} = \frac{1}{8}$;
(c) $(-1)^4 = (-1) \times (-1) \times (-1) \times (-1) = 1$.

A seguir, são apresentadas as regras de potenciação. Sejam a e b dois números reais, com $a \neq 0$ e $b \neq 0$, e m e n números racionais.

Regra 1 *Multiplicação de potências de mesma base.* Ao multiplicarmos duas ou mais potências de mesma base, conservamos a base e somamos os expoentes:

$$a^m \times a^n = a^{m+n}$$

Regra 2 *Divisão de potências de mesma base.* Ao dividirmos duas potências de mesma base, conservamos a base e subtraímos os expoentes:

$$a^m \div a^n = \frac{a^m}{a^n} = a^{m-n}$$

Regra 3 *Potência de potência.* Neste caso, conservamos a base e multiplicamos os expoentes:

$$(a^m)^n = a^{m \times n}$$

Regra 4 *Potência de expoente nulo com base $a \neq 0$.* Temos que $\frac{a^n}{a^n} = 1$ e também que $a^n \div a^n = a^{n-n} = a^0$. Então,

$$a^0 = 1$$

Regra 5 *Potência de expoente negativo.* Uma potência com expoente negativo a^{-n} indica o recíproco de a^n. Ou seja,

$$a^{-n} = \frac{1}{a^n}$$

Regra 6 *Potência com expoente fracionário.* Uma potência com expoente fracionário $a^{\frac{m}{n}}$ é uma forma alternativa para representar radicais:

$$a^{m/n} = \sqrt[n]{a^m}$$

Assim, combinando as Regras 5 e 6, temos que

$$a^{-m/n} = \frac{1}{\sqrt[n]{a^m}}$$

Regra 7 *Potência de produto.*

$$(ab)^n = a^n \times b^n$$

Regra 8 *Potência de divisão.*

$$\left(\frac{a}{b}\right)^n = \frac{a^n}{b^n}$$

Essas regras estão resumidas na Seção A.3.

Exemplo 1.11 *Simplifique as seguintes expressões utilizando as regras de potenciação:*

(a) $2^2 \times 2^3 \times 2^5$;
(b) $3^3 \times 3^{-1}$;
(c) $\frac{2^5}{2^2}$;
(d) $a^5 \div a^7$;
(e) $8^{1/3}$;
(f) $2^{4/2}$;
(g) $7^{3/4}$;
(h) $9^{0,5}$;
(i) $(2x)^2$;
(j) $(3xy)^4$;
(k) $\left(\frac{3}{x}\right)^3$;
(l) $\left(\frac{4}{5}\right)^2$;
(m) $125^{2/3}$.

Solução:

(a) $2^2 \times 2^3 \times 2^5 = 2^{2+3+5} = 2^{10} = 1024$;
(b) $3^3 \times 3^{-1} = 3^{3+(-1)} = 3^{3-1} = 3^2 = 9$;
(c) $\frac{2^5}{2^2} = 2^{5-2} = 2^3 = 8$;
(d) $a^5 \div a^7 = a^{5-7} = a^{-2}$;
(e) $8^{1/3} = \sqrt[3]{8} = \sqrt[3]{2^3} = 2^{3/3} = 2$;
(f) $2^{4/2} = \sqrt[2]{2^4} = 2^{4/2} = 2^2 = 4$;
(g) $7^{3/4} = \sqrt[4]{7^3}$;
(h) $9^{0,5} = 9^{\frac{1}{2}} = \sqrt{9} = 3$;
(i) $(2x)^2 = 2^2 \times x^2 = 4x^2$;
(j) $(3xy)^4 = 3^4 \times x^4 \times y^4 = 81x^4y^4$;
(k) $\left(\frac{3}{x}\right)^3 = \frac{3^3}{x^3} = \frac{27}{x^3}$;
(l) $\left(\frac{4}{5}\right)^2 = \frac{4^2}{5^2} = \frac{16}{25}$;
(m) $125^{2/3} = (5^3)^{2/3} = 5^2 = 25$.

1.6 Radiciação

Sejam a e b dois números reais e n um número inteiro maior que 1. Então, define-se:

$$\sqrt[n]{a} = b \Leftrightarrow b^n = a,$$

onde $\sqrt[n]{a}$ a é o radical, n é o índice e a é o radicando.

Exemplo 1.12 *Obtenha o valor dos radicais a seguir:*

(a) $\sqrt[3]{8}$;
(b) $\sqrt{9}$;
(c) $\sqrt[5]{0}$;
(d) $\sqrt[3]{-8}$;
(e) $\sqrt[5]{-1}$.

Solução:

(a) $\sqrt[3]{8} = 2$, pois $2^3 = 8$;

(b) $\sqrt{9} = 3$, pois $3^2 = 9$;

(c) $\sqrt[5]{0} = 0$, pois $0^5 = 0$;

(d) $\sqrt[3]{-8} = -2$, pois $(-2)^3 = -8$;

(e) $\sqrt[5]{-1} = -1$, pois $(-1)^5 = -1$.

A seguir, são apresentadas as regras da radiciação. Sejam a e b dois números reais, com a e b não negativos e $b \neq 0$, e m e n números inteiros maiores que 1.

Regra 1 *Multiplicação de radicais de mesmo índice.* Ao multiplicarmos dois ou mais radicais de mesmo índice, conservamos o índice e multiplicamos os radicandos:

$$\sqrt[n]{a} \times \sqrt[n]{b} = \sqrt[n]{ab}$$

Regra 2 *Divisão de radicais de mesmo índice.* Ao dividirmos dois radicais de mesmo índice, conservamos o índice e dividimos os radicandos:

$$\frac{\sqrt[n]{a}}{\sqrt[n]{b}} = \sqrt[n]{\frac{a}{b}}$$

Regra 3 *Radical de radical.* Ao extrair raiz de raiz, conservamos o radicando e multiplicamos os índices:

$$\sqrt[n]{\sqrt[m]{a}} = \sqrt[nm]{a}$$

Regra 4 *Radical de potência.* Ao extrairmos uma raiz de uma potência, podemos dividir o índice e o expoente por um divisor comum. Suponha que $n = n' \times d$ e que $m = m' \times d$, então:

$$\sqrt[n]{a^m} = \sqrt[n'd]{a^{m'd}} = \sqrt[n']{a^{m'}}$$

Regra 5 *Radical de potência com índice e expoente iguais.* Neste caso, é possível simplificar a expressão, observando a paridade do índice e do expoente:

$$\sqrt[n]{a^n} = \begin{cases} a, & \text{se } n \text{ é ímpar} \\ |a|, & \text{se } n \text{ é par} \end{cases}$$

Exemplo 1.13 *Utilizando as regras de radiciação, simplifique as seguintes expressões:*

(a) $\sqrt[3]{5} \times \sqrt[3]{2}$;

(b) $\frac{\sqrt[5]{8}}{\sqrt[5]{2}}$;

(c) $\sqrt[6]{5^4}$;

(d) $\sqrt[3]{8^5}$;

(e) $\sqrt[3]{\sqrt{7}}$;

(f) $\sqrt[3]{(-2)^3}$;

(g) $\sqrt[4]{(-2)^4}$;

(h) $\sqrt[3]{2^3}$.

Solução:
(a) $\sqrt[3]{5} \times \sqrt[3]{2} = \sqrt[3]{5 \times 2} = \sqrt[3]{10}$;
(b) $\frac{\sqrt[5]{8}}{\sqrt[5]{2}} = \sqrt[5]{\frac{8}{2}} = \sqrt[5]{4}$;
(c) $\sqrt[6]{5^4} = \sqrt[3]{5^2}$;
(d) $\sqrt[3]{8^5} = \left(\sqrt[3]{8}\right)^5 = 2^5 = 32$;
(e) $\sqrt[3]{\sqrt{7}} = \sqrt[3\times 2]{7} = \sqrt[6]{7}$;
(f) $\sqrt[3]{(-2)^3} = \sqrt[3]{-8} = -2$;
(g) $\sqrt[4]{(-2)^4} = \sqrt[4]{(2)^4} = 2$;
(h) $\sqrt[3]{2^3} = 2$.

1.6.1 Simplificação

Algumas vezes, é possível simplificar um radical decompondo o radicando. Por exemplo:

$$\sqrt{50} = \sqrt{5^2 \times 2} = \sqrt{5^2} \times \sqrt{2} = 5\sqrt{2}.$$

E também

$$\sqrt[3]{16} = \sqrt[3]{2^4} = \sqrt[3]{2^3 \times 2} = 2\sqrt[3]{2}.$$

Ou, ainda,

$$\sqrt{160} = \sqrt{2^5 \times 5} = \sqrt{2^4 \times 2 \times 5} = 2^2\sqrt{10} = 4\sqrt{10}.$$

1.6.2 Operações

Nesta seção, revisaremos as técnicas para efetuar operações com radicais.

Soma e subtração. Somamos ou subtraímos os radicais de mesmo índice e mesmo radicando. Por exemplo:

$$6\sqrt{5} + 3\sqrt{5} - 2\sqrt{5} = 7\sqrt{5}.$$

ou

$$4\sqrt{18} + 3\sqrt{8} = 4\sqrt{2 \times 3^2} + 3\sqrt{2^3} = 4 \times 3\sqrt{2} + 3 \times 2\sqrt{2} = 12\sqrt{2} + 6\sqrt{2} = 18\sqrt{2}.$$

Multiplicação. O produto de dois ou mais radicais de mesmo índice é um radical com o mesmo índice dos fatores e cujo radicando é igual ao produto dos radicando dos fatores. Por exemplo:

$$\sqrt{2} \times \sqrt{7} = \sqrt{14}.$$

E também

$$\sqrt[3]{5} \times \sqrt[3]{6} = \sqrt[3]{5 \times 6} = \sqrt[3]{30}.$$

Ou, ainda,

$$2\sqrt{6} \times 5\sqrt{2} = 10\sqrt{2 \times 6} = 10\sqrt{12} = 10\sqrt{2^2 \times 3} = 10 \times 2\sqrt{3} = 20\sqrt{3}.$$

Divisão. O quociente de dois radicais de mesmo índice é um radical com o mesmo índice dos termos e cujo radicando é igual ao radicando dos termos. Por exemplo:

$$\sqrt{40} \div \sqrt{2} = \frac{\sqrt{40}}{\sqrt{2}} = \sqrt{\frac{40}{2}} = \sqrt{20} = \sqrt{2^2 \times 5} = 2\sqrt{5}.$$

E, ainda,

$$\sqrt[3]{96} \div \sqrt[3]{2} = \frac{\sqrt[3]{96}}{\sqrt[3]{2}} = \sqrt[3]{\frac{96}{2}} = \sqrt[3]{48} = \sqrt[3]{2^3 \times 2 \times 3} = 2\sqrt[3]{6}.$$

Exemplo 1.14 *Utilizando as regras de radiciação, simplifique as seguintes expressões:*

(a) $2\sqrt{5} + 8\sqrt{2} - 6\sqrt{2} + 8\sqrt{5} - 2\sqrt{2}$; (d) $\frac{\sqrt{162}}{\sqrt{3}}$;

(b) $\sqrt{50} + \sqrt{18}$; (e) $\frac{\sqrt[7]{x^{11}}}{\sqrt[7]{x^3}}$;

(c) $\sqrt[5]{a^3 b} \times \sqrt[5]{a^2 b}$; (f) $\frac{\sqrt{12}+\sqrt{75}}{2\sqrt{147}}$.

Solução:

(a) $2\sqrt{5} + 8\sqrt{2} - 6\sqrt{2} + 8\sqrt{5} - 2\sqrt{2} = 10\sqrt{5} + 8\sqrt{2} - 8\sqrt{2} = 10\sqrt{5}$;

(b) $\sqrt{50} + \sqrt{18} = \sqrt{2 \times 5^2} + \sqrt{2 \times 3^2} = 5\sqrt{2} + 3\sqrt{2} = 8\sqrt{2}$;

(c) $\sqrt[5]{a^3 b} \times \sqrt[5]{a^2 b} = \sqrt[5]{a^3} \times \sqrt[5]{b} \times \sqrt[5]{a^2} \times \sqrt[5]{b} = a^{3/5} \times a^{2/5} \times b^{1/5} \times b^{1/5} = a\sqrt[5]{b^2}$;

(d) $\frac{\sqrt{162}}{\sqrt{3}} = \frac{\sqrt{2 \times 3^4}}{\sqrt{3}} = \frac{\sqrt{2} \times \sqrt{3^4}}{\sqrt{3}} = \frac{9\sqrt{2}}{\sqrt{3}} \times \frac{\sqrt{3}}{\sqrt{3}} = \frac{9\sqrt{6}}{\sqrt{9}} = \frac{9\sqrt{6}}{3} = 3\sqrt{6}$;

(e) $\frac{\sqrt[7]{x^{11}}}{\sqrt[7]{x^3}} = \frac{\sqrt[7]{x^7 \times x^4}}{\sqrt[7]{x^3}} = \frac{x\sqrt[7]{x^4}}{\sqrt[7]{x^3}} = x\sqrt[7]{\frac{x^4}{x^3}} = x\sqrt[7]{x}$;

(f) $\frac{\sqrt{12}+\sqrt{75}}{2\sqrt{147}} = \frac{\sqrt{2^2 \times 3}+\sqrt{3 \times 5^2}}{2\sqrt{3 \times 7^2}} = \frac{2\sqrt{3}+5\sqrt{3}}{17\sqrt{3}} = \frac{7\sqrt{3}}{14\sqrt{3}} = \frac{1}{2}$.

1.7 Simplificação de expressões algébricas fracionárias

A simplificação de expressões algébricas fracionárias ocorre com frequência no Cálculo Diferencial e Integral. As regras que você utilizou na Seção 1.4 para operar com frações também podem ser utilizadas para simplificar expressões algébricas fracionárias. Vejamos alguns exemplos.

Exemplo 1.15 *Simplifique a expressão* $\dfrac{\frac{1}{x}-\frac{1}{y}}{\frac{1}{x^2}-\frac{1}{y^2}}$.

Solução: Resolvendo a subtração de expressões algébricas fracionárias que aparece no numerador e também no denominador, temos:

$$\dfrac{\frac{1}{x}-\frac{1}{y}}{\frac{1}{x^2}-\frac{1}{y^2}} = \dfrac{\frac{y-x}{xy}}{\frac{y^2-x^2}{x^2y^2}}$$

Agora, resolvemos a divisão de expressões algébricas fracionárias e simplificamos, obtendo:

$$\dfrac{\frac{y-x}{xy}}{\frac{y^2-x^2}{x^2y^2}} = \left(\dfrac{y-x}{xy}\right)\left(\dfrac{x^2y^2}{y^2-x^2}\right).$$

Os termos x^2y^2 e xy podem ser simplificados. Além disso, a expressão $y^2 - x^2$ (que é uma diferença de dois termos ao quadrado) pode ser fatorada como $y^2 - x^2 = (y-x)(y+x)$, de forma que a expressão fica

$$\left(\dfrac{y-x}{xy}\right)\left(\dfrac{x^2y^2}{y^2-x^2}\right) = \left(\dfrac{y-x}{xy}\right)\left(\dfrac{x^2y^2}{(y-x)(y+x)}\right) = \dfrac{xy}{y+x}.$$

Caso você tenha dificuldades em fatorar expressões, isto é, em como escrever uma expressão como um produto, reveja esse tópico na Seção 5.2.

Exemplo 1.16 *Simplifique as seguintes expressões algébricas fracionárias:*

(a) $3x^{-2}y^4 + 6x^{-4}$;

(b) $3x^{-1/2} + 4x^{1/2}$;

(c) $\dfrac{a^2+ab+(b+a)(b-a)}{3a+3b}$;

(d) $\dfrac{(x+y)(x+y)-y^2}{x+2y}$;

(e) $\dfrac{2x+14}{x^2-49}$;

(f) $\dfrac{2x^2-18}{4x^2-24x+36}$;

(g) $\dfrac{a^2-x^2}{a^2-2ax+x^2}$;

(h) $\dfrac{x-1}{x+1} + \dfrac{x+1}{x-1}$;

(i) $\left(\dfrac{3x-9}{8x-4}\right)\left(\dfrac{10x-5}{5x-15}\right)$;

(j) $\dfrac{\frac{7}{x^2-4}}{\frac{xy}{x+2}}$.

Solução:

(a) $3x^{-2}y^4 + 6x^{-4} = \frac{3y^4}{x^2} + \frac{6}{x^4} = \frac{3x^2y^4+6}{x^4}$;

(b) $3x^{-1/2} + 4x^{1/2} = \frac{3}{\sqrt{x}} + 4\sqrt{x} = \frac{3+4\sqrt{x}\sqrt{x}}{\sqrt{x}} = \frac{3+4x}{\sqrt{x}}$;

(c) $\frac{a^2+ab+(b+a)(b-a)}{3a+3b} = \frac{a^2+ab+b^2-ba+ab-a^2}{3(a+b)} = \frac{ab+b^2}{3(a+b)} = \frac{b(a+b)}{3(a+b)} = \frac{b}{3}$;

(d) $\frac{(x+y)(x+y)-y^2}{x+2y} = \frac{x^2+xy+yx+y^2-y^2}{x+2y} = \frac{x^2+2xy}{x+2y} = \frac{x(x+2y)}{x+2y} = x$;

(e) $\frac{2x+14}{x^2-49} = \frac{2(x+7)}{(x+7)(x-7)} = \frac{2}{x-7}$;

(f) $\frac{2x^2-18}{4x^2-24x+36} = \frac{2(x^2-9)}{4(x^2-6x+9)} = \frac{2(x+3)(x-3)}{4(x-3)(x-3)} = \frac{2(x+3)}{4(x-3)} = \frac{x+3}{2(x-3)}$;

(g) $\frac{a^2-x^2}{a^2-2ax+x^2} = \frac{(a-x)(a+x)}{(a-x)^2} = \frac{a+x}{a-x}$;

(h) $\frac{x-1}{x+1} + \frac{x+1}{x-1} = \frac{(x-1)(x-1)+(x+1)(x+1)}{(x+1)(x-1)} = \frac{(x-1)^2+(x-1)^2}{x^2-1} =$
$\frac{x^2-2x+1+x^2+2x+1}{x^2-1} = \frac{2x^2+2}{x^2-1} = \frac{2(x^2+1)}{x^2-1}$

(i) $\left(\frac{3x-9}{8x-4}\right)\left(\frac{10x-5}{5x-15}\right) = \frac{3(x-3)}{4(2x-1)} \times \frac{5(2x-1)}{5(x-3)} = \frac{3}{4}$;

(j) $\frac{\frac{7}{x^2-4}}{\frac{xy}{x+2}} = \frac{7}{(x-2)(x+2)} \times \frac{x+2}{xy} = \frac{7}{(x-2)xy}$.

Neste capítulo, fizemos uma breve revisão de vários assuntos de Matemática Básica necessários ao estudo do cálculo. Sugerimos que você realize os exercícios propostos antes de começar a estudar o capítulo seguinte.

1.8 Problemas

Conjunto A: Básico

1.1 Reescreva os seguintes subconjuntos dos conjuntos dos números reais utilizando a notação de intervalo:

(a) $\mathbb{R}^*$;

(b) $\mathbb{R}^*_+$;

(c) $\mathbb{R}^*_-$;

(d) $\mathbb{R}_+$;

(e) $\mathbb{R}_-$.

1.2 Descreva e represente graficamente o intervalo de números reais:

(a) $x \leq 3$;

(b) $-2 \leq x < 4$;

(c) $(-\infty, 5]$;

(d) $(-3, +\infty)$;

(e) x é positivo;

(f) x é maior ou igual a 0 e menor ou igual a 3.

1.3 Use a notação de conjunto para descrever:

(a) $[-2, 2]$;

(b) $[5, +\infty)$;

(c) x é negativo;

(d) x é maior que 2 e menor ou igual a 6;

(e) o intervalo:

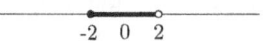

-2   0   2

1.4 Reescreva os seguintes números conforme o solicitado:

(a) 0,7 como uma fração;

(b) $-\frac{10}{20}$ como um número decimal;

(c) a expressão "90% de 400" como um número inteiro;

(d) a expressão "180% de 400" como um número inteiro.

1.5 Resolva as seguintes operações:

(a) $\frac{2}{3} + \frac{4}{5}$;

(b) $\frac{3}{7} + \frac{1}{5} - \frac{1}{2}$;

(c) $\frac{1}{3} - \frac{1}{6} - \frac{2}{8}$;

(d) $\frac{4}{5} + \frac{9}{5} + \frac{2}{8} - \frac{1}{4} + \frac{2}{10}$;

(e) $\frac{12/5}{7} \times 4$;

(f) $4 + \frac{1}{2} \times \frac{1}{3} \times \frac{1}{4}$;

(g) $\frac{\frac{1}{7}}{\frac{3}{7}} \times \frac{\frac{2}{5}}{\frac{1}{2}}$;

(h) $\frac{4}{5} \div \frac{3}{2}$;

(i) $\frac{7}{3} \div 21$

1.6 Identifique a base da potência:

(a) -4^2

(b) $(-3)^5$

1.7 Determine o valor de x:

(a) $\left(\frac{1}{3}\right)^x \cdot 3^{-1} \cdot \left(\frac{1}{3}\right)^x$

(b) $\frac{3}{3^x} \cdot 3^{1+x} = -8$

1.8 Para $a = 1$ e $b = -2$, calcule:

(a) $\frac{a+b}{3} + \frac{2b}{5}$;

(b) $\frac{a^2 - b^3}{2}$;

(c) $\frac{a}{2} + \frac{b^{-1}}{2}$;

(d) $\frac{1}{2}b + 3b$.

1.9 Simplifique as expressões a seguir:

(a) $\left(-\frac{mn}{3}\right) \cdot \left(\frac{n}{5}\right)$;

(b) $\left(\frac{4a^2b^2}{9}\right) \cdot \left(-\frac{9m^2b}{4}\right)$;

(c) $-6am \cdot \left(\frac{2}{3}m^2n\right) \cdot \left(\frac{5}{2}an\right)$;

(d) $\left(-\frac{1}{2}am^6\right) \div \left(-\frac{1}{4}an^3\right)$;

(e) $(a^4m^3n^{-1}) \div (a^2m^2n)$.

1.10 Simplifique as seguintes expressões:

(a) $x^{12}x^5 + x$;

(b) $4x^4 x^8$;

(c) $\frac{7x^{18}}{2x^{11}}$;

(d) $(3x)^3$;

(e) $\frac{(-x)^5}{(-x)^4}$;

(f) $\frac{\sqrt[3]{a^{10}b^6}}{\sqrt[4]{a^2b^5}}$;

(g) $\left(\frac{-1}{3}\right)^3 + \left[3^{-1} - (-3)^{-1}\right]^{-2}$;

(h) $\frac{2^{-2} + 2^2 - 2^{-1}}{2^{-2} - 2^{-1}}$.

1.11 Reescreva as expressões sem utilizar expoentes negativos:

(a) $(x + y^{-1})^{-1}$;

(b) $\left(\frac{a^{-2}}{b^{-3}}\right)^{-2}$;

(c) $(7x^{-3}y^5)^{-2}$;

(d) $(5x^7 y^{-8})^{-3}$.

1.12 Converta os radicais em forma de potência e vice-versa:

(a) $\sqrt[3]{x^2}$;

(b) $\sqrt{(x+y)^5}$;

(c) $x^{2/5} y^{1/5}$;

(d) $2x\sqrt[5]{x^3}$;

(e) $5x^{-2/3}$.

1.13 Simplifique as seguintes expressões:

(a) $\sqrt[3]{-512}$;

(b) $\sqrt[4]{\frac{81}{16}}$;

(c) $\frac{\sqrt[3]{-16}}{\sqrt[3]{-2}}$;

(d) $5\sqrt{12} + 3\sqrt{75}$.

1.14 Escreva usando somente um radical:

(a) $\sqrt{\sqrt[3]{2x}}$;

(b) $\sqrt[5]{\sqrt{ab}}$;

(c) $\frac{\sqrt[3]{x^2}}{\sqrt[5]{x}}$;

(d) $\sqrt{a^3}\sqrt[3]{a^2}$.

1.15 Calcule os seguintes produtos:

(a) $\sqrt{x}\left(\sqrt{2x} - \sqrt{x}\right)$;

(b) $\left(\sqrt{x} - 2\sqrt{y}\right)\left(2\sqrt{x} + \sqrt{y}\right)$.

1.16 Se $a = 3 + \sqrt[3]{5}$ e $b = 3 - \sqrt[3]{5}$, calcule o valor de $(a-b)^3$.

1.17 Simplifique as seguintes expressões algébricas fracionárias:

(a) $\frac{10x^3y^3+3xy^2}{2xy^2}$;

(b) $\frac{6x^2y^3-9x^3y^2}{3x^2y}$;

(c) $\frac{x^2+5}{x^3+5x}$;

(d) $\frac{5x+25}{x^2+10x+25}$;

(e) $\frac{2x^2+8x+8}{x^2-4}$;

(f) $\frac{16x^2y}{10xy^2}$;

(g) $\frac{2xy+2}{x^2y^2-1}$.

1.18 Efetue as operações indicadas no numerador e no denominador das frações a seguir e, então, simplifique:

(a) $\frac{2x^2+(x+y)(x-y)-2y^2}{2x^2-2y^2}$;

(b) $\frac{x(x-4)-4(y^2-x)}{(x-y)^2-y^2}$;

(c) $\frac{2x+2y}{x^2+(y+x)(x+y)+xy}$.

Conjunto B: Além do básico

1.19 Simplifique a expressão

$$\frac{ab^{-2}(a^{-1}b^2)^4(ab^{-1})^2}{a^{-3}b(a^2b^{-1})(a^{-1}b)},$$

e, a seguir, determine seu valor quando $a = 10^{-3}$ e $b = 10^{-2}$.

1.20 Calcule o valor de

$$\left(\sqrt{7+\sqrt{13}}+\sqrt{7-\sqrt{13}}\right)^2.$$

Capítulo 2
Função

O estudo das *funções* é o tema central deste capítulo. Serão abordados de forma introdutória os principais conceitos relacionados ao estudo de funções: caracterização de função, domínio, imagem, propriedades algébricas e gráficas, entre outros. Esses conceitos serão utilizados ao longo dos demais capítulos.

2.1 Noção de função

De modo geral, uma grandeza y é uma função de outra grandeza x se a cada valor de x estiver associado um único valor de y. Dizemos que y é a *variável dependente* e x é a *variável independente*. Escrevemos $y = f(x)$, onde f é o nome da função.

Consideremos a Tabela 2.1, que apresenta a produção de automóveis entre 1997 e 2007 pela General Motors do Brasil Ltda., uma das maiores montado-

Tabela 2.1 Produção de automóveis da General Motors do Brasil Ltda

Ano	Produção
1997	404.842
1998	336.688
1999	286.242
2000	366.560
2001	437.844
2002	465.447
2003	459.500
2004	484.805
2005	561.449
2006	550.185
2007	576.952

Fonte: Associação Nacional dos Fabricantes de Veículos Automotores (2014).

ras de automóveis do país. Podemos relacionar a quantidade de automóveis produzida com o ano; ou seja, a cada ano temos um único valor que representa a produção de automóveis da GM. Temos, então uma *função* ou *relação de dependência*. Podemos escrever, por exemplo, as expressões $f(1997) = 404.842$ ou $f(2000) = 366.560$, que significam que em 1997 foram produzidos 404.842 automóveis e em 2000 foram produzidos 366.560 automóveis.

No plano cartesiano, podemos representar os pontos correspondentes a cada associação dada pela função f, como mostra a Figura 2.1(a), de acordo com os pares ordenados (ano, produção) listados na Tabela 2.1. Porém, uma representação por segmentos de reta pode ser útil para evidenciar o comportamento da função. Poderíamos, neste caso, representar a função f como na Figura 2.1(b).

Observando os dois gráficos vemos que a menor produção (produção mínima) ocorreu em 1999 e que a maior produção (produção máxima) ocorreu em 2007. Ainda, nota-se uma clara tendência de crescimento da produção durante os últimos anos.

2.2 Função, domínio e imagem

Comecemos com alguns conceitos fundamentais.

Definição 2.1 *Uma função é uma relação que associa elementos de um conjunto A a um único elemento de outro conjunto B. Uma função f de $\mathbb{R}$ para $\mathbb{R}$ é uma relação que associa números reais x a números reais $f(x)$* (Youssef; Fernandez; Soares, 1997).

Geralmente (mas não necessariamente), a função é expressa por uma expressão algébrica (fórmula) que indica como os valores x e $f(x)$ estão associados – por exemplo, $f(x) = x^2$. Usualmente, ainda, os valores $f(x)$ são

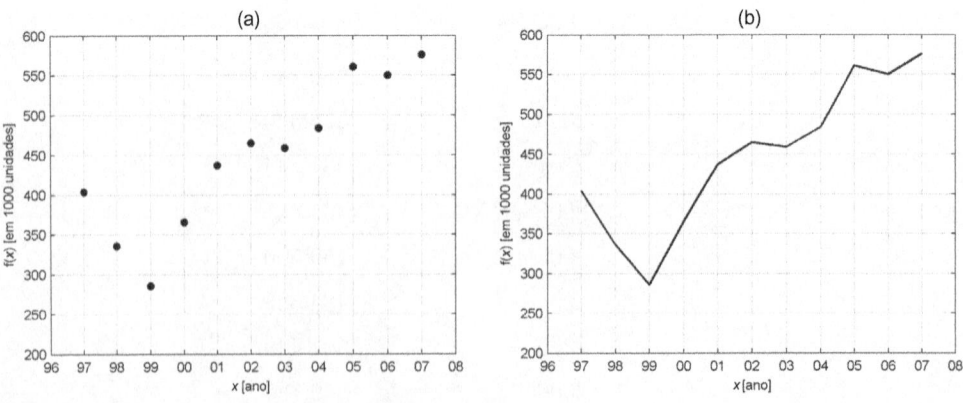

Figura 2.1 Representação da produção em função do tempo com um gráfico de pontos (a) e com um gráfico de linhas (b).

denotados por alguma variável – por exemplo, y ou outra letra qualquer. Assim, $f(x) = x^2$ e $y = x^2$ são formas distintas, mas equivalentes, de se referir à mesma função.

Definição 2.2 *O **domínio** de uma função f é o conjunto dos possíveis valores da variável independente.*

Definição 2.3 *O contradomínio de uma função f é o conjunto que contém os valores da variável dependente que podem ser relacionados a valores de domínio.*

Definição 2.4 *O conjunto imagem de uma função f é o conjunto dos valores da variável dependente que são efetivamente assumidos pela função. O conjunto imagem pode ser o próprio contradomínio ou um subconjunto dele.*

Neste texto, denotaremos o conjunto domínio de uma função f por Dom(f) e o conjunto imagem de uma função f por Img(f).

Exemplo 2.1 *Na Figura 2.2, são dados os gráficos das funções dadas por*

$$f(x) = 2x + 1, \quad g(x) = x^2 - 4x + 3, \quad h(x) = \frac{x}{x-1} \quad e \quad i(x) = \sqrt{1-x}.$$

Determine o domínio e a imagem de cada uma das funções:

> **Solução:** Ao estabelecermos o domínio de uma função, estamos determinando quais são todos os valores possíveis para a variável independente. O conjunto imagem corresponde ao conjunto de todos os valores que a variável dependente pode assumir.
>
> Para a função f, podemos atribuir para x qualquer número real, e os correspondentes valores de y também são os números reais. Logo, Dom(f) = $\mathbb{R}$ = $(-\infty, +\infty)$ e Img(f) = $\mathbb{R}$ = $(-\infty, +\infty)$.
>
> Para a função g, podemos atribuir para x qualquer número real, e os correspondentes valores de y são os números reais tais $y \geq -1$. Logo, Dom(g) = $\mathbb{R}$ = $(-\infty, +\infty)$ e Img(g) = $\{y \in \mathbb{R} : y \geq -1\}$ = $[-1, +\infty)$.
>
> O domínio da função h consiste em todos os números reais, com exceção do valor de x que anula o denominador; ou seja, com exceção do valor de x que torna $x - 1 = 0$. Assim, Dom(h) = $\{x \in \mathbb{R} : x \neq 1\}$. Os valores de y correspondentes aos valores do domínio são todos os números reais, tais que $y \neq 1$. Logo, Img(h) = $\{y \in \mathbb{R} : y \neq 1\}$.
>
> A função i apresenta a expressão $1 - x$ envolvida por um radical de índice par (raiz quadrada). Desse modo, o domínio da função i consiste em todos os números reais, tais que $1 - x \geq 0$, de modo que Dom(i) = $\{x \in \mathbb{R} : x \leq 1\}$ = $(-\infty, 1]$. Os valores de y correspondentes ao domínio da função são todos os número reais, tais que $y \geq 0$. Logo, Img(i) = $\{y \in \mathbb{R} : y \geq 0\}$ = $[0, +\infty)$.

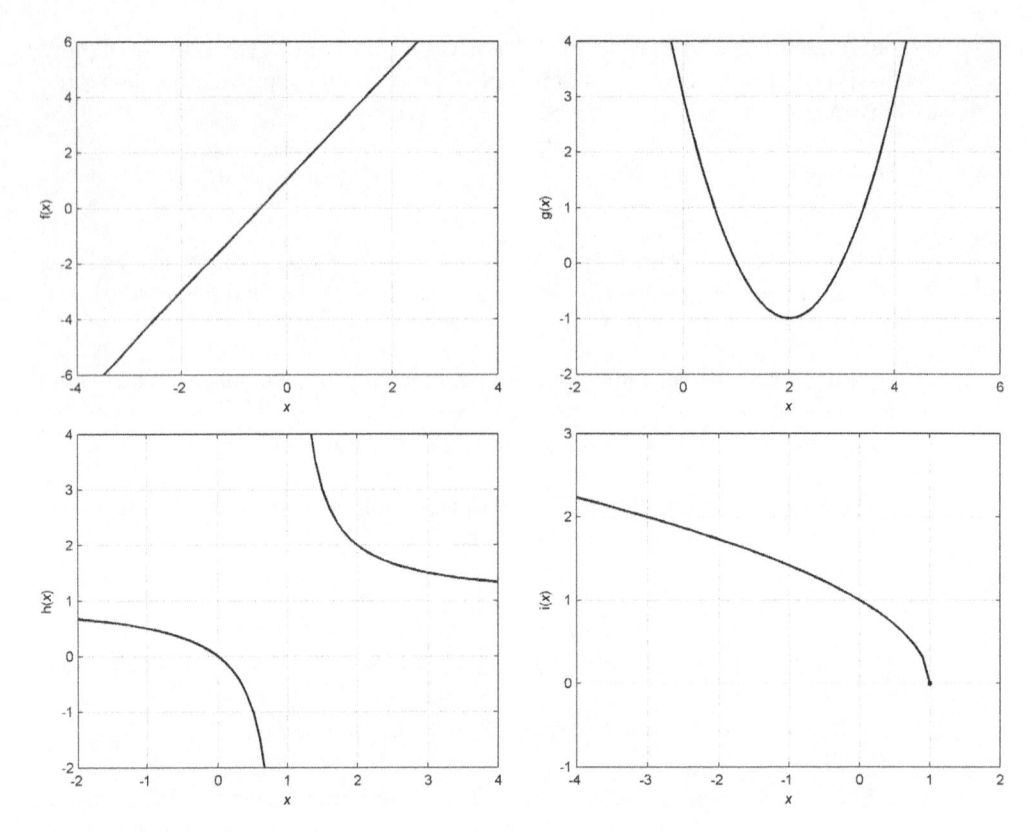

Figura 2.2 Gráficos das funções f, g, h e i.

Neste livro, os conjuntos domínio e imagem são sempre subconjuntos de $\mathbb{R}$. No Exemplo 2.1, vimos que, geralmente, o domínio de uma função está condicionado a alguma restrição na sua expressão algébrica. Porém, quando estamos diante de um *problema de aplicação*, pode haver restrições adicionais em seu domínio. O exemplo a seguir ilustra tal situação.

Exemplo 2.2 *Um vaso caiu do décimo quinto andar de um edifício, a 45 metros do chão. A posição d, em metros, do vaso em relação ao solo em cada instante t, em segundos, da queda é dada por $d(t) = 45 - 5t^2$. A representação gráfica da função d é dada na Figura 2.3. Determine o domínio e a imagem da função no contexto do problema.*

Solução: O domínio é o intervalo de tempo desde o instante em que o vaso caiu do décimo quinto andar até o instante em que o vaso chegou ao solo; isto é, $\text{Dom}(d) = \{t \in \mathbb{R}: 0 \leq t \leq 3\} = [0, 3]$. Os valores de d correspondentes aos valores de t do domínio estão no intervalo de 0 até 45. Logo, $\text{Img}(d) = \{d \in \mathbb{R}: 0 \leq d \leq 45\} = [0, 45]$.

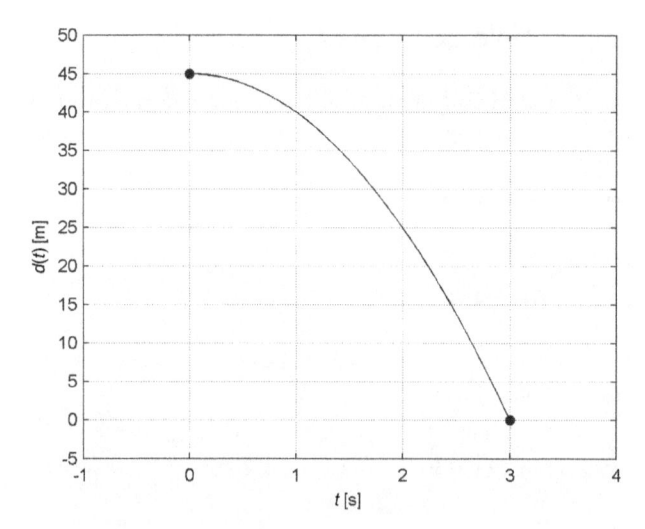

Figura 2.3 Gráfico da função $d(t) = 45 - 5t^2$.

2.3 Representação de uma função

Uma função pode ser representada verbalmente, por tabelas, fórmulas ou gráficos. O método de representação, muitas vezes, depende do contexto no qual a relação funcional foi desenvolvida. Assim, certas funções são descritas mais naturalmente por um método do que por outro.

2.3.1 Forma verbal

Uma função pode ser representada verbalmente descrevendo-a com palavras. Por exemplo, a *Lei da Gravitação Universal* de Newton é enunciada da seguinte forma:

"A força de atração gravitacional entre duas esferas homogêneas é diretamente proporcional ao produto de suas massas e inversamente proporcional ao quadrado da distância entre seus centros."[1]

A descrição verbal da fórmula é:

$$F = G\frac{m_1 m_2}{r^2},$$

onde F é a força de atração, m_1 e m_2 são as massas, r é a distância entre os centros das esferas e G é uma constante de proporcionalidade. Se as massas são constantes, então a descrição verbal define F como uma função de r.

---

[1]Tradução livre do original em latim: "*Si globorum duorum in se mutuo gravitantium materia undique in regionibus, quæ à centris æqualiter distant, homogenea sit: erit pondus globi alterutrius in alterurn reciprocè ut quadratum distantiæ inter centra [...]*" (Newton, 1687, p.45).

2.3.2 Tabela de valores

Uma função pode ser representada numericamente por meio de uma tabela de valores. Por exemplo, a Tabela 2.2 ilustra a função que representa a população p do Brasil, em milhões de habitantes, levantada nos censos demográficos de 1940 a 2010.

2.3.3 Fórmula

Uma função pode ser representada algebricamente utilizando-se uma fórmula. Por exemplo,

$$f(x) = x^3 - 4x, \quad g(t) = \frac{2}{t-1} \quad \text{e} \quad A(r) = \pi r^2.$$

Observe que a última fórmula representa a área de um círculo como função de seu raio r.

2.3.4 Gráfico

Uma função pode ser representada visualmente por meio de um gráfico. Por exemplo, a Figura 2.4 ilustra o gráfico da função que representa a população p do Brasil, em milhões de habitantes, levantada nos censos demográficos desde 1940. Nesse caso, os pontos do gráfico foram extraídos diretamente da Tabela 2.2, mostrando cada par de valores, isto é, cada associação representada no plano cartesiano, por um ponto de coordenadas (t, p).

Além de desenhar um gráfico a partir de uma tabela, podemos desenhar um gráfico a partir de uma fórmula. A construção de um gráfico a partir de uma fórmula segue estes passos:

(a) Determinar o domínio da função representada por uma fórmula.

(b) Atribuir alguns valores para a variável x no domínio e calcular os respectivos valores de y.

(c) Representar os pares ordenados (x, y) por pontos no plano cartesiano, onde o valor de x é denominado abscissa e o valor de y é denominado ordenada.

Tabela 2.2 População do Brasil

t (anos)	1940	1950	1960	1970	1980	1991	2000	2010
p (10^6 hab.)	41,2	51,9	71,0	94,5	121,1	146,9	169,6	190,8

Fonte: Instituto Brasileiro de Geografia e Estatística (c2014).

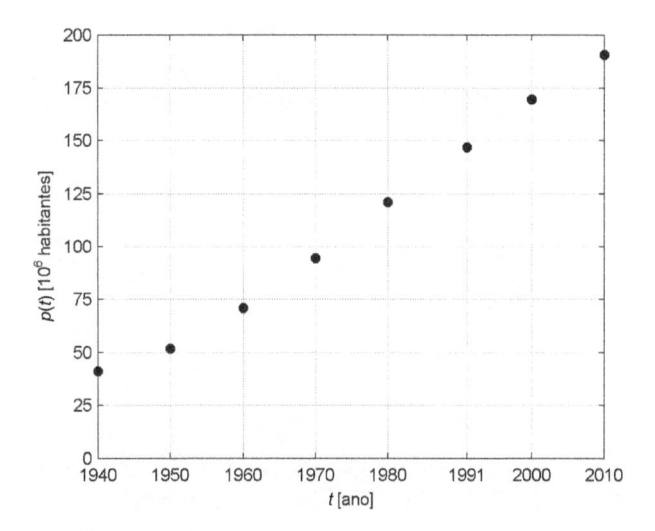

Figura 2.4 População do Brasil.

Exemplo 2.3 *Desenhe o gráfico da função dada por $f(x) = x^3 - 4x$.*

Solução: Para desenhar o gráfico de f, primeiramente observamos que o seu domínio é o conjunto dos números reais. Em seguida, atribuímos alguns valores para a variável x dentre os valores do domínio e calculamos os respectivos valores de y, apresentando-os na Tabela 2.3. Os pontos e a curva correspondente são mostrados na Figura 2.5.

Note que foram utilizados 7 pontos para desenhar o gráfico da Figura 2.5, e a pergunta natural que surge após esse exemplo é: para desenhar o gráfico de uma função qualquer, basta construir uma tabela? E quantos pontos devo utilizar?

Saber desenhar gráficos de diversas funções é uma habilidade fundamental no estudo de Cálculo Diferencial e Integral. A Figura 2.6 mostra o gráfico da função $f(x) = x\sqrt{9 - x^2}$ com 7, 13, 25 e "infinitos" pontos. Notemos que, à medida que o número de pontos aumenta, a forma do gráfico torna-se mais clara. Porém, à medida que seu conhecimento sobre o comportamento das funções aumentar, a quantidade de pontos necessários para compreender a forma do gráfico irá diminuir. Como diz o ditado: Para o bom entendedor de gráficos, poucos pontos bastam.

Tabela 2.3 Tabela de valores para a função $f(x) = x^3 - 4x$

x	-3	-2	-1	0	1	2	3
y	-15	0	3	0	-3	0	15

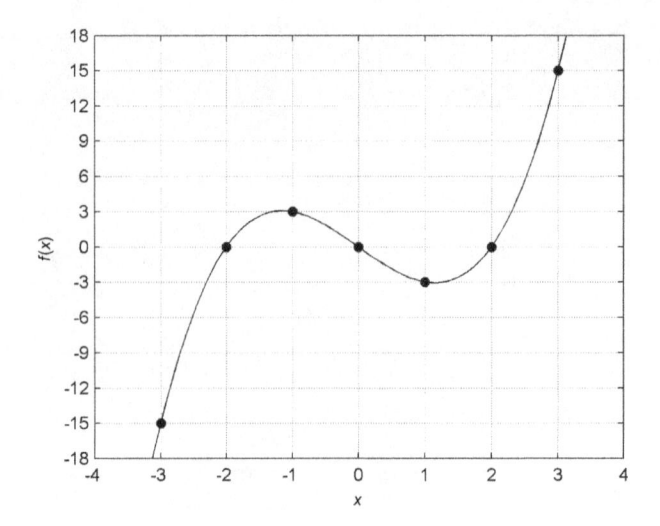

Figura 2.5 Gráfico da função $f(x) = x^3 - 4x$.

Um recurso muito simples que pode ajudar no desenho de gráficos é o papel quadriculado. Acostume-se a desenhar gráficos nele. Embora os gráficos gerados por uma calculadora ou por um software gráfico possam ser até mais precisos, você entenderá muito mais o que está acontecendo se desenhá-los manualmente.

> **Usando a tecnologia:** Além de lápis e papel quadriculado, os recursos gráficos computacionais (calculadora gráfica e software matemático) são muito importantes e úteis. Tente reproduzir os gráficos deste capítulo usando esses recursos. Leia o manual de sua calculadora, verifique se ela possui recursos gráficos e aprenda a usá-los. Se sua calculadora não possui recursos gráficos, utilize algum software matemático como MATLAB, Scientific Notebook ou WinPlot.

2.4 Teste da reta vertical

Uma curva no plano cartesiano nem sempre representa o gráfico de uma função. Para verificar se uma curva representa, de fato, o gráfico de uma função, usa-se o *teste da reta vertical*: *uma curva no plano cartesiano é o gráfico de uma função se e somente se nenhuma reta vertical intercepta a curva mais de uma vez*. Isto é válido devido à Definição 2.1. (Confira!)

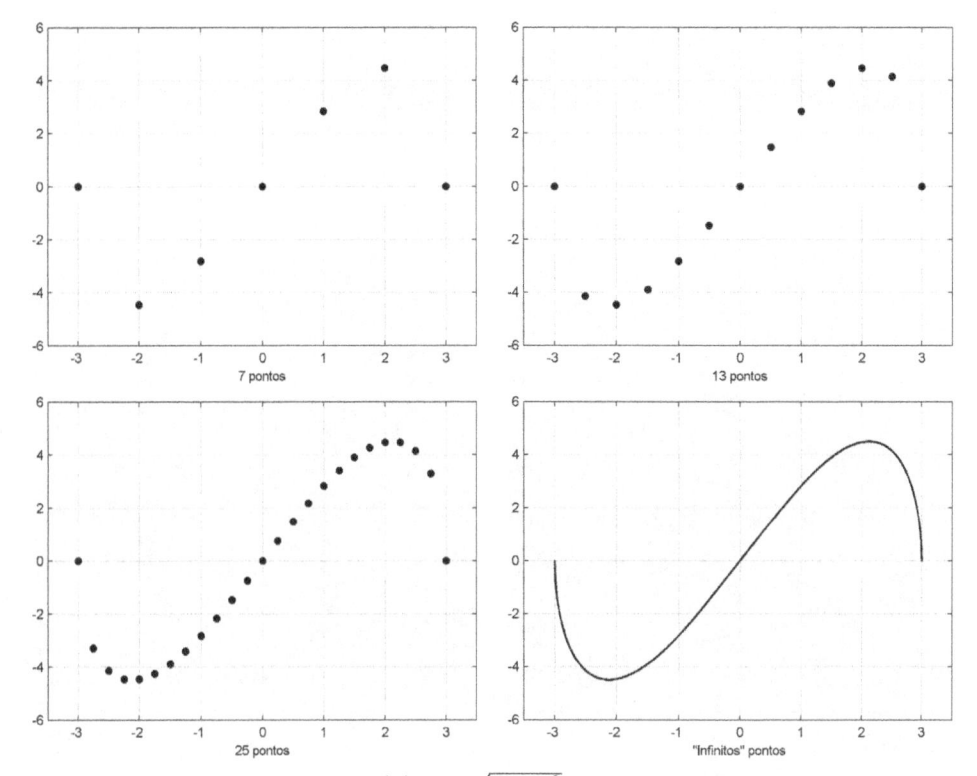

Figura 2.6 Gráfico da função $f(x) = x\sqrt{9-x^2}$ com 7, 13, 25 e "infinitos" pontos.

Exemplo 2.4 *Analise as curvas mostradas na Figura 2.7 e identifique quais representam gráficos de funções. Justifique.*

Solução: As curvas 2 e 4 são funções, pois nenhuma reta vertical intercepta a curva mais de uma vez. As curvas 1 e 3 não são funções, pois são interceptadas por uma reta vertical mais de uma vez.

Nas Seções 2.5 a 2.8 a seguir, estudaremos algumas características das funções que nos permitirão entendê-las melhor.

2.5 Zeros e interceptos

Definição 2.5 *Os **zeros** de uma função real são as soluções da equação $f(x) = 0$; ou seja, são os valores de x tais que $f(x) = 0$.*

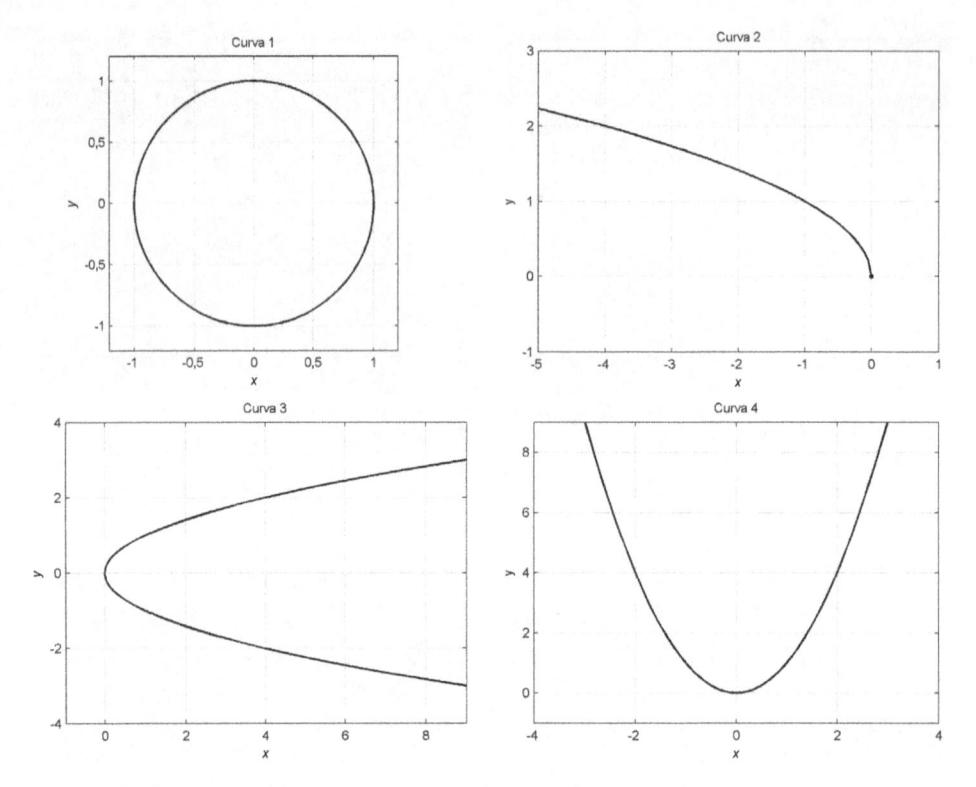

Figura 2.7 Curvas no plano cartesiano e o teste da vertical.

Definição 2.6 *O **intercepto horizontal** de uma função é a abscissa do ponto em que a curva corta o eixo horizontal. Os interceptos horizontais correspondem aos valores de x tais que* $f(x) = 0$.

Assim, ao determinarmos os zeros de uma função, também estaremos definindo onde ocorrem as interseções com o eixo horizontal. Uma função pode não ter zeros, pode ter apenas um zero ou, ainda, pode ter muitos zeros.

Definição 2.7 *O **intercepto vertical** de uma função é a ordenada do ponto em que a curva corta o eixo vertical. O intercepto vertical corresponde ao valor de* $y = f(0)$.

Exemplo 2.5 *Determine, se existirem, os zeros das seguintes funções:*

$$f(x) = 2x + 1, \quad g(x) = x^2 - x - 6,$$
$$h(x) = \sqrt{x}, \quad i(x) = \frac{x-1}{x^2}, \quad j(x) = x^2 + 1.$$

Solução: Fazendo $f(x) = 0$, temos
$$2x + 1 = 0,$$
ou seja,
$$2x = -1$$
$$x = -\frac{1}{2}.$$

Fazendo $g(x) = 0$, temos
$$x^2 - x - 6 = 0,$$
ou seja,
$$x = \frac{1 \pm \sqrt{1 + 24}}{2}$$
$$x = \frac{1 \pm 5}{2}$$
sendo $x = 3$ ou $x = -2$.

Fazendo $h(x) = 0$, temos
$$\sqrt{x} = 0,$$
ou seja,
$$x = 0^2,$$
$$x = 0.$$

Fazendo $i(x) = 0$, temos
$$\frac{x-1}{x^2} = 0,$$
ou seja,
$$x - 1 = x^2 \cdot 0$$
$$x - 1 = 0$$
$$x = 1.$$

Fazendo $j(x) = 0$, temos
$$x^2 + 1 = 0,$$
$$x^2 = -1.$$

Mas não existe x real, tal que $x^2 = -1$. Logo, a função j não possui zeros.

Exemplo 2.6 *Analise os gráficos mostrados na Figura 2.8 e identifique os interceptos horizontais e o intercepto vertical, se existirem.*

Solução: Para a função f, temos intercepto horizontal: $x = 0$; intercepto vertical: $y = 0$. Para a função g, temos intercepto horizontal: não existe; intercepto vertical: $y = 2$. Para a função h, temos interceptos horizontais: $x = -2$ e $x = 2$; intercepto vertical: $y = -4$. Para a função i, temos intercepto horizontal: $x = -2$; intercepto vertical: $y = 2$.

2.6 Sinal

Estudar o sinal de uma função significa determinar para quais valores de x do domínio da função $f(x)$ é positivo, negativo ou nulo. Graficamente, o estudo do sinal é feito localizando-se os intervalos sobre o eixo horizontal para os quais o gráfico de f está acima, abaixo ou tocando o eixo horizontal.

Exemplo 2.7 *Faça o estudo do sinal de cada função mostrada na Figura 2.8.*

Solução: O gráfico de f está abaixo do eixo horizontal para x menor que 0, o gráfico está tocando o eixo horizontal para x igual a 0 e o gráfico está acima do eixo horizontal para x maior que 0. Resumidamente, podemos escrever: $f(x) < 0$ para $x < 0$, $f(x) = 0$ para $x = 0$ e $f(x) > 0$ para $x > 0$.

O gráfico de g está acima do eixo horizontal para todo x do domínio da função. Assim, podemos escrever: $f(x) > 0$ para todo $x \in \mathbb{R}$.

O gráfico de h está acima do eixo horizontal para x menor que -2 e para x maior que 2. O gráfico está cruzando o eixo horizontal para x igual a -2 e x igual a 2. O gráfico está abaixo do eixo horizontal para x entre -2 e 2. Assim, $f(x) > 0$ para $x < -2$ ou $x > 2$, $f(x) = 0$ para $x = -2$ ou $x = 2$ e $f(x) < 0$ para $-2 < x < 2$.

O gráfico de i está abaixo do eixo horizontal para x menor que -2, o gráfico está tocando o eixo horizontal para x igual a -2 e o gráfico está acima do eixo horizontal para x maior que -2. Resumidamente: $f(x) < 0$ para $x < -2$, $f(x) = 0$ para $x = -2$ e $f(x) > 0$ para $x > -2$.

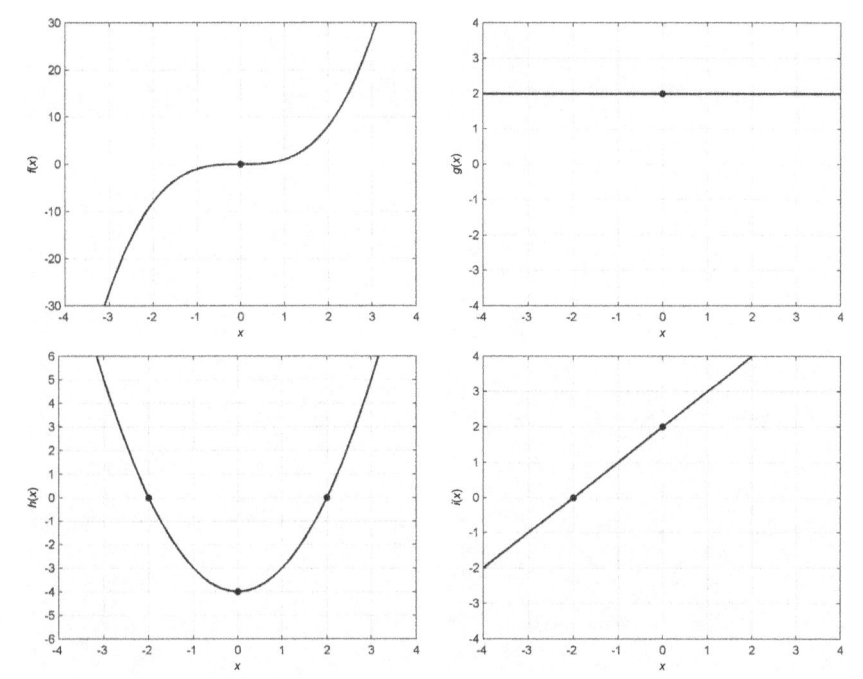

Figura 2.8 Gráficos e interceptos.

2.7 (De)crescimento

De maneira bem simples, podemos definir uma função crescente como aquela em que, aumentando o valor de x, o valor de y aumenta e uma função decrescente como aquela em que, aumentando o valor de x, o valor de y diminui. A definição mais formal é a seguinte:

Definição 2.8 *Uma função f é **crescente** no intervalo $[a, b]$ se $f(x_1) < f(x_2)$ sempre que $x_1 < x_2$ em $[a, b]$.*

Definição 2.9 *Uma função f é **decrescente** no intervalo $[a, b]$ se $f(x_1) > f(x_2)$ sempre que $x_1 < x_2$ em $[a, b]$.*

É importante compreender que as desigualdades $f(x_1) < f(x_2)$ ou $f(x_1) > f(x_2)$ nas definições apresentadas devem ser satisfeitas para *todo* par de números x_1 e x_2 em $[a, b]$, com $x_1 < x_2$, e não apenas para algum par de números.

Exemplo 2.8 *Analise os gráficos mostrados na Figura 2.9 e identifique os intervalos em que cada função é crescente ou decrescente.*

> **Solução:** A função f é crescente no intervalo $(-\infty, +\infty)$; isto é, f é crescente em todo o seu domínio. A função g é decrescente no intervalo $(-\infty, 0]$. A função h é decrescente no intervalo $(-\infty, 0]$ e crescente no intervalo $[0, +\infty)$. A função i é decrescente no intervalo $(-\infty, +\infty)$; isto é, i é decrescente em todo o seu domínio.

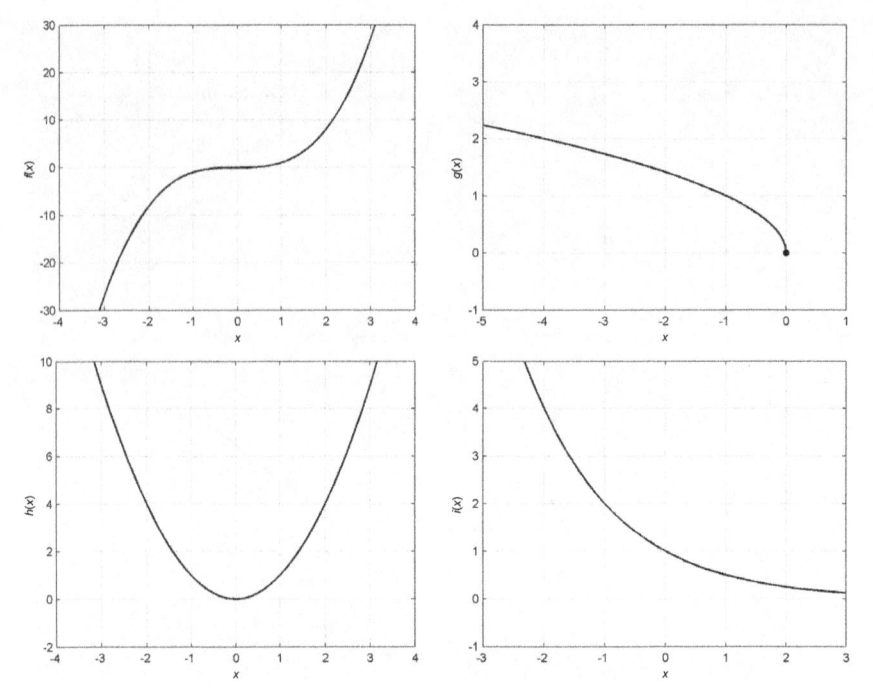

Figura 2.9 Gráficos e a definição de crescimento e decrescimento.

2.8 Simetria

Uma característica importante de algumas funções é a simetria. A seguir, definimos duas formas de simetria muito comuns.

Definição 2.10 *Uma função f é dita **par** se, para todo x em seu domínio, temos*
$$f(-x) = f(x).$$

Isso significa que valores de x opostos em relação à origem têm a mesma imagem. Graficamente, a função par é uma curva simétrica em relação ao eixo vertical. O gráfico permanece o mesmo para uma rotação de 180° em torno do eixo horizontal.

Definição 2.11 *Uma função f é dita **ímpar** se, para todo x em seu domínio, temos*
$$f(-x) = -f(x).$$

Isso significa que valores de x opostos em relação à origem têm imagens opostas. Graficamente, a função ímpar é uma curva simétrica em relação à origem do sistema cartesiano, o ponto (0,0). O gráfico permanece o mesmo para uma rotação de 180° em torno da origem.

Exemplo 2.9 *Classifique como pares ou ímpares as funções mostradas na Figura 2.10.*

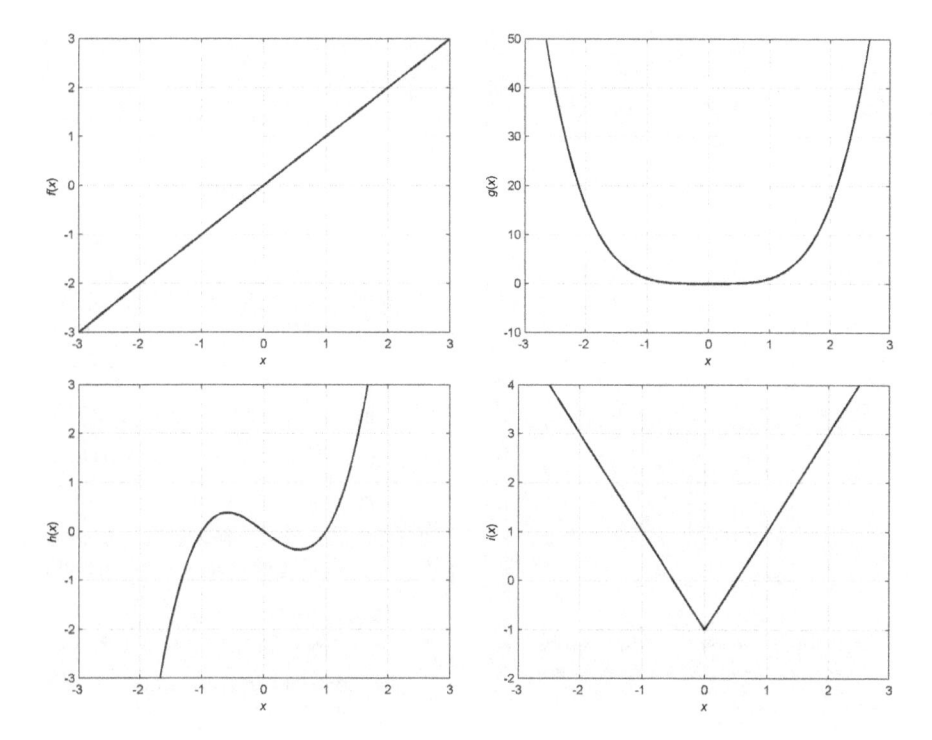

Figura 2.10 Gráficos e paridade.

> **Solução:** Os gráficos de f e h são simétricos em relação à origem do plano cartesiano. Logo, f e h são funções ímpares. Os gráficos de g e i são simétricos em relação ao eixo vertical. Logo, g e i são funções pares.

Neste capítulo, introduzimos o conceito de função e outros conceitos relacionados que nos permitirão entender melhor o comportamento de uma função. Sempre que esses conceitos forem mencionados ao longo do texto e você ainda tiver dúvidas, reveja as definições aqui apresentadas.

2.9 Problemas

Conjunto A: Básico

2.1 Localize e desenhe no plano cartesiano os seguintes pontos: $A(3, 2)$, $B(-2, 5)$, $C(1, -4)$, $D(-2, -5)$, $E(0, 2)$, $F(0, -1)$, $G(4, 0)$, $H(-3, 0)$.

2.2 Determine o domínio das funções a seguir:

(a) $A(x) = 2x$;

(b) $B(x) = x^2$;

(c) $C(x) = 2x^2 + 3x - 2$;

(d) $D(x) = \sqrt{x}$;

(e) $E(x) = \dfrac{x+4}{x-6}$;

(f) $F(x) = \dfrac{5}{\sqrt{3-x}}$.

2.3 O domínio de uma função f é "o conjunto dos x positivos", enquanto o domínio de uma função g é "o conjunto dos x não negativos". Esses domínios são os mesmos? Justifique.

2.4 Analise os gráficos a seguir e identifique quais representam e quais não representam funções.

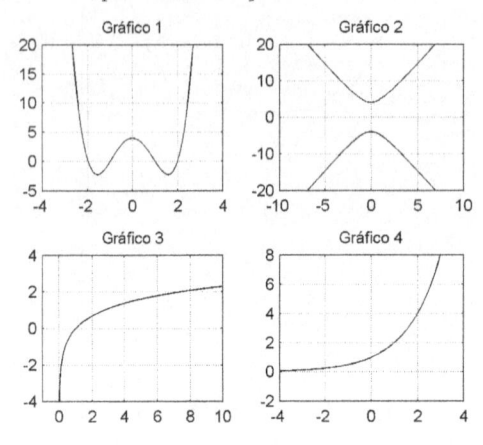

Gráfico 1

Gráfico 2

Gráfico 3

Gráfico 4

2.5 Determine os zeros e o intercepto vertical, se existirem, das funções a seguir:

(a) $f(x) = \frac{2}{5}x + 3$;

(b) $g(x) = (x+1)^2$;

(c) $h(x) = x^3$;

(d) $i(x) = \frac{x+4}{x-6}$;

(e) $j(x) = \frac{1}{x+3}$.

2.6 Os gráficos a seguir referem-se às funções

$$f(x) = -2x + 2, \quad g(x) = -x^2 + 4x - 3,$$
$$h(x) = -2, \quad i(x) = \sqrt{x-2}.$$

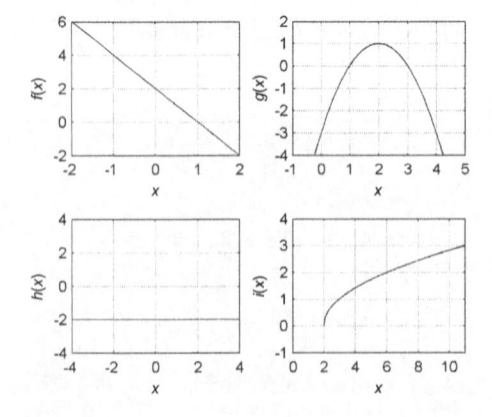

Para cada função dada, determine:

(a) domínio e imagem;

(b) intercepto horizontal e vertical;

(c) intervalos onde a função é positiva ou negativa;

(d) intervalos onde a função é crescente ou decrescente.

2.7 Desenhe os gráficos das funções f, g, F e G que satisfazem as seguintes condições:

(a) $\text{Dom}(f) = \{x \in \mathbb{R}: x \geq 1\}$;

(b) g é par; $\text{Img}(g) = \{y \in \mathbb{R}: y \geq -2\}$;

(c) a função F tem um zero em $x = -1$;

(d) G é decrescente e positiva.

2.8 Desenhe o gráfico de uma função f que satisfaça todas as seguintes condições:

- O domínio de f é $[0, +\infty)$.
- A imagem de f é $[0, +\infty)$.
- f possui um zero em $x = 3$.

2.9 Observe os gráficos das funções a seguir. Classifique-as como funções pares, ímpares ou nem pares nem ímpares:

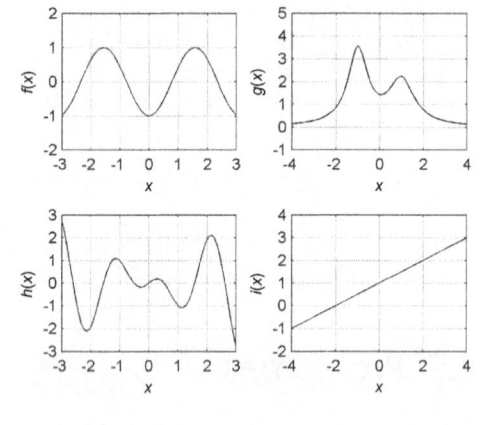

2.10 A tabela a seguir mostra a temperatura máxima diária ocorrida em uma cidade durante uma semana, obtida pela *observação*.

Capítulo 2 – Função

d	T (°C)
12	24,0
13	24,5
14	24,5
15	24,9
16	25,4
17	25,5
18	25,8

Essa tabela representa uma função f que associa a cada dia d uma temperatura T: $T = f(d)$. Cada par de valores (cada associação) pode ser representado no plano cartesiano por um ponto P de coordenadas (d, T) como mostra a figura a seguir.

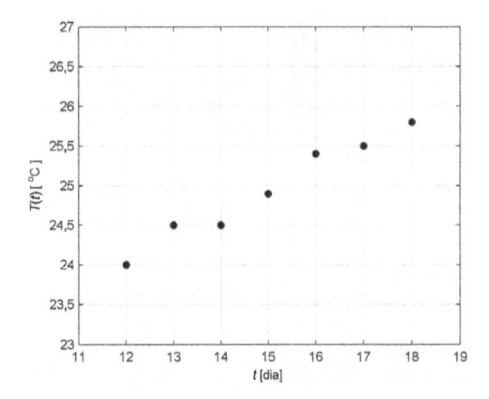

(a) Identifique, na tabela e no gráfico: qual foi a temperatura no dia 16?

(b) Identifique, na tabela e no gráfico: em que dia a temperatura foi de 25,5°C?

(c) Observando o comportamento do gráfico, é possível estimar a temperatura para o dia 19?

2.11 O gráfico de uma função com muitos altos e baixos se parece com o trilho de uma *montanha-russa*. Quantos pontos de máximo e mínimo você consegue contar na figura a seguir?

2.12 Das leis da Dinâmica, sabemos que a energia cinética K associada a um móvel de massa m que se desloca com velocidade v é dada por

$$K = \frac{1}{2}mv^2,$$

onde m é a massa medida em quilogramas, v é a velocidade em metros por segundo e K é a energia cinética medida em joules (J). Supondo que um móvel tenha massa $m = 4$ kg, o gráfico de K em função de v é mostrado a seguir.

James Joule (1818–1889)

Físico inglês. Estudando a eficiência de motores elétricos, descobriu que a potência (calor) dissipada por um resistor é dada por $P = i^2 R$. Essa equação é conhecida como *lei de Joule*. Motivado por crenças religiosas, iniciou um estudo no sentido de buscar uma unificação das forças da natureza. Seu feito mais impressionante (em 1840) foi demonstrar o denominado *equivalente mecânico do calor*, medindo a variação da temperatura (energia térmica) de uma certa quantidade de água produzida pela agitação de uma roda com pás acionada pela queda de um peso (energia mecânica). Como forma de homenagem, seu nome foi dado à unidade de medida de energia, sendo 1 cal = 4,184 J. Adaptado de Weisstein (2014).

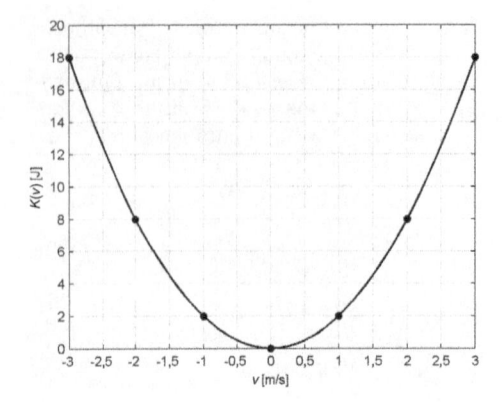

A partir da análise do gráfico, responda:

(a) Qual é o sinal da função?

(b) A função apresenta algum tipo de simetria?

(c) Como é o comportmento do gráfico em relação ao (de)crescimento da função?

2.13 Suponha que o faturamento f (em milhares de reais) de uma empresa seja descrito pela função $f = 10 + 2p$, onde p (em milhares de reais) é a quantia gasta em propaganda.

(a) Determine o domínio da função de acordo com o contexto do problema.

(b) Qual será o faturamento quando nada for gasto em propaganda?

(c) Qual será faturamento quando forem gastos R$ 5.000,00 em propaganda?

(d) Quanto foi gasto em propaganda se o faturamento foi de R$ 18.000,00?

(e) Desenhe o gráfico de f e descreva o comportamento do faturamento à medida que o gasto com propaganda aumenta.

2.14 Um fabricante de rolamentos verificou que o custo total de fabricação C (em reais) de uma quantidade q (em unidades) de rolamentos é modelado pela função $C(q) = 2.000 + 12q$.

(a) Determine o domínio da função de acordo com o contexto do problema.

(b) Qual é o *custo total* C ao serem fabricadas 1, 1.000, 2.000 e 3.000 unidades?

(c) Desenhe o gráfico de C.

(d) Determine uma expressão para o *custo unitário médio* $U(q)$ (custo por unidade produzida).

(e) Quantas unidades, no mínimo, devem ser fabricadas para que o custo unitário médio seja inferior a R$ 12,50.

2.15 Para estudar a aprendizagem dos animais, um grupo de pesquisadores fez uma experiência na qual um rato branco era colocado diversas vezes em um labirinto. Os pesquisadores notaram que o tempo T (em minutos) necessário para que o rato percorresse o labirinto, na n-ésima tentativa, era aproximadamente $T(n) = 3 + \frac{12}{n}$.

(a) Determine o domínio da função de acordo com o contexto do problema.

(b) Quanto tempo o rato gastou para percorrer o labirinto na 3ª tentativa?

(c) Em qual tentativa o rato percorreu o labirinto em 4 minutos?

(d) Se aumentarem o número de tentativas, o que acontecerá com o tempo em que o rato percorre o labirinto?

(e) O rato conseguirá percorrer o labirinto em menos de 3 minutos? Justifique.

Conjunto B: Além do básico

2.16 Determine o domínio das funções a seguir:

(a) $G(x) = \dfrac{x}{2x^2 + 3x - 2}$;

(b) $H(x) = \sqrt{2x^2 + 3x - 2}$;

(c) $I(x) = \dfrac{1}{\sqrt{2x^2 + 3x - 2}}$;

(d) $J(x) = \sqrt{|2x^2 + 3x - 2|}$.

Dica: $2x^2 + 3x - 2 = (2x - 1)(x + 2)$.

2.17 Considere os gráficos das funções f e g, representados a seguir.

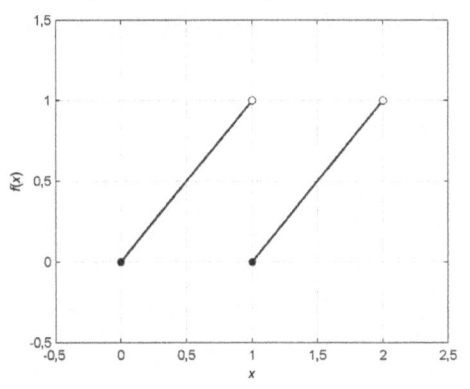

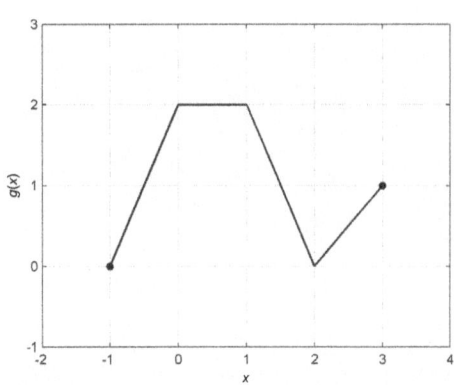

(a) Determine o domínio e a imagem de f.

(b) Determine o domínio e a imagem de g.

2.18 Uma folha de metal quadrada de lado 15 cm deve ser cortada e dobrada de modo a formar uma caixa sem tampa. Para isso, quatro pequenos quadrados devem ser recortados dos cantos da folha e as abas formadas devem ser dobradas e soldadas conforme a figura a seguir:

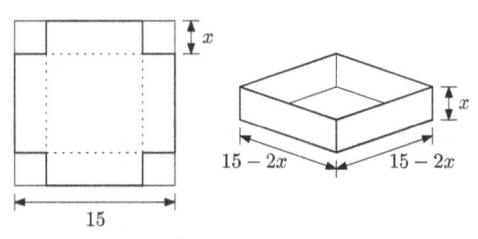

(a) Encontre uma expressão para $V(x)$, o volume da caixa em função do lado do quadrado de recorte.

(b) Determine o domínio da função de acordo com o contexto do problema.

(c) Determine os valores de V para $x = 0, 1, \ldots, 7$ e desenhe o gráfico da função.

(d) Determine (aproximadamente) o lado dos quadrados a serem recortados de modo que se possa obter uma caixa de *maior volume possível*.

2.19 Sejam f e g definidas para todo $x \in \mathbb{R}$. Se f é função par e g é função ímpar, então $h = f \times g$ é par, ímpar ou nenhuma das duas? Justifique.

2.20 (ENADE, 2008) Os gráficos a seguir apresentam informações sobre a área plantada e a produtividade das lavouras de soja brasileiras nas safras de 2000 a 2007.

A SEMENTE DO AGRONEGÓCIO
Com o crescimento desta década, o Brasil passou a responder por 27% do mercado global de soja. Um em cada cinco dólares exportados pelo agronegócio vem do complexo soja.

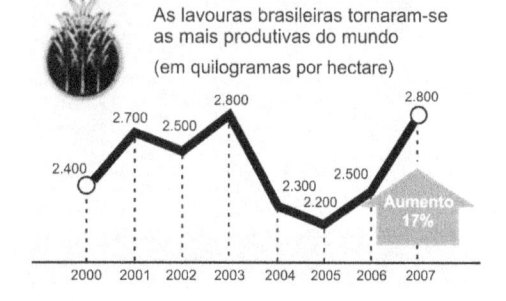

A área plantada cresceu 54%, metade da lavoura de grãos do país
(em milhões de hectares)
13,6 14 16,4 18,5 21,5 23 22 21
2000 2001 2002 2003 2004 2005 2006 2007
Aumento 54%

As lavouras brasileiras tornaram-se as mais produtivas do mundo
(em quilogramas por hectare)
2.400 2.700 2.500 2.800 2.300 2.200 2.500 2.800
2000 2001 2002 2003 2004 2005 2006 2007
Aumento 17%

Observe atentamente as unidades de medida envolvidas e responda: qual foi a produção total de soja na safra de 2007?

Capítulo 3
Função Afim e Função Linear

Quando utilizamos a Matemática para descrever um fenômeno real, tal como o tamanho de uma população, a velocidade de um objeto e a concentração de um produto em uma reação química, vários tipos de funções podem ser utilizados para modelar as relações observadas no mundo real. Neste capítulo, estudaremos a função afim e a função linear. A principal característica dessas funções é que elas variam a uma taxa constante.

Entre as aplicações desse tipo de função, pode-se citar:

- O movimento retilíneo uniforme.

- O salário mensal de um vendedor que recebe um valor fixo adicionado de uma comissão de vendas.

- A fórmula para conversão de unidades de medida de temperatura Celsius e Fahrenheit.

- O modelo do ajuste linear nos problemas de modelagem matemática.

3.1 Definições e principais características

Vejamos como a função afim e a função linear são definidas.

Definição 3.1 *Chama-se **função afim** a função dada por*

$$f(x) = mx + b, \tag{3.1}$$

onde x é a variável independente, m e b são as constantes, com $b \neq 0$.

Definição 3.2 *Chama-se **função linear** a função dada por*

$$f(x) = mx, \tag{3.2}$$

onde x é a variável independente e m é a constante.

A constante m é denominada **coeficiente angular** da função e a constante b é denominada **coeficiente linear**.

Exemplo 3.1 *De acordo com as definições apresentadas, classifique as funções $f(x) = 2x + 1$ e $g(x) = 5x$.*

Solução: A função dada por $f(x) = 2x + 1$ é uma função *afim* com coeficiente angular $m = 2$ e coeficiente linear $b = 1$. Já a função dada por $g(x) = 5x$ é uma função *linear* com coeficiente angular $m = 5$.

É importante observar que uma função linear é um caso particular da função afim com $b = 0$. Embora, em alguns casos, seja essencial a distinção entre *função afim* e *função linear*, muitas vezes, é usada a denominação *função linear* para ambos os casos. Isto se justifica pelo fato de que, em qualquer caso, os gráficos dessas funções são *retas* (Ávila, 1995). Neste texto, designaremos ambas as funções por **função linear**.

É importante que você seja capaz de reconhecer as principais características de cada tipo de função analisando sua expressão algébrica. Assim, você será capaz de desenhar um esboço do gráfico de uma função sem se prender exclusivamente a uma tabela de valores. As principais características da função linear (3.1) são:

(a) O **domínio** da função linear é o conjunto dos números reais; isto é, $\text{Dom}(f) = \mathbb{R}$.

(b) O gráfico de uma função linear é uma **reta**.

(c) O sinal do coeficiente angular m (positivo ou negativo) indica a **inclinação** da reta.

(d) O valor do coeficiente linear b determina o ponto em que a reta corta o eixo vertical; isto é, $y = b$ é o **intercepto vertical**.

(e) O zero da função ocorre em $-\frac{b}{m}$; isto é, $x = -\frac{b}{m}$ é o **intercepto horizontal**.

3.2 A inclinação da reta

O coeficiente angular m tem um importante papel na equação da reta: ele determina a sua *inclinação*. O gráfico da função linear é uma reta, pois sua inclinação é a mesma em toda parte. Vejamos o que essa afirmação quer dizer por meio de um exemplo.

Exemplo 3.2. *Desenhe o gráfico da função linear $f(x) = 2x + 1$.*

Solução: Geometricamente, o gráfico de f é uma reta e são necessários somente 2 pontos para desenhá-lo. No entanto, calculamos a tabela de valores para $f(x)$ a seguir com *mais* valores para que possamos tirar algumas conclusões importantes a respeito do seu gráfico.

x	-2	-1	0	1	2
$f(x)$	-3	-1	1	3	5

Observe na tabela que, à medida que os valores de x *crescem* de 1 em 1 unidade, os valores correspondentes de y também crescem de 2 em 2, isto é, cresce à taxa constante 2.

Observe na Figura 3.1 que o gráfico de f é uma reta.

Considere dois pontos $P_1(x_1, y_1)$ e $P_2(x_2, y_2)$ da tabela de valores do exemplo anterior, por exemplo, $P_1(-2, -3)$ e $P_2(0, 1)$. Calculando a **variação** de x entre P_1 e P_2, temos

$$\Delta_x = x_2 - x_1 = 0 - (-2) = 2,$$

e a **variação** de y entre P_1 e P_2,

$$\Delta y = y_2 - y_1 = 1 - (-3) = 4.$$

O símbolo Δ é a letra maiúscula grega *delta*, e os símbolos Δx e Δy são lidos como "delta xis" e "delta ípsilon", respectivamente. Veja a Figura 3.2.

Se calculamos a *razão* entre Δy e Δx, obtemos, para o Exemplo 3.2,

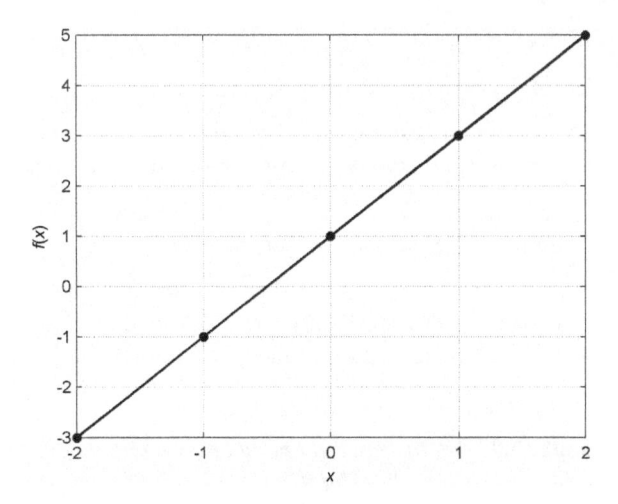

Figura 3.1 Gráfico da função linear $f(x) = 2x + 1$.

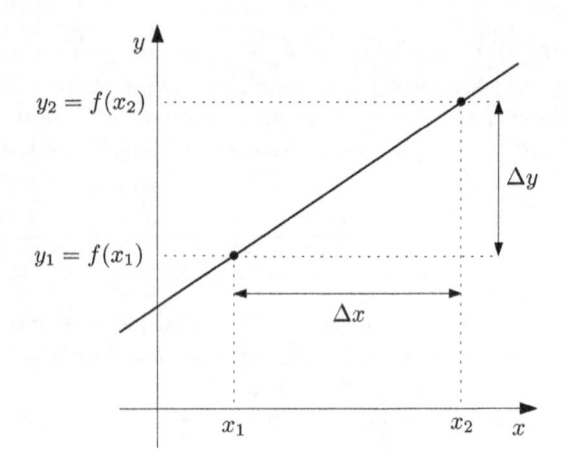

Figura 3.2 As variações Δx e Δy.

$$\frac{\text{variação de } y}{\text{variação de } x} = \frac{\Delta y}{\Delta x} = \frac{4}{2} = 2.$$

Observe que essa razão é sempre igual a 2, independentemente dos pontos P_1 e P_2 considerados. Verifique!

Definição 3.3 *A razão $\frac{\Delta y}{\Delta x}$ é denominada* **taxa média de variação** *de y em relação a x e representa a variação média de y por unidade de variação de x no intervalo Δx.*

Para a função linear como em (3.1), temos:

$$\frac{\Delta y}{\Delta x} = \frac{y_2 - y_1}{x_2 - x_1} = \frac{mx_2 + b - mx_1 - b}{x_2 - x_1} = \frac{m(x_2 - x_1)}{x_2 - x_1} = m, \quad x_1 \neq x_2. \quad (3.3)$$

De (3.3), podemos deduzir que:

(a) A taxa média de variação $\frac{\Delta y}{\Delta x}$ é igual ao coeficiente angular m. Como m é constante, o gráfico da função linear é uma reta.

(b) Para determinar m, basta calcular a razão $\frac{\Delta y}{\Delta x}$ dados dois pontos distintos da reta: $P_1(x_1, y_1)$ e $P_2(x_2, y_2)$.

A razão $\frac{\Delta y}{\Delta x}$ é de grande utilidade prática, uma vez que muitas variações desse tipo estão presentes no nosso dia a dia, por exemplo, a variação da temperatura exterior, da população de nossa cidade, no preço de uma ação na bolsa de valores e na velocidade de uma bola de futebol.

Exemplo 3.3 *Identifique quais das tabelas de valores a seguir representam uma função linear. Justifique.*

Tabela 1		Tabela 2		Tabela 3	
x	$f(x)$	x	$g(x)$	x	$h(x)$
0	25	0	10	20	2,4
1	30	2	16	30	2,2
2	35	4	26	40	2,0
3	40	6	40	50	1,8

Solução: Na Tabela 1, à medida que os valores de x crescem de 1 em 1 unidade, os valores correspondentes de y crescem a uma taxa constante de 5 unidades. Logo, f é uma função linear. De fato, a função correspondente aos valores da Tabela 1 é $f(x) = 5x + 25$.

Na Tabela 2, à medida que os valores de x crescem de 2 em 2 unidades, os valores correspondentes de y crescem de maneira *não* uniforme, isto é, não aumentam a uma taxa constante. As variações são $16 - 10 = 6$, $26 - 16 = 10$ e $40 - 26 = 14$. Assim, g não é uma função linear.

Na Tabela 3, à medida que os valores de x crescem de 10 em 10 unidades, os valores correspondentes de y *decrescem* a uma taxa constante de 0,2 unidade. Logo, h é uma função linear. De fato, a função correspondente aos valores da Tabela 3 é $h(x) = -0,02t + 2,8$.

3.3 Função linear crescente, decrescente e constante

Uma função linear é crescente se $m > 0$ e decrescente se $m < 0$. No caso em que $m = 0$ em (3.1), teremos a função constante $f(x) = b$, representada geometricamente por uma reta horizontal paralela ao eixo horizontal (eixo das abscissas). Neste caso, todos os pontos têm a mesma ordenada (o mesmo valor para y), tornando $\Delta y = 0$.

Para retas paralelas ao eixo vertical (eixo das ordenadas), notamos que $\Delta x = 0$, e a razão $\frac{\Delta y}{\Delta x}$ é indefinida. Embora não seja uma função, a equação correspondente a uma reta paralela ao eixo vertical tem a forma $x = c$. Para essas retas, o intercepto vertical não está definido.

Exemplo 3.4 *Para cada função representada na Figura 3.3, determine o coeficiente angular e o intercepto vertical.*

Solução: O coeficiente angular da reta correspondente à função dada por $f(x) = -\frac{1}{2}x + 1$ é $m = -\frac{1}{2}$. O coeficiente angular da reta correspondente à função dada por $g(x) = 3$ é $m = 0$. Já o coeficiente angular da reta correspondente à equação $x = -2$ é indefinido.

O intercepto vertical da reta correspondente à função dada por $f(x) = -\frac{1}{2}x + 1$ é 1. O intercepto vertical da reta correspondente à função dada por $g(x) = 3$ é 3. Já a reta correspondente à equação $x = -2$ não tem intercepto vertical.

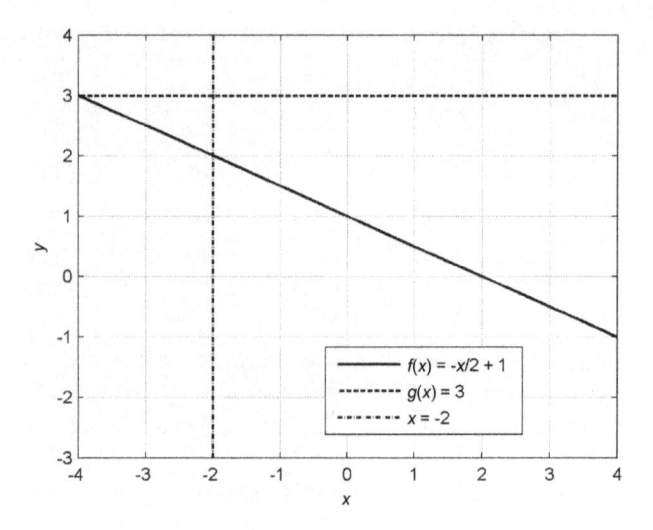

Figura 3.3 Funções do Exemplo 3.4.

Exemplo 3.5 *Um reservatório contém* 240 m³ *de água. No início do mês, um duto se rompeu e está vazando água do reservatório. Os técnicos verificaram que o reservatório perde* 4 m³ *de água por dia. Com base nessas informações, determine:*

(a) A expressão algébrica de $Q(t)$: quantidade de água no reservatório (em metros cúbicos) em função de t (em dias decorrido desde o início do mês);

(b) o zero da função e seu significado no contexto do problema;

(c) o domínio da função;

(d) desenhe o gráfico de Q.

Solução:

(a) A quantidade inicial de água é 240 m³ e, a cada dia, 4 m³ são perdidos; portanto o coeficiente linear é $b = 240$, e o coeficiente angular é $m = -4$. Assim, a quantidade de água no reservatório é dada por

$$Q(t) = 240 - 4t.$$

(b) O zero da função é o valor t^*, tal que

$$Q(t^*) = 240 - 4t^* = 0.$$

Assim,

$$240 - 4t^* = 0 \Rightarrow t^* = \frac{240}{4} \Rightarrow t^* = 60.$$

Isso significa que se nenhum conserto for efetuado, o reservatório ficará vazio em 60 dias.

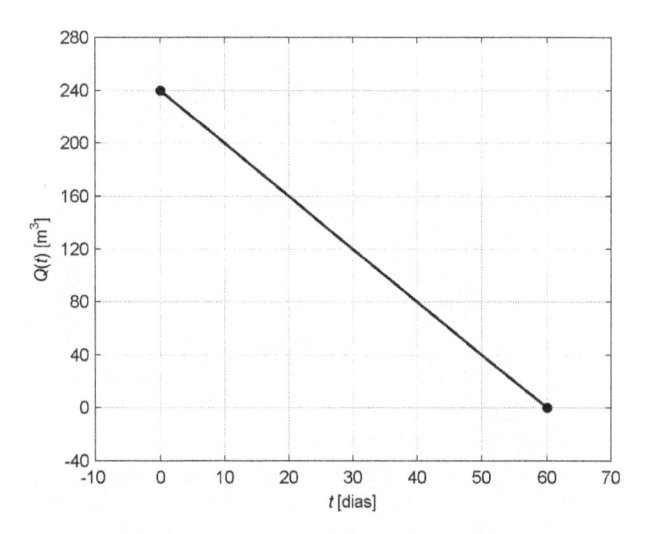

Figura 3.4 A quantidade de água no reservatório decresce linearmente com o tempo.

(c) No contexto do problema, $t \geq 0$, pois t é o tempo transcorrido desde o início do problema (antes não há vazamento), e $t \leq 60$, pois não pode ser negativa a quantidade de água no reservatório; logo, $\text{Dom}(Q) = \{t \in \mathbb{R}: 0 \leq t \leq 60\}$.

(d) O gráfico de $Q(t)$ é dado na Figura 3.4. Observe que a função é decrescente e seu domínio é limitado.

Exemplo 3.6 *Desde o início das Olimpíadas até hoje, o recorde do salto com vara aumentou aproximadamente como uma função linear do tempo. A Tabela 3.1 mostra que em 1900 a altura foi de 130 polegadas e cresceu 8 polegadas a cada 4 anos entre 1900 e 1912.*

(a) *Determine a coeficiente angular m da função $H(t)$, onde H é a altura recorde (em polegadas) e t é o tempo (em anos desde 1900).*

(b) *Determine o coeficiente linear b da função.*

(c) *Escreva a expressão algébrica da função H e desenhe o seu gráfico.*

Tabela 3.1 Recordes olímpicos de salto com vara (aproximados)

Ano	Altura (pol)	Recordista
1900	130	Irving Baxter (USA)
1904	138	Fernand Gonder (FRA)
1908	146	Edward Cooke (USA)
1912	154	Harry Babcock (USA)

Fonte: Sporting Heroes (c2014).

Solução:

(a) Para determinar m, fazemos
$$m = \frac{\Delta H}{\Delta t} = \frac{138 - 130}{1904 - 1900} = \frac{8}{4} = 2 \text{ pol/ano}.$$

O cálculo de m usando quaisquer outros dois pares de valores da tabela dará o mesmo resultado (verifique!). O coeficiente 2 pol/ano nos diz que, em média, a altura cresce 2 polegadas a cada ano (embora as Olimpíadas ocorram apenas a cada 4 anos).

(b) Como $b = H(0)$, temos $b = 130$ pol. Essa constante representa a altura em 1900, quando $t = 0$. Geometricamente, 130 é o valor do intercepto vertical da função.

(c) A função procurada é
$$H(t) = 2t + 130.$$

Observe que os dados da tabela são discretos, porque são dados apenas em pontos específicos (a cada 4 anos). Um gráfico dessa função poderia ser como o da Figura 3.5(a). Porém, se tratamos a variável t como se fosse contínua (porque a função faz sentido para todos os valores de t), o gráfico é uma reta contínua, com 4 pontos em destaque representando os anos em que houve as Olimpíadas, como mostra a Figura 3.5(b).

3.4 A equação da reta

Podemos obter a expressão algébrica de qualquer função linear (equação da reta) se conhecermos as coordenadas de um ponto qualquer $P_1(x_1, y_1)$ e sua taxa média de variação, isto é, o seu coeficiente angular m.

Se $P(x, y)$ é um ponto genérico dessa função, então
$$m = \frac{\Delta y}{\Delta x} = \frac{y - y_1}{x - x_1},$$

de modo que
$$y - y_1 = m(x - x_1). \tag{3.4}$$

Exemplo 3.7 *Determine a expressão algébrica da função linear que passa pelo ponto $A(2, -1)$ e tem coeficiente angular $m = \frac{3}{2}$.*

Solução: Substituindo os valores em (3.4), obtemos
$$y - (-1) = \frac{3}{2}(x - 2)$$
$$y = \frac{3}{2}x - 4$$

Assim, a função linear $y = \frac{3}{2}x - 4$ tem coeficientes $m = \frac{3}{2}$ e $b = -4$.

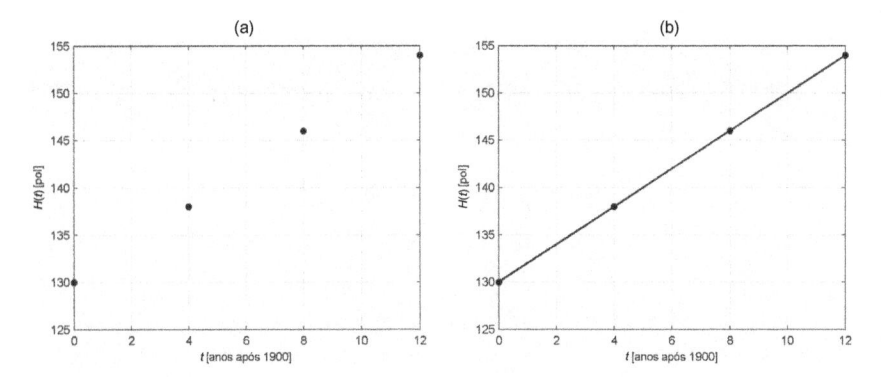

Figura 3.5 Recordes olímpicos de salto com vara (aproximados).

Exemplo 3.8 *A resistência elétrica R (em **ohms**) de um material condutor metálico varia linearmente com a temperatura T (em graus Celsius). Um estudante do curso de Engenharia dos Materiais verificou que um filamento de platina apresenta resistência de 123,4 Ω quando está à temperatura de 20°C e 133,9 Ω quando está a 45°C.*

(a) *Determine a taxa média de variação $\frac{\Delta R}{\Delta T}$ e seu significado no contexto do problema.*

(b) *Determine a expressão da função linear R em função de T.*

(c) *Qual é a resistência elétrica do filamento quando sua temperatura é de 100°C?*

(d) *Qual é a temperatura do filamento se sua resistência elétrica for 128,6 Ω?*

Solução:

(a) A taxa média de variação é

$$\frac{\Delta R}{\Delta T} = \frac{133,9 - 123,4}{45 - 20} = \frac{10,5}{25} = 0,42 \ \Omega/°C.$$

Essa taxa significa que a resistência do material aumenta 0,42 Ω para cada aumento de 1°C na temperatura.

Georg Simon Ohm (1789-1854)

Físico e matemático alemão. Desde cedo, estudou matemática, química, física e filosofia em casa com ajuda de seu pai. Em 1811, recebeu o título de Doutor em Matemática e tornou-se professor da Universidade de Erlangen. Em 1817, transferiu-se para o *Gymnasium* jesuíta de Cologne, que dispunha um mais bem equipado laboratório de física, onde iniciou seus estudos em eletromagnetismo. A *Lei de Ohm* (a corrente elétrica em um condutor metálico é diretamente proporcional à diferença de potencial aplicada) foi mencionada pela primeira vez em seu livro *Die galvanische Kette, mathematisch bearbeitet* em 1827. Pelos avanços que proporcionou à teoria eletromagnética, recebeu prêmios e distinções de várias academias científicas. Como homenagem, seu nome foi dado à unidade de medida de resistência elétrica. Adaptado de O'Connor e Robertson (2014).

(b) Usando (3.4), determinamos uma expressão para R em função de T.

$$R - 123{,}4 = 0{,}42(T - 20)$$
$$R = 0{,}42T - 8{,}4 + 123{,}4$$
$$R(T) = 0{,}42T + 115$$

(c) Substituindo $T = 100$ na expressão para $R(T)$ obtida no item anterior, temos

$$R(100) = 0{,}42 \cdot 100 + 115 = 157\,\Omega.$$

(d) Substituindo $R = 128{,}6$ na expressão para $R(T)$, temos:

$$128{,}6 = 0{,}42T + 115$$
$$0{,}42T = 128{,}6 - 115$$
$$T = \frac{13{,}60}{0{,}42}$$
$$T = 32{,}38\,°C$$

3.5 Funções definidas por mais de uma sentença

Em alguns casos, é necessário mais de uma expressão algébrica para *f* para o cálculo da imagem de x, dependendo do intervalo em que o valor de x está. Uma função desse tipo é denominada *função definida por mais de uma sentença* ou *função definida por partes*. Várias situações do nosso cotidiano empregam funções definidas por partes: valor cobrado em um estacionamento rotativo, valor de um produto quando há promoções na compra de uma grande quantidade, valor cobrado em corridas de táxi, entre outros.

Consideremos dois exemplos de funções definidas por partes.

Exemplo 3.9 *Um elevador é construído segundo as seguintes especificações: para cargas de massa x menor ou igual a 900 kg, são usados cabos de aço de diâmetro $d = 18$ mm. Para cargas de massa x maior que 900 kg, são usados cabos de aço de diâmetro $d = \frac{x}{50}(mm)$.*

(a) *Determine o diâmetro do cabo de aço d para cargas x iguais a 100, 500, 890, 900, 910 e 1000 kg.*

(b) *Escreva uma expressão que relaciona o diâmetro do cabo d em função da massa x.*

(c) *Desenhe o gráfico de $d = d(x)$.*

Solução:

(a) Para cargas x iguais a 100, 500, 890 e 900 kg, o diâmetro do cabo é fixo e igual a 18 mm. Para cargas x iguais a 910 e 1000 kg os diâmetros correspondem a $\frac{910}{50} = 18{,}2$ mm e $\frac{1000}{50} = 20$ mm, respectivamente.

(b) A fórmula para $d(x)$ muda no ponto $x = 900$, denominado ponto de mudança. Para $0 \leq x \leq 900$, temos $d(x) = 18$ e, para $x > 900$, temos $d(x) = \frac{x}{50}$. Então, a função definida por partes associada ao problema é dada por

$$d(x) = \begin{cases} 18, & 0 \leq x \leq 900 \\ \frac{x}{50}, & x > 900 \end{cases}.$$

(c) Um bom procedimento para elaborar o gráfico de uma função definida por partes é desenhar, no mesmo plano cartesiano, os gráficos definidos por cada sentença independentemente. Na Figura 3.6(a), temos os gráficos de $d'(x) = 18$ e $d''(x) = \frac{x}{50}$. Em seguida, selecionar as partes que compõem o gráfico da função original, observando os intervalos correspondentes. Na da Figura 3.6(b), temos o segmento de reta horizontal $d = 18$ no intervalo $0 \leq x \leq 900$ e a semirreta crescente definida por $d = \frac{x}{50}$ no intervalo $x > 900$. A fórmula para $d(x)$ especifica que a equação $d = 18$ se aplica no ponto de mudança onde $x = 900$.

Exemplo 3.10 *O* **valor absoluto** *(ou* **módulo***) de um número real x, denotado por $|x|$, é a distância (positiva) entre o ponto x e a origem 0 do eixo real. Portanto, é o próprio x se este for positivo ou nulo e é o oposto de x se este for negativo. A* **função** *valor absoluto (ou módulo) $f(x) = |x|$ pode ser expressa como uma função definida por partes*

$$f(x) = |x| = \begin{cases} x, & x \geq 0 \\ -x, & x < 0 \end{cases}.$$

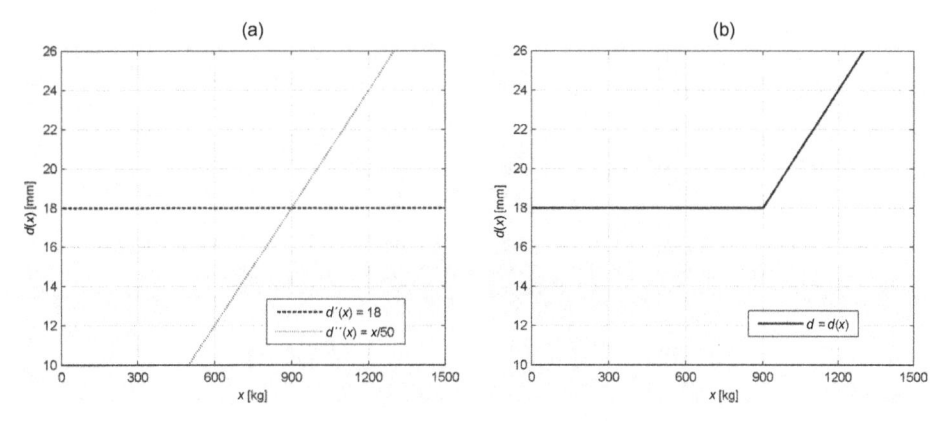

Figura 3.6 Gráfico da função definida por partes $d(x)$.

Baseado nessa definição:

(a) Determine o valor de $f(x)$ para $x = -2, -1, 0, 1, 2$.

(b) Desenhe o gráfico de f.

(c) Determine o domínio e a imagem de f.

Solução:

(a) $f(-2) = |-2| = 2$, $f(-1) = |-1| = 1$, $f(0) = |0| = 0$, $f(1) = |1| = 1$, $f(2) = |2| = 2$.

(b) Para a função f, o gráfico é a semirreta decrescente definida por $y = -x$ no intervalo $x < 0$ seguida pela semirreta crescente definida por $y = x$ no intervalo $x \geq 0$. A fórmula para $f(x)$ especifica que a expressão $y = x$ se aplica no ponto de mudança onde $x = 0$. O gráfico está ilustrado na Figura 3.7.

(c) $\text{Dom}(f) = \mathbb{R}$ e $\text{Img}(f) = [0, +\infty)$. A imagem de f é não negativa, uma vez que $|x| \geq 0$ para qualquer x.

Neste capítulo, estudamos as características das funções afim e linear e, por meio de exemplos teóricos e práticos, verificamos como essas funções podem ser aplicadas em problemas. É importante que agora você solucione problemas para assimilar o conteúdo apresentado. Procure também identificar em que outras situações do dia a dia, do seu trabalho ou de outra disciplina que você esteja cursando os conhecimentos sobre função afim, função linear e função definida por mais de uma sentença se aplicam.

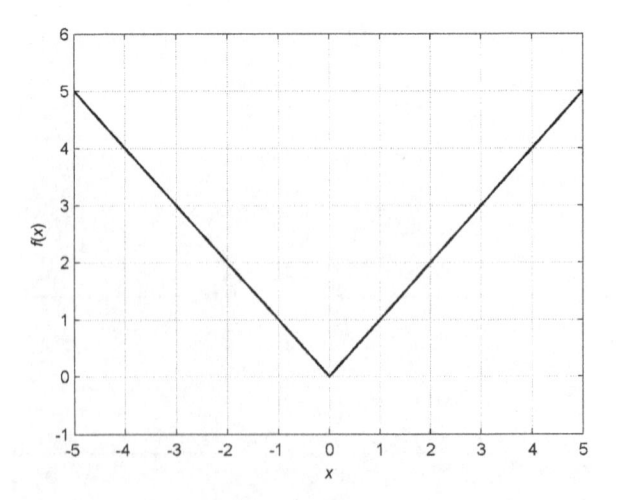

Figura 3.7 Gráfico da função $f(x) = |x|$.

3.6 Problemas

Conjunto A: Básico

Para cada uma das funções dadas nos problemas 3.1 a 3.8 a seguir: (a) determine se a função é crescente ou decrescente. (b) Encontre, se existir, o ponto onde o gráfico corta o eixo vertical. (c) Encontre, se existir, o zero da função. (d) Desenhe o gráfico da função.

3.1 $f(x) = x$

3.2 $g(x) = -x$

3.3 $h(x) = 2x$

3.4 $i(x) = \frac{1}{2}x$

3.5 $F(x) = 2x - 4$

3.6 $G(x) = 1 - 3x$

3.7 $H(x) = 3$

3.8 $I(x) = \frac{3}{2}x - \frac{2}{3}$

3.9 Considere a função dada por $f(x) = -5x + 3$. Quais informações podem ser obtidas a respeito do seu gráfico sem realizar cálculo algum?

3.10 Na figura a seguir, estão desenhados os gráficos das funções $f(x) = x - 1$, $g(x) = x$, $h(x) = x + 2$ e $i(x) = x + 3$.

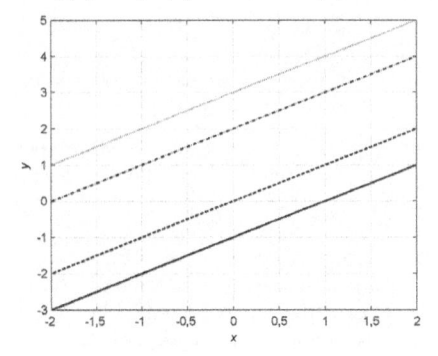

(a) Identifique cada um deles.

(b) Observe que todas as retas são paralelas. Por que isso ocorre?

3.11 A seguir, estão representados os gráficos das funções $f(x) = 2x + 1$, $g(x) = -x + 1$, $h(x) = -\frac{1}{2}x + 1$ e $i(x) = x + 1$.

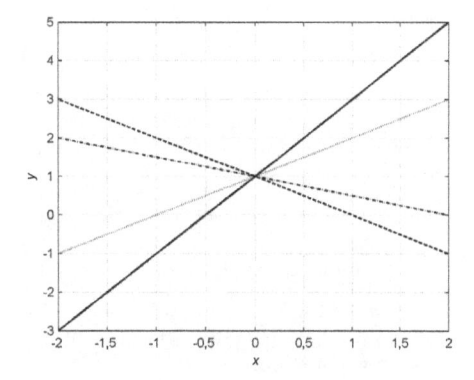

(a) Identifique cada um deles.

(b) Observe que as retas se cruzam em um mesmo ponto. Que ponto é esse e por que isso ocorre?

3.12 Na figura a seguir, estão desenhados os gráficos das funções $f(x) = x + 2$, $g(x) = 2x + 2$, $h(x) = -x - 1$ e $i(x) = -x + 3$. Identifique cada um deles:

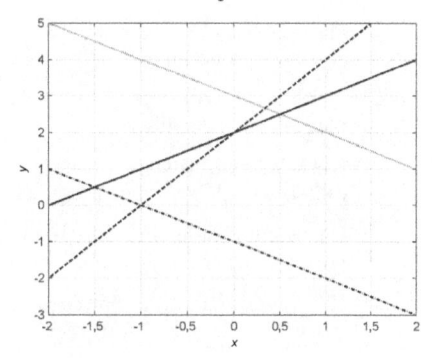

3.13 O gráfico de uma função linear contém os pontos $(1, -2)$ e $(5, 3)$.

(a) Determine a expressão da função.

(b) Determine o zero da função.

3.14 A tabela a seguir mostra os valores das variáveis p e q associadas por uma função linear.

p	10	20	30	40
q	950	900	850	800

Determine uma expressão linear para:

(a) q como função de p;

(b) p como função de q.

3.15 O custo produção de um fabricante consiste em uma quantia fixa de R$ 2.000,00 (equipamentos) e um quantia variável de R$ 5,00 por unidade (matéria-prima).

(a) Expresse o custo total de produção C como função do número de unidades produzidas q.

(b) Qual é o domínio da função? Explique seu significado no contexto do problema.

(c) Desenhe o gráfico da função.

3.16 Um biólogo cultiva duas folhagens A e B de mesma espécie usando um vaso para cada uma, contendo adubos distintos. O crescimento das plantas é dado respectivamente pelas funções $h_A = t + 1$ e $h_B = 2t + 1$, onde t representa o tempo em dias e h representa a altura em centímetros.

(a) Desenhe o gráfico de ambas as funções no mesmo plano cartesiano.

(b) Qual é a altura atingida pelas plantas em dois dias?

(c) Qual das plantas você supõe ter recebido o melhor adubo? Justifique.

(d) Em algum momento as plantas possuem a mesma altura? Quando?

(e) Em qual momento a diferença entre as alturas é de 4 centímetros?

3.17 O comprimento L (em qualquer unidade de medida) de um fio metálico é função de sua temperatura T (em graus **Celsius**) de acordo com a expressão

$$L(T) = L_0 \left[1 + \alpha(T - T_0)\right],$$

onde L_0 é o comprimento do fio à temperatura T_0 e α é o *coeficiente de dilatação linear* característico de cada material. Considere um fio de cobre ($\alpha = 1{,}7 \times 10^{-5}\,°C^{-1}$) que tem comprimento de 100 m à temperatura de 0°C.

(a) Substitua os valores na função, simplifique o que for possível e obtenha uma expressão linear para $L(T)$.

(b) Determine a taxa de variação $\Delta L / \Delta T$. Qual é o seu significado?

(c) Qual será o comprimento do fio quando a temperatura for 30°C?

(d) Se o comprimento do fio for 100,03 m, qual será sua temperatura?

(e) Desenhe o gráfico da função.

3.18 Um fio de alumínio tem 90,0855 m de comprimento à temperatura de 60°C e 90,1197 m à temperatura de 80°C.

(a) Encontre uma expressão linear para a função $L(T)$.

(b) Determine α, o *coeficiente de dilatação linear* do alumínio.

3.19 Em um gerador ideal, a tensão elétrica U (em volts) depende linearmente da corrente elétrica consumida i (em **miliampères**). A tabela a seguir mostra os valores medidos em um gerador.

U (V)	14,24	12,01	7,55
i (mA)	200	300	500

(a) Determine a expressão da função $U(i)$.

(b) Calcule a tensão U associada à corrente $i = 400$ mA.

(c) Para qual corrente i está associada à tensão $U = 13{,}5$ V?

(d) Desenhe o gráfico de $U(i)$.

3.20 A razão entre a tensão de saída e a tensão de entrada de um amplificador transistorizado é denominada *ganho G* e depende da temperatura de funcionamento T. Um estudante do curso de Engenharia de Automação verifica que o ganho para um certo amplificador é 30,2 à temperatura de 15°C e 37,7 à temperatura de 65°C. Supondo que, nessa faixa de temperatura, o comportamento do ganho G em função da temperatura T é modelado por uma função linear, determine:

(a) uma expressão linear para G em função de T;

(b) o ganho do amplificador quando sua temperatura é de 30°C;

(c) a temperatura do amplificador quando o ganho é 36,2.

3.21 Alex é vendedor em um loja de programas de computador e seu salário é composto de um valor fixo de R$ 900,00 mais uma comissão de R$ 10,00 por programa vendido. Bruno é vendedor na loja concorrente e recebe um fixo de R$ 440,00 mais R$ 30,00 por programa vendido.

(a) Escreva uma expressão para o salário recebido, em função do número de programas vendidos, para cada vendedor.

(b) Assinale, na figura a seguir, qual é o gráfico correspondente ao salário de cada vendedor.

(c) No mês de agosto, Alex vendeu 19 programas. Quanto recebeu de salário?

(d) No mesmo mês, Bruno recebeu salário de R$ 1.220,00. Quantos programas vendeu?

(e) Em setembro, Alex e Bruno venderam a mesma quantidade de programas mas Bruno recebeu salário *maior* que Alex. Quantos programas, no mínimo, cada um vendeu?

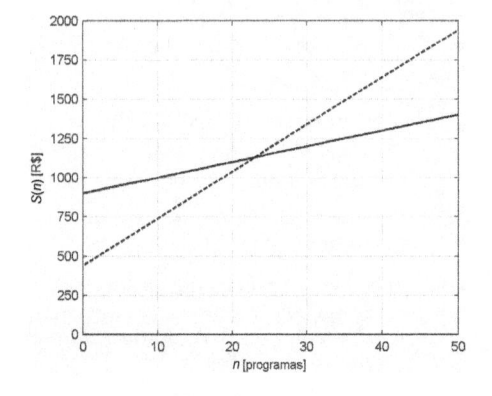

3.22 Uma empresa de aluguel de automóveis cobra uma taxa de aluguel de R$ 40,00 mais R$ 0,15 por quilômetro rodado. Uma empresa concorrente cobra R$ 50,00 mais R$ 0,10 por quilômetro rodado.

(a) Para cada empresa, obtenha uma expressão para o custo do aluguel do carro em função da distância percorrida.

(b) Em um *mesmo* plano cartesiano, desenhe o gráfico de cada uma das funções.

(c) Ao planejar o aluguel de um automóvel, como decidir qual empresa é mais adequada?

3.23 Um vendedor recebe um salário mensal composto de duas partes: uma parte fixa, no valor de R$ 1.000,00, e uma parte variável, que corresponde a uma comissão de 8% do valor total das vendas que ele realiza durante o mês.

(a) Escreva a função que expressa o salário mensal em função do valor das vendas realizadas.

(b) Calcule o salário desse vendedor no mês no qual ele vendeu R$ 5.000,00 em mercadorias.

3.24 O vendedor do problema anterior recebeu oferta de um novo emprego que paga R$ 1.150,00 por mês mais uma comissão de 6% sobre o valor total das vendas. Sendo o valor médio mensal de vendas desse vendedor R$ 5.000,00 é aconselhável que ele mude de emprego? Para ajudar a responder a essa pergunta, faça o seguinte:

(a) Escreva a função que expressa o salário mensal (no emprego novo) em função das vendas realizadas.

(b) Desenhe os gráficos das duas funções (salário mensal no emprego novo e no antigo) em um mesmo plano cartesiano.

(c) Determine o ponto de encontro entre os dois gráficos. O que significa esse ponto?

(d) O vendedor deve mudar de emprego?

3.25 O estacionamento de uma universidade possui três formas de cobrança. O estudante *avulso* paga R$ 3,00 por dia. O estudante *regular* compra um selo mensal por R$ 25,00 e paga somente R$ 0,30 por dia. O estudante *especial* compra um selo mensal por R$ 30,00 e estaciona livremente.

(a) Para cada um dos tipos de pagamento, determine uma expressão linear para o custo C do estacionamento em função do número t de dias utilizados durante um mês.

(b) Desenhe, no mesmo plano cartesiano, os gráficos dessas funções no intervalo $0 \leq t \leq 30$. (Note que as funções são discretas, pois t assume somente apenas valores inteiros.)

(c) Encontre uma maneira de decidir que tipo de pagamento é mais vantajoso dependendo da quantidade de dias que um estudante usa o estacionamento.

3.26 Avalie a inclinação da ladeira mostrada na figura a seguir. [Sugestão: com uma régua, determine as variações Δx e Δy do calçamento.]

3.27 Considere a seguinte tabela de preços de uma empresa de fotocópias:

Até 40 cópias	R$ 0,08 por cópia
Acima de 40 cópias	R$ 0,04 por cópia excedente

(a) Determine o valor a ser pago pela reprodução de 20, 40, 41 e 80 cópias do mesmo original.

(b) Escreva uma expressão para a função P que defina o preço pago pela reprodução de x cópias do mesmo original.

(c) Desenhe o gráfico da função $P(x)$.

(d) Por quantas cópias um estudante pagou R$ 4,00?

Conjunto B: Além do básico

Os pontos (x, y) do plano cartesiano que satisfazem as equações dadas nos problemas 3.28 e 3.29 a seguir estão sobre uma reta. Para cada uma das retas: (a) Determine sua inclinação. (b) Determine os pontos A e B, onde a reta intercepta os eixos horizontal e vertical, respectivamente. (c) Determine o comprimento do segmento de reta $\overline{AB}$.

3.28 $2x + 4y = 12$.

3.29 $5x - 3y = -15$.

3.30 Reconsidere as retas cujas equações são dadas nos Problemas 3.28 e 3.29 anteriores. Determine as coordenadas do ponto onde as retas se interceptam.

3.31 A *função de* **Heaviside**, dada por

$$H(t) = \begin{cases} 0, & t < 0 \\ 1, & t \geq 0 \end{cases},$$

é utilizada para descrever a aplicação instantânea de tensão em um circuito quando uma chave é ligada.

(a) Desenhe o gráfico da função de Heaviside.

(b) A tensão u de 120 V é aplicada a um circuito no instante 0 s. Desenhe o gráfico de $u(t)$.

(c) Escreva uma expressão para $u(t)$ usando a função $H(t)$.

3.32 Desenhe os gráficos dos seguintes pares de funções no mesmo plano cartesiano. Observe a notação de *valor absoluto*.

(a) $f(t) = |t|$ e $g(t) = 2|t|$;

(b) $g(t) = 2|t|$ e $h(t) = 2|t + 2|$;

(c) $j(t) = 2|t| - 1$ e $g(t) = 2|t|$;

(d) $i(t) = 2|t+2| - 1$ e $j(t) = 2|t| - 1$.

3.33 Em um açougue, a *Promoção do Dia* é:

Costela: R\$ 8,00 por kg. A partir de 3 kg, desconto de 20%.

(a) Encontre uma expressão (definida por partes) para a função $V(q)$ do valor a pagar (em reais) em função da quantidade q (em quilogramas) comprada.

(b) Desenhe o gráfico da função.

(c) Qual é o valor a pagar se compramos 4 kg de carne?

(d) Quanto de carne se pode comprar com R\$ 20,00?

3.34 Considere a função dada por

$$F(x) = \frac{|x|}{x}.$$

(a) Determine o domínio de F.

(b) Desenhe o gráfico de F.

(c) Reescreva a expressão algébrica de F como uma função definida por partes.

Anders Celsius (1701-1744)

Astrônomo sueco. Participou da expedição francesa à Lapônia (norte da Finlândia, próximo ao círculo polar ártico) com o objetivo de verificar as predições de Newton a respeito da forma da Terra (um esferoide oblato, isto é, achatado nos polos). É invenção sua a escala termométrica (escala Celsius) na qual a água congela a 0°C e ferve a 100°C. Adaptado de Weisstein (2014).

André Marie Ampère (1775-1836)

Matemático e físico francês. Teve brilhante carreira como professor (lecionou na École Polytechnique e no Collège de France) e como pesquisador. Concebeu a noção de corrente elétrica e relacionou fenômenos até então díspares: eletricidade, luz, magnetismo. É considerado um dos fundadores do Eletromagnetismo. Suas descobertas foram publicadas em *Recueil d'observations électrodynamiques* em 1822 e em *Théorie des phénomènes électrodynamiques uniquement deduits de l'expérience* em 1826. Como homenagem, seu nome foi dado à unidade de medida de corrente elétrica. Adaptado de O'Connor e Robertson (2014).

Oliver Heaviside (1850-1925)

Cientista inglês. Após abandonar a escola primária, estudou por conta própria eletricidade e línguas (holandês e alemão) e, aos dezoito anos, tornou-se telegrafista. Leu com grande interesse o *Treatise on Electricity and Magnetism* de Maxwell e, embora nunca tenha tido educação formal em matemática ou engenharia, desenvolveu técnicas matemáticas próprias (pouco rigorosas e muito controversas à época) para simplificar as 20 equações (diferenciais) fundamentais da eletricidade para apenas 4. Em um artigo intitulado *Electromagnetic induction and its propagation* publicado em 1887, descreve as condições necessárias para a transmissão, sem distorções, de sinais telegráficos a grandes distâncias. Em 1902, prevê a existência de uma camada condutora de eletricidade na atmosfera terrestre que permitiria a transmissão de sinais de rádio acompanhando a curvatura da Terra. Em sua homenagem, essa camada (confirmada em 1935) é hoje denominada camada de Heaviside. Adaptado de O'Connor e Robertson (2014).

Alessandro Volta (1745-1827)

Físico italiano. Investigando os efeitos da eletricidade animal (uma perna de rã contraía-se ao ser tocada por dois metais diferentes), construiu, em 1800, um dispositivo para armazenamento de carga elétrica. Esse dispositivo era constituído de vários discos de cobre e zinco separados por discos de papelão embebidos em solução salina, empilhados uns sobre os outros (daí o nome *pilha de Volta*). Como homenagem, seu nome foi dado à unidade de medida de potencial elétrico. Adaptado de Weisstein (2014).

Capítulo 4
Limites e Função Potência

Neste capítulo, desenvolveremos o conceito de limite com uma abordagem simples e intuitiva. A seguir, desenvolveremos o conceito de função potência, que é uma das funções básicas no Cálculo Diferencial e Integral. O estudo do comportamento do gráfico dessa função e de outras será facilitado pelo estudo de limites.

4.1 Limites (noção intuitiva)

A partir do exemplo a seguir, desenvolveremos o conceito de limite de forma intuitiva. Considere o gráfico da função

$$f(x) = \frac{x^2 - 1}{x - 1}, x \neq 1$$

na Figura 4.1.

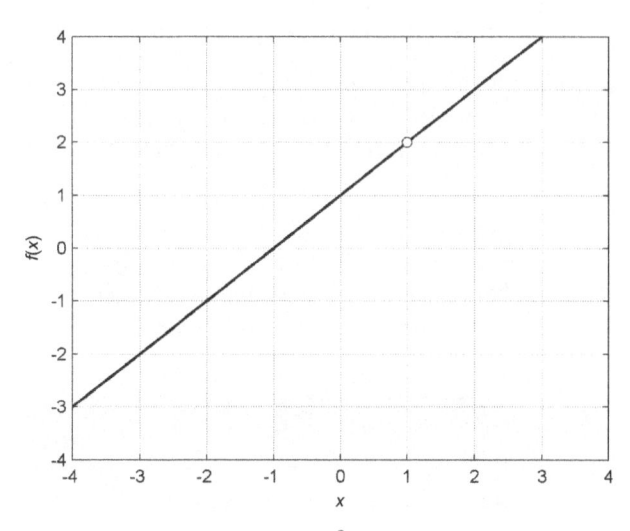

Figura 4.1 Gráfico da função $f(x) = \frac{x^2-1}{x-1}, x \neq 1$.

A função f não está definida para $x = 1$, e, para entendermos o comportamento do gráfico, precisamos, entre outras coisas, entender o que se passa próximo de $x = 1$. Para isso, utilizamos dois conjuntos de valores de x: um deles aproximando-se de $x = 1$ por valores menores, e outro aproximando-se de $x = 1$ por valores maiores. O estudo desse comportamento apresenta-se na Tabela 4.1. Observando a tabela, verifica-se que:

- Para valores de x muito próximos de $x = 1$, porém menores (à esquerda de 1), os valores de $f(x)$ aproximam-se de 2.

- Para valores de x muito próximos de $x = 1$, porém maiores (à direita de 1), os valores de $f(x)$ também se aproximam de 2.

Isso indica que, na vizinhança de $x = 1$, os valores de $f(x)$ convergem para o valor limite 2, o que justifica o comportamento do gráfico em $x = 1$ e para valores próximos de 1.

Podemos generalizar a análise que fizemos para a função f com o uso de notação apropriada, conforme mostrado a seguir.

4.1.1 Limites laterais e limites bilaterais

Nesta seção, definiremos dois tipos de limites: limites laterais e limites bilaterais. Para tanto, considere L e a dois números reais.

Definição 4.1 *Se pudermos tornar os valores de $f(x)$ tão próximos quanto quisermos de L, fazendo x assumir valores próximos de $x = a$, porém menores que a, então L é o* **limite lateral à esquerda**, *e escrevemos*

$$\lim_{x \to a^-} f(x) = L,$$

que é lido como "o limite de $f(x)$, para x aproximando-se de a pela esquerda, é L".

Definição 4.2 *Se pudermos tornar os valores de $f(x)$ tão próximos quanto quisermos de L, fazendo x assumir valores próximos de $x = a$, porém maiores que a, então L é o* **limite lateral à direita**, *e escrevemos*

$$\lim_{x \to a^+} f(x) = L,$$

Tabela 4.1 Comportamento da função $f(x) = \frac{x^2-1}{x-1}$ para valores de x próximos de 1

x	$f(x)$	x	$f(x)$
0,9	1,9	1,1	2,1
0,99	1,99	1,01	2,01
0,999	1,999	1,001	2,001
0,9999	1,9999	1,0001	2,0001

que é lido como "o limite de $f(x)$, para x aproximando-se de a pela direita, é L".

Definição 4.3 *O limite de uma função existe em $x = a$ se e somente se*

$$\lim_{x \to a^-} f(x) = \lim_{x \to a^+} f(x) = L.$$

*Desse modo, podemos dizer que o **limite bilateral** é dado por*

$$\lim_{x \to a} f(x) = L.$$

Analisamos o comportamento da função $f(x) = \frac{x^2-1}{x-1}$ para $x \to 1$ (x tende a 1)(Tabela 4.1) e podemos afirmar que os limites laterais são $\lim_{x \to 1^-} f(x) = 2$ e $\lim_{x \to 1^+} f(x) = 2$. Como os limites laterais são iguais a um único valor, isto é, $\lim_{x \to 1^-} f(x) = \lim_{x \to 1^+} f(x) = 2$, o limite bilateral existe e é dado por lim $\lim_{x \to 1} f(x) = 2$.

Exemplo 4.1 *Diante do gráfico da função*

$$g(x) = \frac{|x|}{x} = \begin{cases} 1, & x > 0 \\ -1, & x < 0 \end{cases}$$

mostrado na Figura 4.2, determine $\lim_{x \to 0^-} g(x)$, $\lim_{x \to 0^+} g(x)$ *e* $\lim_{x \to 0} g(x)$.

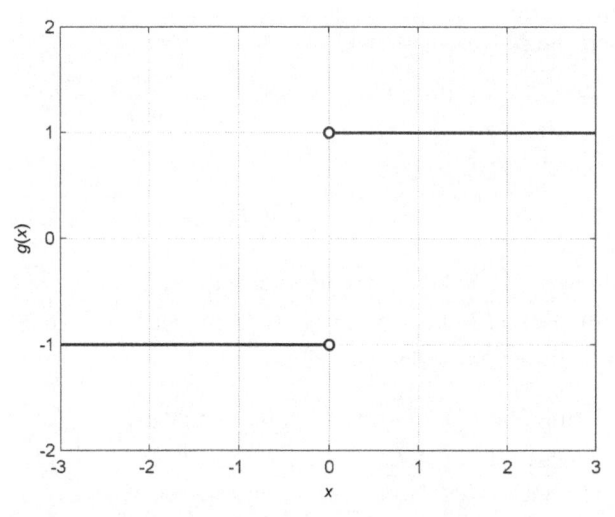

Figura 4.2 Gráfico da função $g(x) = \frac{|x|}{x}$.

Solução: Observe que a função g não está definida para $x = 0$, de modo que nosso interesse aqui é estudar o comportamento da função g para x assumindo valores próximos de $x = 0$. Observando a Figura 4.2, vemos que, se x assume qualquer valor positivo, a função g assume o valor 1, e, se x assume qualquer valor negativo, a função assume o valor -1. Assim, os limites laterais são distintos, isto é,

$$\lim_{x \to 0^-} f(x) = -1 \quad \text{e} \quad \lim_{x \to 0^+} f(x) = 1,$$

de modo que o limite bilateral $\lim_{x \to 0} f(x)$ não existe.

4.1.2 Limites infinitos

Se os valores de $f(x)$ crescem ilimitadamente se x aproxima-se de a por valores menores que a ou por valores maiores que a, então escrevemos, respectivamente,

$$\lim_{x \to a^-} f(x) = +\infty \quad \text{ou} \quad \lim_{x \to a^+} f(x) = +\infty,$$

e escrevemos

$$\lim_{x \to a} f(x) = +\infty.$$

Analogamente, se os valores de $f(x)$ decrescem ilimitadamente se x aproxima-se de a por valores menores que a ou por valores maiores que a, então escrevemos, respectivamente,

$$\lim_{x \to a^-} f(x) = -\infty \quad \text{ou} \quad \lim_{x \to a^+} f(x) = -\infty,$$

e escrevemos

$$\lim_{x \to a} f(x) = -\infty.$$

Atenção: O sinal da igualdade na notação $\lim_{x \to a} f(x) = \infty$ *não significa que o limite existe!* Pelo contrário, isso indica de que maneira o limite não existe, explicitando o comportamento ilimitado de $f(x)$ se x aproxima-se de $x = a$.

Exemplo 4.2 *A Figura 4.3 mostra o gráfico da função $h(x) = \frac{1}{x^2}$, $x \neq 0$. Analise o comportamento da função h para valores próximos de $x = 0$.*

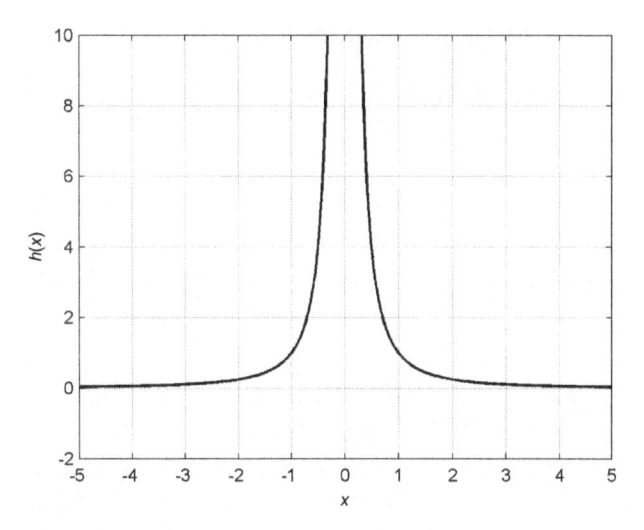

Figura 4.3 Gráfico da função $h(x) = \frac{1}{x^2}$, $x \neq 0$.

Solução: O gráfico da função h é dado na Figura 4.3. Para entendermos o comportamento do gráfico em torno de $x = 0$, utilizamos uma tabela com dois conjuntos de valores de x: um deles aproximando-se de $x = 0$ por valores menores que 0 e outro aproximando-se de $x = 0$ por valores maiores que 0. O estudo desse comportamento apresenta-se por meio da Tabela 4.2.

Observando a tabela, verifica-se que, para valores muito próximos de $x = 0$, porém menores, a função f cresce indefinidamente. Para valores muito próximos de $x = 0$, porém maiores, a função f também cresce indefinidamente. Simbolicamente, podemos escrever

$$\lim_{x \to 0^-} h(x) = \lim_{x \to 0^-} \frac{1}{x^2} = +\infty \text{ e } \lim_{x \to 0^+} h(x) = \lim_{x \to 0^-} \frac{1}{x^2} = +\infty,$$

de modo que

$$\lim_{x \to 0} h(x) = \lim_{x \to 0} \frac{1}{x^2} = +\infty.$$

Tabela 4.2 Comportamento da função $h(x) = \frac{1}{x^2}$ para $x \to 0$

x	$h(x)$	x	$h(x)$
0,1	100	−0,1	100
0,01	10000	−0,01	10000
0,001	1000000	−0,001	1000000
0,0001	100000000	−0,0001	100000000

4.1.3 Limites no infinito

Se os valores de $f(x)$ ficam cada vez mais próximos de um número L à medida que x decresce de maneira ilimitada, então escrevemos:

$$\lim_{x \to -\infty} f(x) = L.$$

Se os valores de $f(x)$ ficam cada vez mais próximos de um número L à medida que x cresce de maneira ilimitada, então escrevemos:

$$\lim_{x \to +\infty} f(x) = L.$$

Exemplo 4.3 *Considerando a função h, dada no Exemplo 4.2, calcule* $\lim_{x \to -\infty} h(x)$ *e* $\lim_{x \to +\infty} h(x)$.

> **Solução:** Podemos entender o comportamento da função h se $x \to -\infty$ ou se $x \to +\infty$ observando que o denominador da função h cresce de maneira ilimitada se $x \to -\infty$ ou se $x \to +\infty$. Desse modo, $h(x)$ aproxima-se do valor 0. O mesmo pode ser verificado por meio de valores da Tabela 4.3. Para isso, utilizamos dois conjuntos de valores de x: um deles decrescendo de maneira ilimitada, e outro crescendo também de maneira ilimitada.
> Portanto, $\lim_{x \to -\infty} h(x) = \lim_{x \to -\infty} \frac{1}{x^2} = 0$ e $\lim_{x \to +\infty} h(x) = \lim_{x \to +\infty} \frac{1}{x^2} = 0$, o que se confirma pelo gráfico.

4.1.4 Limites infinitos no infinito

Se os valores de $f(x)$ decrescem sem limitação para $x \to -\infty$ ou $x \to +\infty$, então escrevemos $\lim_{x \to -\infty} f(x) = -\infty$ ou $\lim_{x \to +\infty} f(x) = -\infty$, e se o valores de $f(x)$ crescem sem limitação para $x \to -\infty$ ou $x \to +\infty$, então escrevemos $\lim_{x \to -\infty} f(x) = +\infty$ ou $\lim_{x \to +\infty} f(x) = +\infty$.

Exemplo 4.4 *O gráfico da função* $i(x) = x^3$ *está representado na Figura 4.4. Use o gráfico para determinar* $\lim_{x \to -\infty} i(x)$ *e* $\lim_{x \to +\infty} i(x)$.

Tabela 4.3 Comportamento da função $h(x) = \frac{1}{x^2}$ para $x \to \pm\infty$

x	$h(x)$	x	$h(x)$
1	1	−1	1
10	0,01	−10	0,01
100	0,0001	−100	0,0001
1000	0,000001	−1000	0,000001

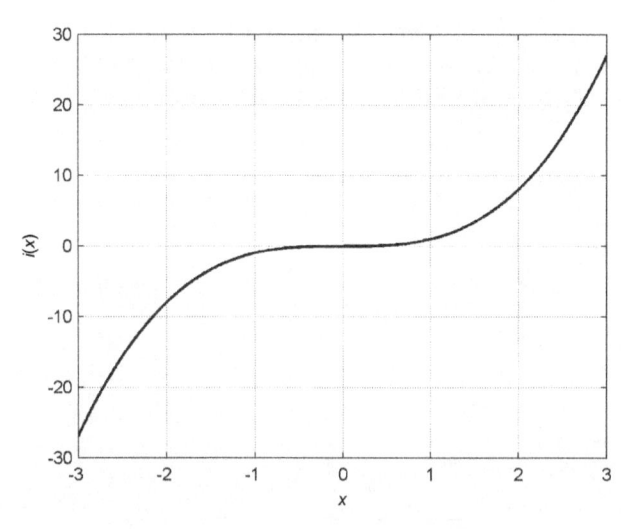

Figura 4.4 Gráfico da função $i(x) = x^3$.

> **Solução:** Notamos pelo gráfico que, à medida que os valores de x decrescem de forma ilimitada, a função i decresce de forma ilimitada e, à medida que os valores de x crescem de forma ilimitada, a função i cresce de forma ilimitada. Conclui-se, então, que $\lim_{x \to -\infty} i(x) = \lim_{x \to -\infty} x^3 = -\infty$ e $\lim_{x \to +\infty} i(x) = \lim_{x \to +\infty} x^3 = +\infty$.

4.2 Continuidade

As curvas planas podem ser divididas em duas categorias: as que têm "quebras" ou "buracos" e as que não têm. As quebras ou buracos em uma curva são chamadas de *descontinuidades*. Uma curva sem descontinuidades é dita *contínua*.

Definição 4.4 *Uma função f é dita **contínua em um ponto** $x = a$ se e somente se as três condições a seguir forem satisfeitas:*

(a) *A função deve estar definida no ponto, isto é, $f(a)$ existe.*

(b) *O limite bilateral no ponto deve existir, isto é, $\lim_{x \to a} f(x)$ existe.*

(c) *O valor da função no ponto e o limite bilateral devem ser o mesmo, isto é, $f(a) = \lim_{x \to a^+} f(x)$.*

Uma função é **contínua em um intervalo** se e somente se for contínua em cada ponto do intervalo.

Exemplo 4.5 *A Figura 4.5 mostra o gráfico das funções f, g, h e i. Analise cada função em termos de sua continuidade.*

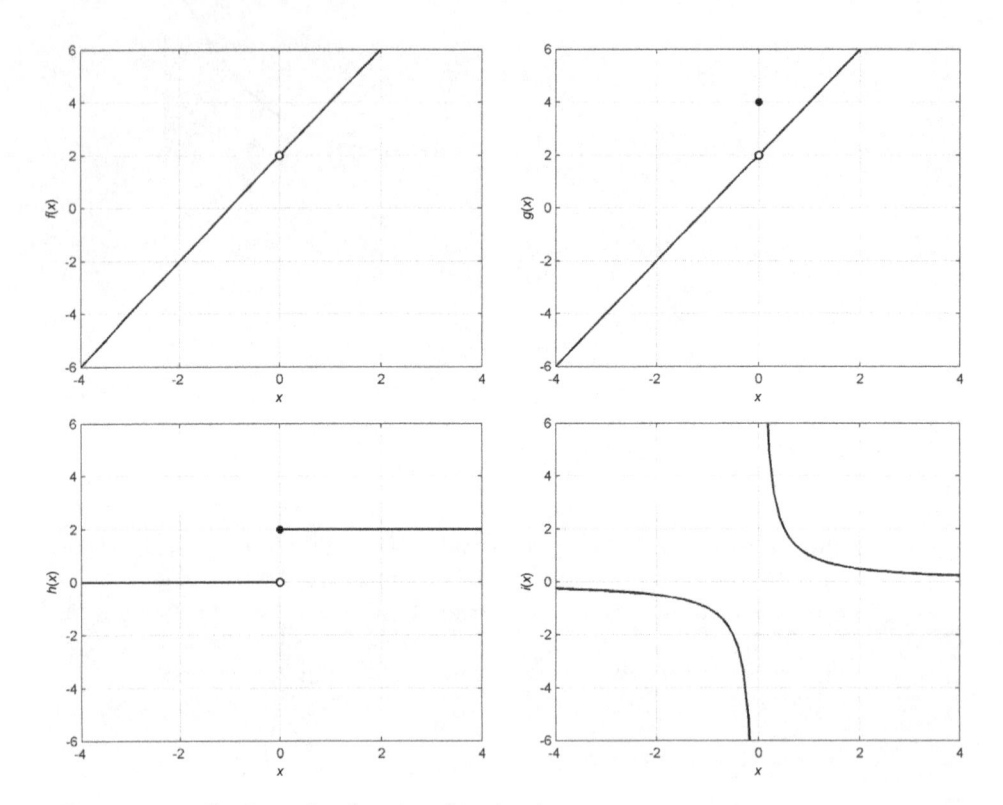

Figura 4.5 Gráficos das funções f, g, h e i.

> **Solução:** A função f apresenta um ponto de descontinuidade em $x = 0$, porque aí não é definida. Observe que, se $f(0) = 2$, a função f seria contínua.
>
> A função g apresenta um ponto de descontinuidade em $x = 0$, porque $g(0) \neq \lim_{x \to 0} g(x)$. Observe que, se $g(0)$ fosse igual a 2 em vez de 4, a função seria contínua. As descontinuidades nas funções f e g são denominadas **descontinuidades removíveis**. Cada função tem um limite para $x \to 0$, e podemos remover a descontinuidade fazendo o valor da função em 0 igual a seu limite. Ou seja, basta redefinir a função dessa forma para remover a descontinuidade.
>
> A função h é descontínua em $x = 0$, porque $\lim_{x \to 0} h(x)$ não existe. Esse tipo de descontinuidade é denominada **descontinuidade de salto**.
>
> A função i apresenta um ponto de descontinuidade em $x = 0$, porque aí não é definida, isto é, ela é descontínua em qualquer intervalo contendo $x = 0$.

4.3 Função potência

Definição 4.5 *Chama-se a função dada por*

$$f(x) = x^n,$$

onde n é uma constante racional.

As funções $f(x) = x$, $g(x) = x^2$, $h(x) = x^{-1}$ e $i(x) = x^{1/2}$ são exemplos de função potência.

Vejamos como o comportamento da função potência muda de acordo com o expoente nas três situações a seguir.

4.3.1 Funções da forma $f(x) = x^n$, com n inteiro positivo

Considere as funções $g(x) = x$, $h(x) = x^2$, $i(x) = x^3$ e $j(x) = x^4$, cujos gráficos são mostrados na Figura 4.6. Essas funções são contínuas e têm como domínio o conjunto dos números reais. A forma do gráfico depende de n ser par ou ímpar.

Para os valores **pares** de n, as funções $f(x) = x^n$ são pares e seus gráficos são simétricos em relação ao eixo vertical. Para $n > 2$, os gráficos são semelhantes ao gráfico da parábola dada por $g(x) = x^2$, embora não sejam realmente uma parábola. Podemos observar que, à medida que x diminui ilimitadamente, y aumenta ilimitadamente e, à medida que x aumenta ilimitadamente, y também aumenta ilimitadamente. Assim, para $f(x) = x^n$, com n par, temos:

$$\lim_{x \to -\infty} f(x) = +\infty \quad \text{e} \quad \lim_{x \to +\infty} f(x) = +\infty$$

Para os valores **ímpares** de n, as funções $f(x) = x^n$ são ímpares e seus gráficos são simétricos em relação à origem. Para $n = 1$, o gráfico é a reta dada por $y = x$ para $n = 3$, a curva é chamada de cúbica; e, para $n > 3$, os gráficos são semelhantes ao gráfico da função $i(x) = x^3$. Para essas funções, podemos observar que, à medida que x diminui ilimitadamente, y diminui ilimitadamente, e, à medida que x aumenta ilimitadamente, y aumenta ilimitadamente. Podemos expressar essa afirmação utilizando a notação de limite. Assim, se $f(x) = x^n$, com n ímpar, temos:

$$\lim_{x \to -\infty} f(x) = -\infty \quad \text{e} \quad \lim_{x \to +\infty} f(x) = +\infty$$

A Figura 4.7 mostra os gráficos das funções $f(x) = x^n$ com n par (parte a) ou ímpar (parte b). Podemos visualizar que, aumentado-se n, as curvas tornam-se mais próximas do eixo horizontal para $-1 < x < 1$ e mais próximas do eixo vertical para $x < -1$ ou $x > 1$.

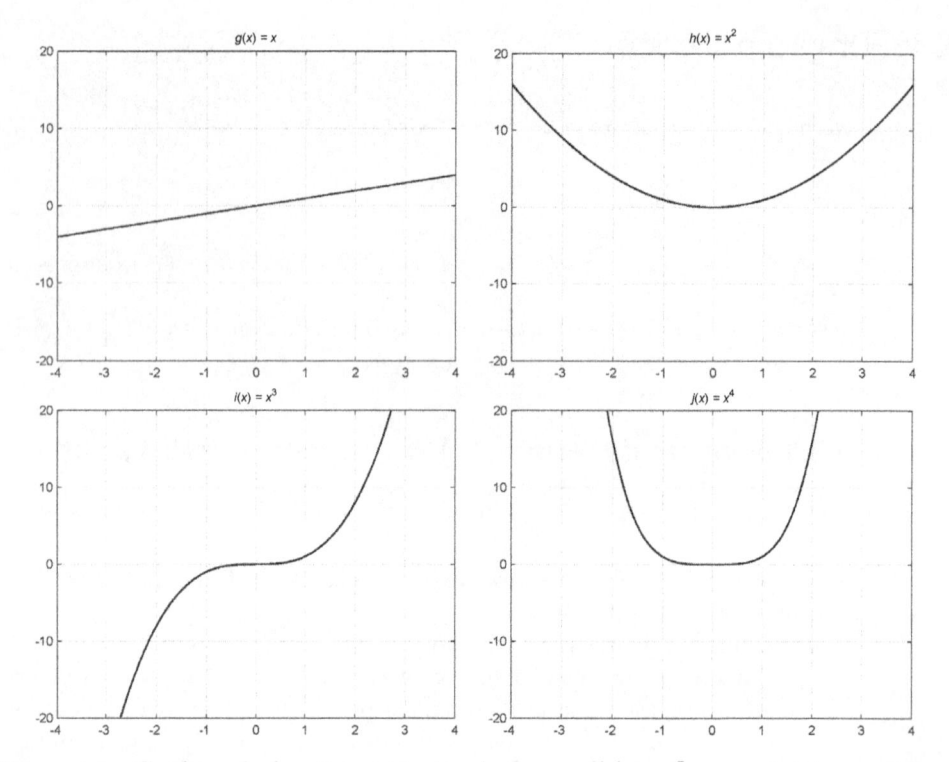

Figura 4.6 Gráficos de funções potências da forma $f(x) = x^n$ com n inteiro positivo.

4.3.2 Funções da forma $f(x) = x^{-n}$, com n inteiro positivo

Considere as funções dadas por $g(x) = x^{-1}$, $h(x) = x^{-2}$, $i(x) = x^{-3}$ e $j(x) = x^{-4}$, que podem ser escritas na forma

$$g(x) = \frac{1}{x}, \quad h(x) = \frac{1}{x^2}, \quad i(x) = \frac{1}{x^3} \quad \text{e} \quad j(x) = \frac{1}{x^4},$$

respectivamente, e cujos gráficos apresentam-se na Figura 4.8.

Observe que essas funções, cujos gráficos estão representados na Figura 4.8, são descontínuas em $x = 0$. Assim seus domínios são tais que Dom = $\{x \in \mathbb{R}: x \neq 0\}$.

A forma do gráfico depende de n ser par ou ímpar. Vejamos, então, os dois casos. Para os valores **pares** de n, as funções $f(x) = x^{-n}$ são pares, e seus gráficos são simétricos em relação ao eixo y. Para essas funções, podemos observar que, à medida que x aumenta ilimitadamente, y aproxima-se de zero, e, à medida que x diminui ilimitadamente, y também aproxima-se de zero, ou seja, se $f(x) = x^{-n}$, com n par, então

$$\lim_{x \to -\infty} f(x) = 0 \quad \text{e} \quad \lim_{x \to +\infty} f(x) = 0$$

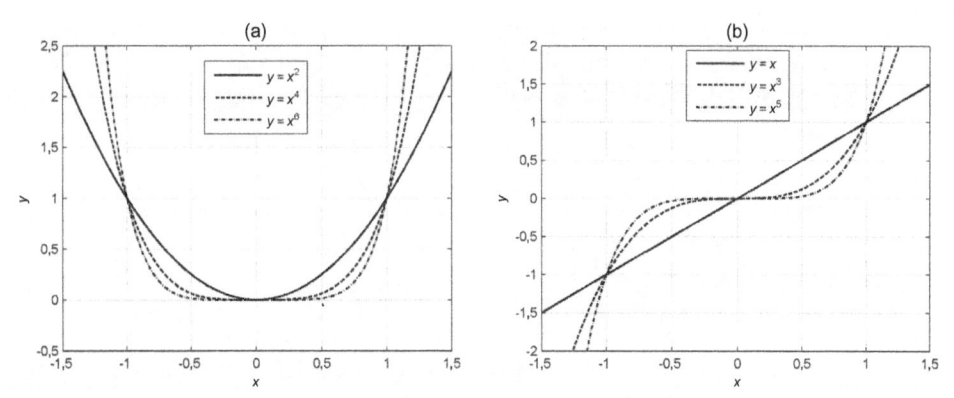

Figura 4.7 Gráficos das funções potências $f(x) = x^n$ com n (a) par ou (b) ímpar.

Ainda,
$$\lim_{x \to 0} f(x) = +\infty.$$

Para $n > 2$, os gráficos são semelhantes ao gráfico da função $h(x) = 1/x^2$. Para os valores **ímpares** de n, as funções $f(x) = x^{-n}$ são ímpares e seus gráficos são simétricos em relação à origem. Para essas funções, podemos

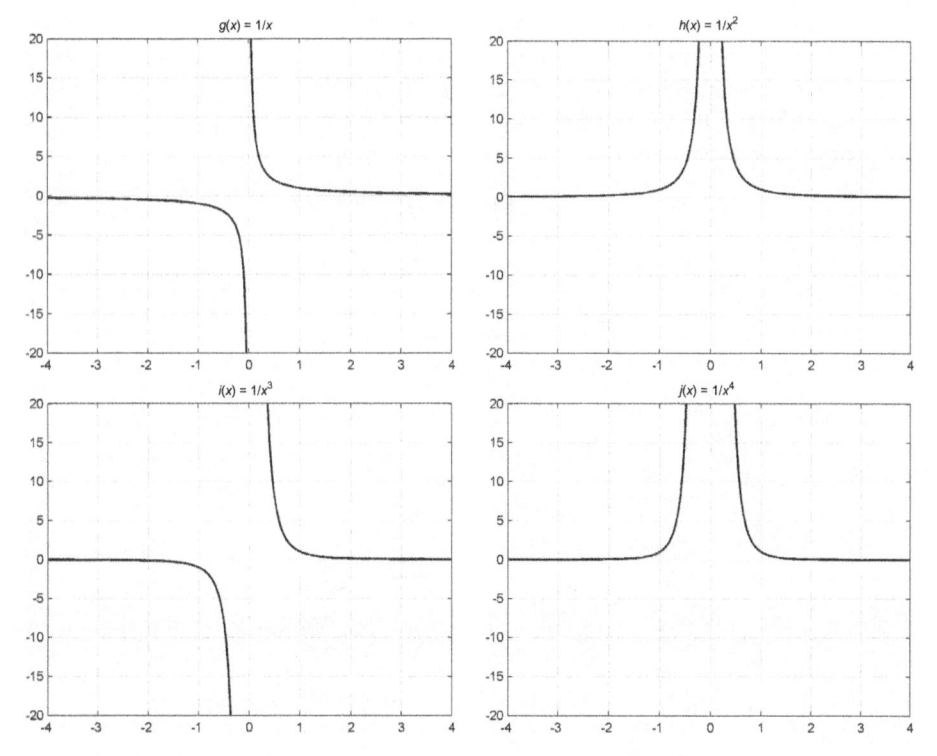

Figura 4.8 Gráficos de funções potências da forma $f(x) = x^{-n}$ com n inteiro positivo.

observar que, à medida que x diminui infinitamente, y aproxima-se de zero, e, à medida que x diminui infinitamente, y também aproxima-se de zero, ou seja, se $f(x) = x^{-n}$ com n ímpar

$$\lim_{x \to -\infty} f(x) = 0 \quad \text{e} \quad \lim_{x \to +\infty} f(x) = 0.$$

Para $n > 1$, os gráficos são semelhantes ao gráfico da hipérbole equilátera $g(x) = 1/x$. Ainda,

$$\lim_{x \to 0^-} f(x) = -\infty \quad \text{e} \quad \lim_{x \to 0^+} f(x) = +\infty.$$

A Figura 4.9 mostra os gráficos das funções $f(x) = x^{-n}$ com n par (parte a) ou ímpar (parte b). Podemos visualizar que, à medida que n cresce, as curvas ficam mais afastadas do eixo vertical para $-1 < x < 1$ e mais próximas do eixo horizontal para $x < -1$ ou $x > 1$.

O gráfico de $g(x) = 1/x$ é também chamado de **hipérbole equilátera**.

4.3.3 Funções da forma $f(x) = x^{1/n}$ com n inteiro e positivo

Considere as funções $g(x) = x^{1/2}$, $h(x) = x^{1/3}$, $i(x) = x^{1/4}$, $j(x) = x^{1/5}$, que equivalentemente, podemos escrever como $g(x) = \sqrt{x}$, $h(x) = \sqrt[3]{x}$, $i(x) = \sqrt[4]{x}$, $j(x) = \sqrt[5]{x}$ e cujos gráficos apresentam-se na Figura 4.10. A forma do gráfico depende de n ser par ou ímpar.

Para os valores **pares** de n, as funções $f(x) = x^{1/n}$ com $n > 2$ apresentam os gráficos semelhantes ao gráfico da função $y = x^{1/2}$. O domínio dessas funções consiste no conjunto dos inteiros não negativos, isto é, $\text{Dom}(f) = \{x \in \mathbb{R}: x \geq 0\}$. Para essas funções, podemos observar que, à medida que x aumenta ilimitadamente, y aumenta ilimitadamente, isto é,

$$\lim_{x \to +\infty} f(x) = +\infty.$$

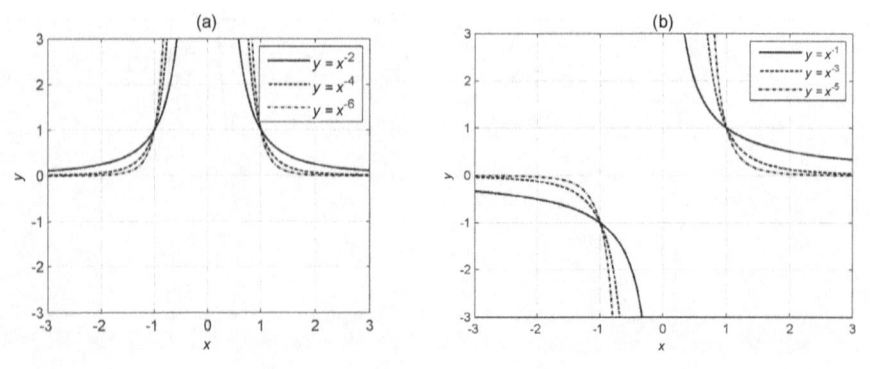

Figura 4.9 Gráficos das funções potências $f(x) = x^n$ com n (a) par ou (b) ímpar.

Observe que, à medida que n cresce, as curvas ficam mais próximas do eixo vertical para $0 < x < 1$ e mais próximas do eixo horizontal para $x > 1$. Isso pode ser visto por meio das curvas representadas na Figura 4.11(a).

Para os valores **ímpares** de n, as funções $f(x) = x^{1/n}$ com $n > 3$ apresentam os gráficos semelhantes ao gráfico da função $y = x^{1/3}$. O domínio dessas funções consiste no conjunto dos números reais, isto é, $\text{Dom}(f) = \mathbb{R}$. Para essas funções podemos observar que, à medida que x diminui ilimitadamente, y diminui ilimitadamente, e, à medida que x aumenta ilimitadamente, y aumenta ilimitadamente, isto é,

$$\lim_{x \to -\infty} f(x) = -\infty \quad \text{e} \quad \lim_{x \to +\infty} f(x) = +\infty.$$

Observe que, à medida que n cresce, as curvas ficam mais próximas do eixo vertical para $-1 < x < 1$ e mais próximas do eixo horizontal para $x < -1$ ou $x > 1$. Isso pode ser visto por meio das curvas representadas na Figura 4.11(b).

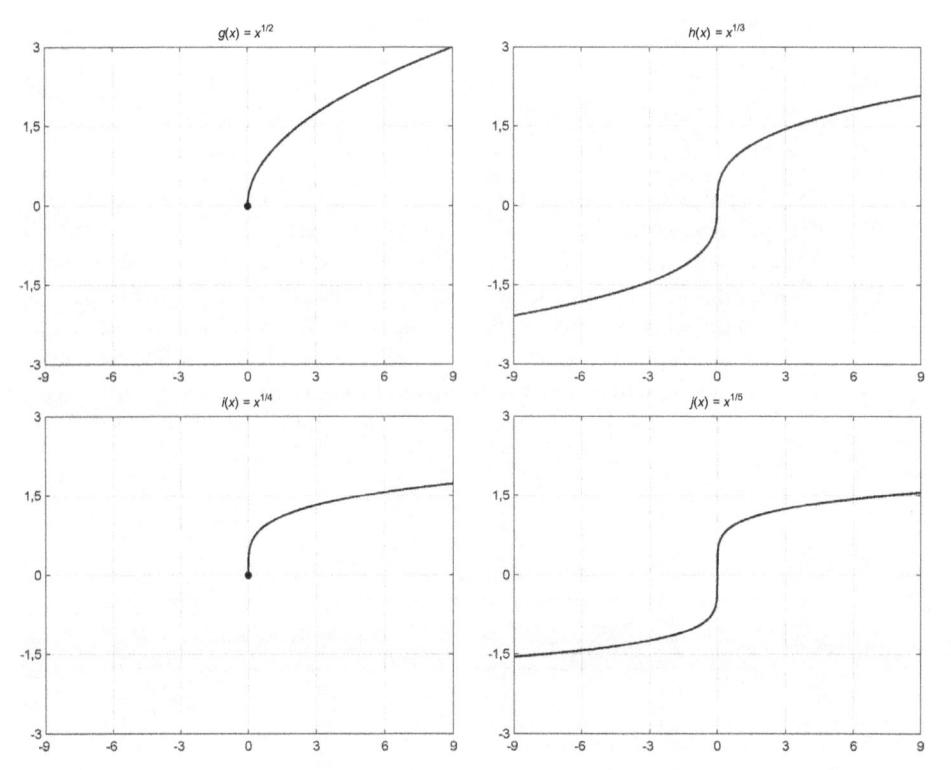

Figura 4.10 Gráfico de funções potências da forma $f(x) = x^{1/n}$ com n inteiro positivo.

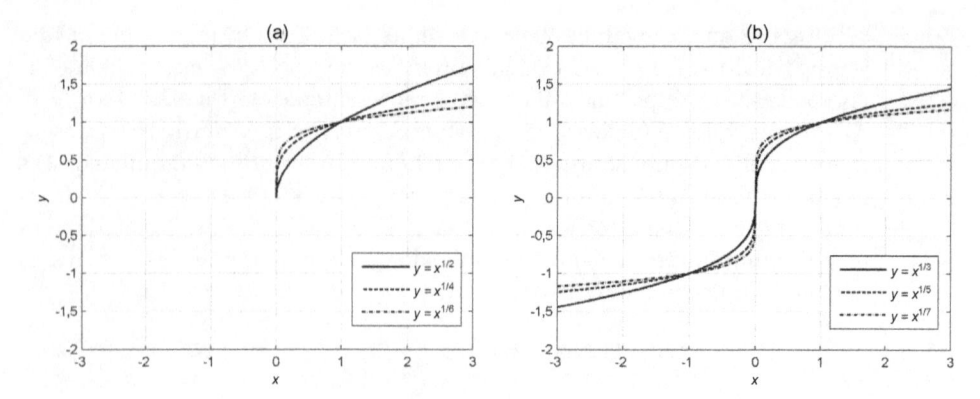

Figura 4.11 Gráficos das funções potências $f(x) = x^{1/n}$, para n (a) par e (b) ímpar.

4.4 Transformações na função potência

Há casos que podem ser examinados a partir dos gráficos das funções envolvidas. Vamos abordá-los aqui com o objetivo de conhecermos alguns efeitos causados pela multiplicação (ou divisão) e adição (ou subtração) de uma constante a uma função ou à sua variável independente. Para isso, em cada item a seguir, vamos comparar os gráficos das funções g e h com o gráfico da função f em um mesmo sistema de eixos:

1. $f(x) = x^2$, $g(x) = \dfrac{x^2}{2}$ e $h(x) = 2x^2$.
2. $f(x) = x^2$, $g(x) = x^2 + 2$ e $h(x) = x^2 - 2$.
3. $f(x) = x^2$, $g(x) = (x-2)^2$ e $h(x) = (x+2)^2$.

Na Figura 4.12(a), representamos as funções relativas ao item 1. Observe que o gráfico da função g é obtido a partir do gráfico da função f comprimindo-o verticalmente pelo fator 2. Nesse caso, as imagens reduzem-se à metade. Já o gráfico da função h é obtido a partir do gráfico da função f alongando-o verticalmente pelo fator 2, pois as imagens duplicam. A transformação aplicada sobre o gráfico da f para obter o gráfico das funções g e h chamam-se **compressão** e **alongamento** vertical, respectivamente. Por meio da Tabela 4.4 de valores, é possível compreender melhor essas transformações.

Tabela 4.4 Valores da função f e suas transformações

x	$f(x) = x^2$	$g(x) = \dfrac{x^2}{2}$	$h(x) = 2x^2$
-1	1	1/2	2
0	0	0	0
1	1	1/2	2

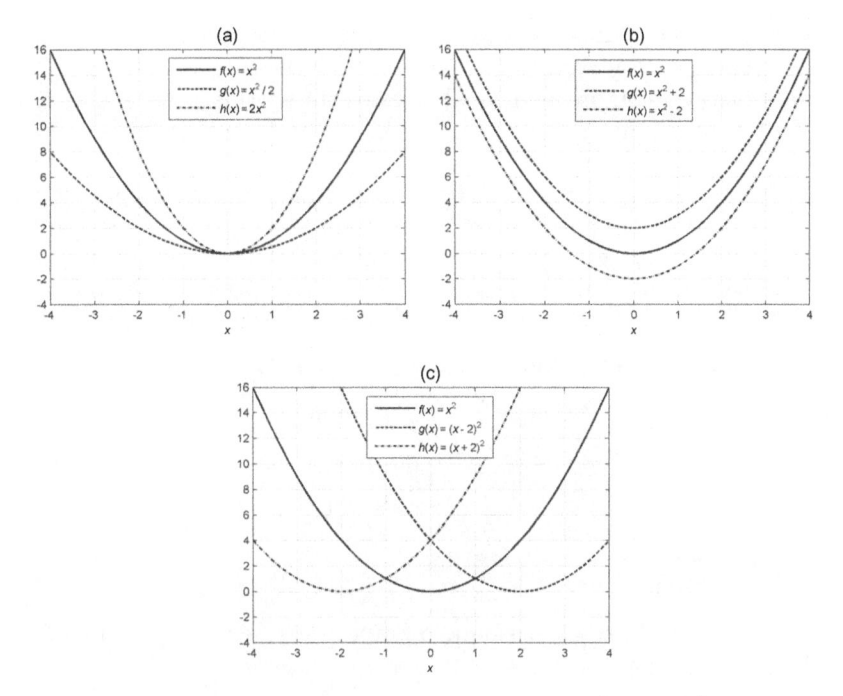

Figura 4.12 Gráficos das transformações da função $f(x) = x^2$.

Na Figura 4.12(b), representamos as funções relativas ao item 2. Observe que o gráfico da função g é obtido a partir do gráfico da função f deslocando-o verticalmente 2 unidades para baixo. Já o gráfico da função h é obtido a partir do gráfico da função f deslocando-o verticalmente 2 unidades para cima. A transformação aplicada sobre o gráfico da função f para obter o gráfico das funções g e h chama-se **deslocamento** (ou translação) vertical. Por meio da Tabela 4.5 de valores, é possível compreender melhor essas transformações.

Na Figura 4.12(c), representamos as funções relativas ao item 3. Observe que o gráfico da função g é obtido a partir do gráfico da função f deslocando-o horizontalmente 2 unidades para a direita. Já o gráfico da função h é obtido a partir do gráfico da função f deslocando-o horizontalmente 2 unidades para a esquerda. A transformação aplicada sobre o

Tabela 4.5 Valores da função f e suas transformações

x	$f(x) = x^2$	$g(x) = x^2 - 2$	$h(x) = x^2 + 2$
-1	1	-1	3
0	0	-2	2
1	1	-1	3

gráfico da função f para obter o gráfico das funções g e h chama-se **deslocamento** (ou translação) horizontal. Por meio de uma tabela de valores, é possível compreender melhor essas transformações. Fica a cargo do leitor elaborar uma tabela para melhor visualizar essa transformação (veja o Problema 4.13).

Nesses três casos, podemos observar que o gráfico de algumas funções pode ser desenhado de modo bem simples a partir de transformações aplicadas sobre gráficos de funções mais simples. Tais transformações podem ocorrer da seguinte forma:

Deslocamentos verticais e horizontais

Suponha $c > 0$. Para obter o gráfico de

- $y = f(x) + c$, desloque o gráfico de $y = f(x)$ em c unidades para cima.
- $y = f(x) - c$, desloque o gráfico de $y = f(x)$ em c unidades para baixo.
- $y = f(x - c)$, desloque o gráfico de $y = f(x)$ em c unidades para a direita.
- $y = f(x + c)$, desloque o gráfico de $y = f(x)$ em c unidades para a esquerda.

Alongamento e compressão vertical

Suponha $c > 1$. Para obter o gráfico de

- $y = cf(x)$, alongue o gráfico de $y = f(x)$ verticalmente por um fator de c unidades.
- $y = \frac{1}{c} f(x)$, comprima o gráfico de $y = f(x)$ verticalmente por um fator de c unidades.
- $y = f(cx)$, comprima o gráfico de $y = f(x)$ horizontalmente por um fator de c unidades.
- $y = f(\frac{1}{c}x)$, alongue o gráfico de $y = f(x)$ horizontalmente por um fator de c unidades.

Reflexões

Para obter o gráfico de

- $y = -f(x)$, reflita o gráfico de $y = f(x)$ em torno do eixo horizontal.
- $y = f(-x)$, reflita o gráfico de $y = f(x)$ em torno do eixo vertical.

Exemplo 4.6 *Usando as transformações anteriores, desenhe o gráfico das seguintes funções:*

$$F(x) = (x-3)^2 + 4, \quad G(x) = \sqrt{-x}, \quad H(x) = -\sqrt{x+2}, \quad I(x) = \frac{1}{x-4} - 1$$

Solução: Observe os gráficos mostrados na Figura 4.13.

Para fazer o gráfico da função $F(x) = (x-3)^2 + 4$, aplicaremos sobre o gráfico da função $f(x) = x^2$ um deslocamento horizontal de 3 unidades para a direita seguido de uma translação vertical de 4 unidades para cima.

Para fazer o gráfico da função $G(x) = \sqrt{-x}$, aplicaremos sobre o gráfico da função $g(x) = \sqrt{x}$ uma reflexão em torno do eixo vertical.

Para fazer o gráfico da função $H(x) = -\sqrt{x+2}$, aplicaremos sobre o gráfico da função $h(x) = \sqrt{x}$ um deslocamento horizontal de 2 unidades para a esquerda seguido de uma reflexão em torno do eixo horizontal.

Para fazer o gráfico da função $I(x) = \frac{1}{x-4} - 1$ aplicaremos sobre o gráfico da função $i(x) = \frac{1}{x}$ um deslocamento horizontal de 4 unidades para a direita seguido de uma translação vertical de 1 unidade para baixo.

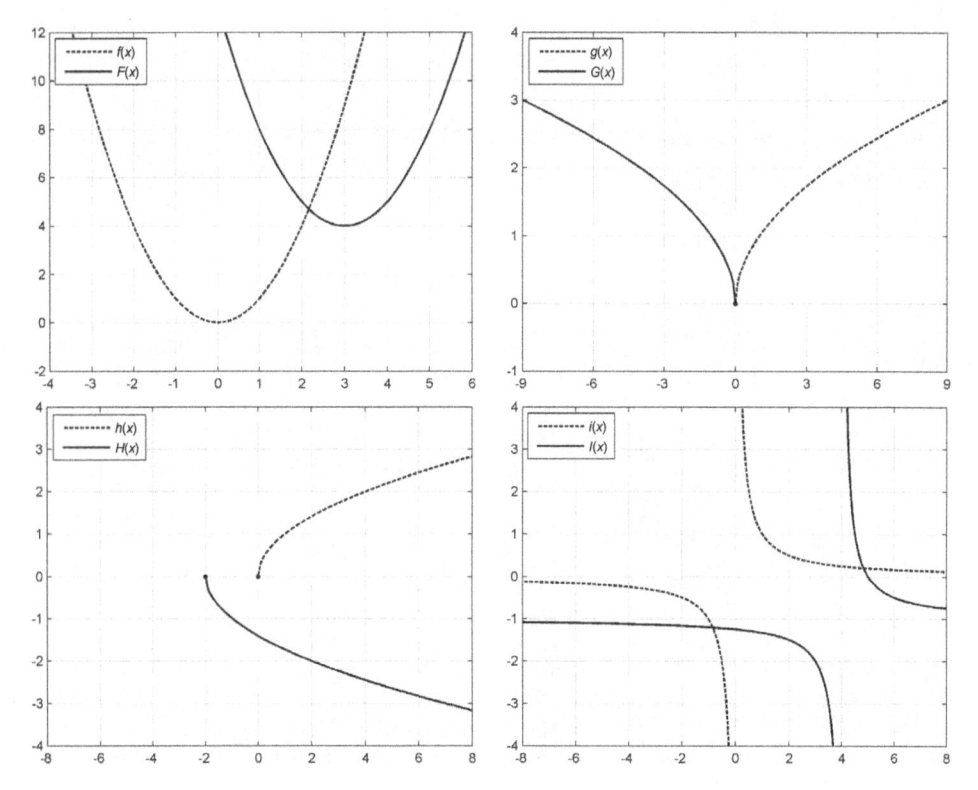

Figura 4.13 Usando transformações para desenhar gráficos.

Funções semelhantes a F do Exemplo 4.6, ou seja, funções da forma $F(x) = k(x-a)^r + c$ com r inteiro positivo, integram uma classe mais ampla de funções denominadas *funções polinomiais*, as quais serão estudadas no capítulo seguinte.

4.5 Problemas

Conjunto A: Básico

4.1 Observe os gráficos a seguir:

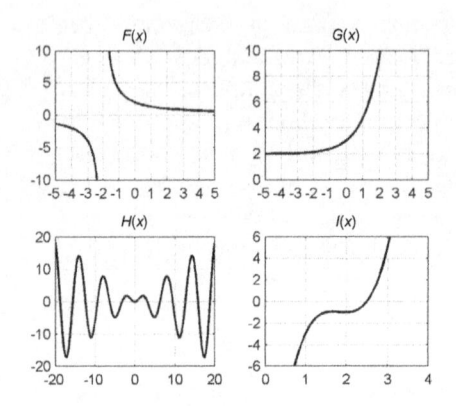

Determine os seguintes limites:

(a) $\lim_{x \to +\infty} F(x)$

(b) $\lim_{x \to -\infty} F(x)$

(c) $\lim_{x \to -2^-} F(x)$

(d) $\lim_{x \to -2^+} F(x)$

(e) $\lim_{x \to +\infty} G(x)$

(f) $\lim_{x \to -\infty} G(x)$

(g) $\lim_{x \to 0} H(x)$

(h) $\lim_{x \to +\infty} H(x)$

(i) $\lim_{x \to -\infty} H(x)$

(j) $\lim_{x \to +\infty} I(x)$

(k) $\lim_{x \to -\infty} I(x)$

4.2 Observe os gráficos a seguir:

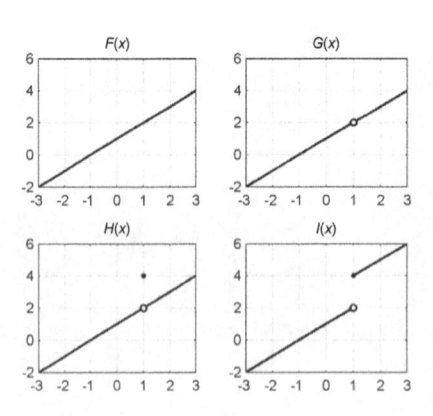

Para cada uma das funções, determine:

(a) O valor da função em $x = 1$.

(b) O limite da função para $x \to 1^-$.

(c) O limite da função para $x \to 1^+$.

4.3 Reconsidere as funções do Problema 4.2 e, para cada função, justifique, se existir, a descontinuidade em $x = 1$.

4.4 A partir dos gráficos a seguir, justifique a descontinuidade em $x = 2$ para cada uma das funções f, g, p e q:

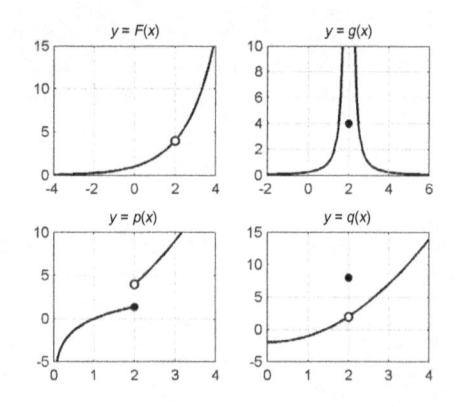

4.5 Considere a função

$$f(x) = \begin{cases} x+2, & x \leq -1 \\ x^2, & -1 < x < 2 \\ 5, & x \geq 2 \end{cases}$$

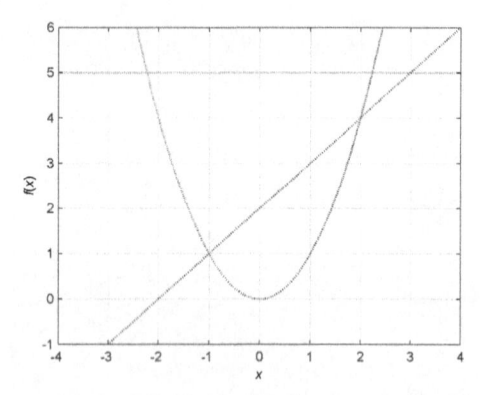

(a) Use os tracejados e desenhe o gráfico da função f.

(b) Determine:

$\lim_{x \to -1^-} f(x)$, $\lim_{x \to -1^+} f(x)$ e $f(-1)$;

(c) O que se pode concluir sobre a continuidade de f em $x = -1$?

(d) Determine:
$$\lim_{x \to 2^-} f(x), \lim_{x \to 2^+} f(x) \text{ e } f(2);$$

(e) O que se pode concluir sobre a continuidade de f em $x = 2$?

4.6 Considere a função dada por
$$f(x) = \begin{cases} (x-1)^3, & x < 3 \\ p, & x = 3 \\ qx + 4, & x > 3 \end{cases}$$

(a) Encontre os valores de p e q para que f seja contínua em $x = 3$.

(b) Desenhe o gráfico de f.

4.7 Desenhe o gráfico de uma função f que satisfaça as seguintes condições:

(a) f é contínua em toda parte;

(b) f é negativa em $(-\infty, -3)$ e positiva em $(-3, +\infty)$;

(c) f é crescente em $(-\infty, -1)$, decrescente em $(-1, 2)$ e novamente crescente em $(2, +\infty)$;

(d) f possui apenas um zero.

4.8 Desenhe o gráfico de uma função g que satisfaça as seguintes condições:

(a) g é descontínua em $x = 1$;

(b) g não possui zeros;

(c) $\lim_{x \to \pm\infty} g(x) = 0$;

(d) $\lim_{x \to 1} g(x) = +\infty$.

4.9 Desenhe o gráfico de uma função h que satisfaça as seguintes condições:

(a) f descontínua em $x = -1$;

(b) $\lim_{x \to -1^-} f(x) = -\infty$;

(c) $\lim_{x \to -1^+} f(x) = +\infty$;

(d) $\lim_{x \to \pm\infty} h(x) = 2$.

4.10 Considere as funções dadas por $f(x) = x^3$ e $g(x) = 10x^2$.

(a) Desenhe no mesmo plano cartesiano os gráficos de f e g.

(b) Existe algum valor $a > 0$ tal que, se $x > a$, temos $f(x) > g(x)$? Que valor a é esse?

4.11 Considere as funções dadas por $f(x) = x^5$, $g(x) = -x^3$ e $h(x) = 5x^2$.

(a) Desenhe no mesmo plano cartesiano os gráficos das funções dadas.

(b) Qual função tem valores maiores à medida que $x \to +\infty$?

(c) E à medida que $x \to -\infty$?

(d) E no intervalo $0 \leq x \leq 1$?

4.12 Considere as funções dadas por $f(x) = x^{1/2}$ e $g(x) = x^{1/3}$ para $x \geq 0$.

(a) Desenhe no mesmo plano cartesiano os gráficos das funções dadas.

(b) Qual função tem valores maiores no intervalo $0 < x < 1$?

(c) Qual função tem valores maiores à medida que $x \to +\infty$?

4.13 Complete a tabela a seguir com as imagens das funções dadas por $f(x) = x^2$, $g(x) = (x-2)^2$ e $h(x) = (x+2)^2$. Os respectivos gráficos são mostrados na Figura 4.12.

x	$f(x)$	$g(x)$	$h(x)$
–3			
–2			
–1			
0			
1			
2			
3			

4.14 Reconsidere as funções f, g e h do problema anterior. Desenhe seus gráficos sobre o mesmo sistema de eixos e explique como os gráficos das funções g e h podem ser obtidos a partir do gráfico de f.

4.15 Reconsidere o Problema 3.32. Descreva a relação entre os gráficos em termos das transformações vistas na Seção 4.5.

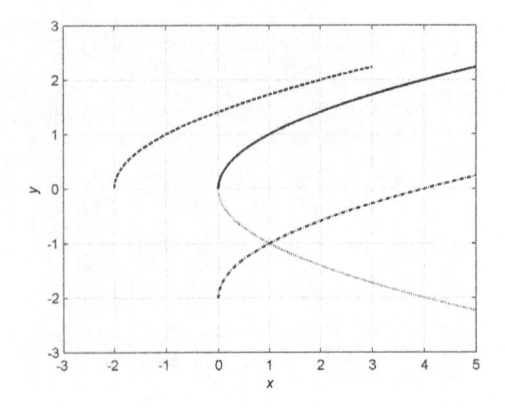

4.16 Associe as funções seguintes aos seus respectivos gráficos da figura. Justifique.

(a) $f(x) = \sqrt{x}$;

(b) $g(x) = \sqrt{x} - 2$;

(c) $h(x) = \sqrt{x+2}$;

(d) $i(x) = -\sqrt{x}$.

4.17 Reconsidere as funções do problema anterior. Explique como os gráficos de g, h e i podem ser obtidos a partir do gráfico de f.

Conjunto B: Além do básico

4.18 Considere um quadrado cuja diagonal é d. Expresse, em função de d:

(a) o lado l;

(b) a área A;

Observe que l e A são funções potências de d. Dica: Veja, no Apêndice, algumas fórmulas para geometria plana.

4.19 Considere um cubo cuja diagonal é d. Expresse, em função de d:

(a) a aresta l;

(b) a área superficial A;

(c) o volume V.

Observe que l, p e A são funções potências de d. Dica: Veja, no Apêndice, algumas fórmulas para geometria espacial.

4.20 A energia potencial de um objeto é dada por $E_p = mgh$, onde m é massa do objeto, $g \approx 10$ m/s^2 é a aceleração gravitacional e h é a altura do objeto a partir do solo. A sua energia cinética é dada por $E_c = \frac{1}{2}mv^2$, onde v é sua velocidade. Quando um objeto é abandonado em queda livre, a sua energia cinética ao atingir o solo é igual à energia potencial que tinha ao ser abandonado.

(a) Determine uma expressão para $v(h)$, a velocidade v ao atingir o solo em função da altura h da qual o objeto foi abandonado.

(b) Esboce o gráfico de $v(h)$.

4.21 A população P de uma comunidade urbana (em milhares de habitantes) pode ser modelada por $P(t) = 20 - 6(t + 1)^{-1}$, onde t é o tempo transcorrido (em anos) a partir de uma data inicial. Veja o gráfico a seguir.

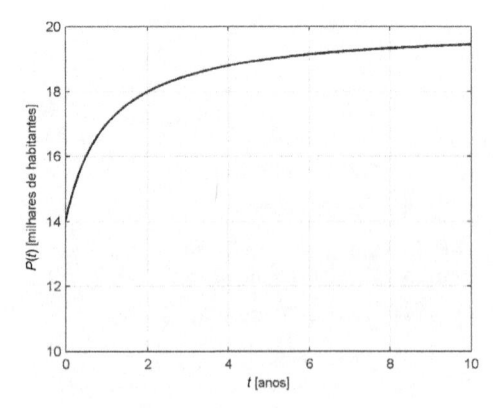

(a) À medida que o tempo passa, o crescimento da população ficará mais rápido ou mais lento?

(b) Explique como o gráfico de P pode ser obtido a partir do gráfico de $F(t) = x^{-1}$.

4.22 De acordo com a *Lei da Gravitação Universal* de Newton, o peso P de um objeto é inversamente proporcional ao quadrado da distância x entre o objeto e o centro da Terra, isto é,

$$P(x) = \frac{C}{x^2}.$$

(a) Supondo que o peso de um satélite meteorológico seja 800 N na superfície da Terra e que ela seja uma esfera de raio 6.500 km, encontre o valor da constante C.

(b) Encontre o peso do satélite quando estiver a 300 km acima da superfície da Terra.

(c) Desenhe o gráfico de P.

4.23 A energia potencial E de ligação entre os íons Na$^+$ (sódio) e Cl$^-$ (cloro) em função da distância interatômica r é dada por

$$E(r) = -\frac{1{,}436}{r} + \frac{7{,}32 \times 10^{-6}}{r^8},$$

uma combinação de funções potências. As constantes são obtidas experimentalmente, a energia é dada em elétron-volts, e a distância, em nanometros (Callister Jr.; Rethwisch, 2007, p.36).

(a) Desenhe o gráfico de $E(r)$ usando $0 \leq r \leq 1$.

(b) A distância de equilíbrio entre os íons é associada ao ponto de mínimo no gráfico. Faça uma estimativa desse valor.

Capítulo 5
Função Polinomial

Neste capítulo, estudaremos a função polinomial, que é uma combinação de funções potência, estudadas no Capítulo 4.

5.1 Definição e principais características

Definição 5.1 *Uma **função polinomial** de grau n é da forma*

$$y = f(x) = a_n x^n + a_{n-1} x^{n-1} + \cdots + a_1 x + a_0,$$

onde x é a variável independente, $n \in \mathbb{N}$ e a_0, ..., a_n são constantes reais denominados coeficientes.

Observe que funções polinomiais são construídas por operações de soma, compressão ou deslocamento de funções potências.

Uma função polinomial de grau 0 é uma *função constante*; uma função polinomial de grau 1 é uma *função linear;* uma função polinomial de grau 2 é uma *função quadrática*.

Exemplo 5.1

Observe, na Figura 5.1, os gráficos correspondentes a cada função e justifique as correspondências.

$f(x) = x^2 - 7x + 10$ $g(x) = 2x^3 - 5x^2 + 3x - 1$

$h(x) = -x^4 - 6x^3 + 11x^2 - 6x$ $i(x) = 3x^5 + 3x^4 - 5x^3 - 15x^2 + 4x + 12$

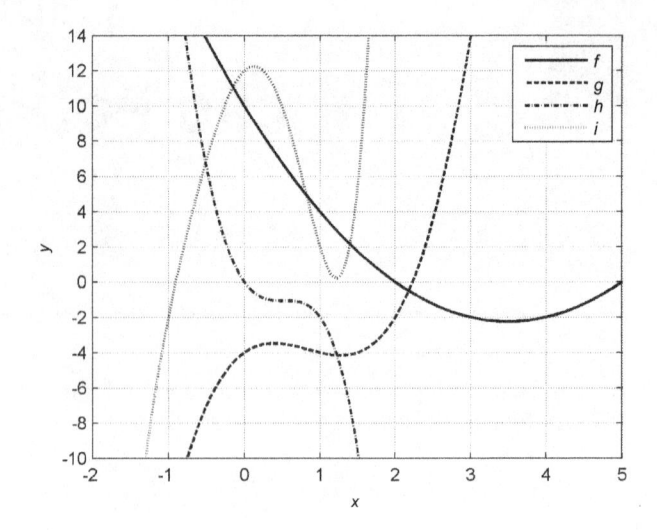

Figura 5.1 Gráficos das funções f, g, h, i.

Solução: Podemos identificar a curva correspondente a cada função atribuindo valores para a variável x de modo a encontrar o valor de y correspondente. Por exemplo, atribuindo o valor $x = 1$ na função f, encontramos $f(1) = 4$, isto é, a curva correspondente à função f passa pelo ponto $(1, 4)$. Para a mesma função, atribuindo o valor $x = 0$, encontramos $f(0) = 10$, que é o intercepto vertical da função f. Dessa forma, identificamos que a curva correspondente à função f é a de linha contínua. Utilizando procedimento semelhante para as demais funções, concluímos que a curva correspondente à função g é aquela que passa pelo ponto $(0, -4)$ esboçada pela linha tracejada. A curva correspondente à função h que passa pelo ponto $(0, 0)$ é aquela esboçada por uma linha com ponto e traço. A curva correspondente à função i que passa pelo ponto $(0, 12)$ é aquela esboçada por uma linha pontilhada. Para identificar as curvas das funções dadas, além de identificar o intercepto vertical, é importante também identificar os interceptos horizontais (zeros da função), se existirem.

5.1.1 Domínio e imagem

O domínio das funções polinomiais é o conjunto dos números reais, isto é, Dom $= \mathbb{R}$. Já a imagem das funções polinomiais depende de cada polinômio.

Exemplo 5.2 *Determine o domínio e a imagem das funções representadas na Figura 5.2.*

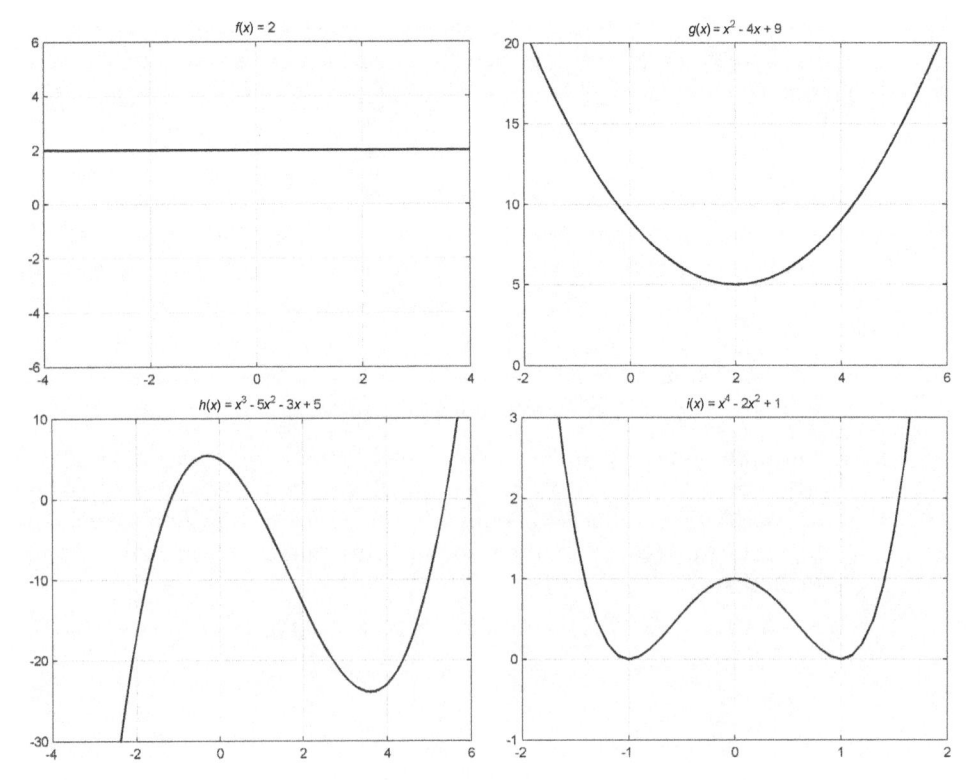

Figura 5.2 Gráficos das funções f, g, h, i.

> **Solução:** O domínio das funções polinomiais f, g, h e i é o conjunto dos números reais. Já a imagem depende de cada função polinomial, de modo que $\text{Img}(f) = \{2\}$, $\text{Img}(g) = \{y \in \mathbb{R}: y \geq 5\}$, $\text{Img}(h) = \{y \in \mathbb{R}\}$ e $\text{Img}(i) = \{y \in \mathbb{R}: y \geq 0\}$. Observe que as funções f, g, h e i são contínuas em toda o seu domínio.

5.1.2 Zeros

Como foi estudado na Seção 2.5, uma função pode não ter zeros ou ter um ou mais zeros. Para as funções polinomiais, o *Teorema Fundamental da Álgebra* garante a existência de zeros (Garbi, 1997).

Teorema 5.1 *Todo polinômio de grau $n \geq 1$ possui pelo menos uma raiz real ou complexa.*

Esse teorema é atribuído a **Gauss** e tem como consequência o fato de que todo polinômio de grau $n \geq 1$ pode ser escrito como produto de n fatores de grau 1.

Procedimentos algébricos para a determinação dos zeros de algumas funções polinomiais são conhecidos. São eles:

- Uma função polinomial de grau zero ($n = 0$) na forma $f(x) = a$, com $a \neq 0$, não possui zeros. (Pense no gráfico de uma função constante. O gráfico não intercepta o eixo horizontal, como é o caso da função f da Figura 5.2.)

- Para uma função polinomial do primeiro grau ($n = 1$) na forma $f(x) = ax + b$ com a, b reais e $a \neq 0$, o zero é a solução da equação $ax + b = 0$. Desse modo, o zero dessa função é $x = -b/a$.

- Para uma função polinomial do segundo grau ($n = 2$) na forma $f(x) = ax^2 + bx + c$ com a, b e c reais e $a \neq 0$, os zeros (reais ou não) podem ser obtidos pela solução da equação $ax^2 + bx + c = 0$. Uma equação do segundo grau (com $a \neq 0$) é resolvida diretamente por meio da fórmula de **Báskara**:

$$x = \frac{-b \pm \sqrt{b^2 - 4ac}}{2a}, \tag{5.1}$$

onde podem ocorrer três situações:

Se $b^2 - 4ac > 0$, a função tem dois zeros reais e distintos.
Se $b^2 - 4ac = 0$, a função tem dois zeros reais e iguais.
Se $b^2 - 4ac < 0$, a função não tem nenhuma raiz real.

Johann Carl Friedrich Gauss (1777–1855)

Matemático alemão. A genialidade de Gauss despontou muito cedo: aos 7 anos de idade, espantou seus professores ao somar os inteiros de 1 a 100 usando uma engenhosa técnica de cálculo. Em 1799, recebeu o título de doutor em Matemática em cuja tese enuncia e prova o Teorema Fundamental da Álgebra. Os interesses de Gauss incluíam muitos campos distintos: geometria (incluindo geometrias não euclideanas e geometria diferencial), teoria dos números, astronomia, geodésia, eletricidade e magnetismo, estatística e equações diferenciais. Em 1801, publicou o primeiro de seus muitos livros, *Disquisitiones Arithmeticae*, dedicado à teoria de números. Gauss era um calculista muito habilidoso e desenvolveu diversos métodos de cálculo usados nos algoritmos computacionais modernos: aproximação de quadrados mínimos, resolução de sistemas lineares, integração e diferenciação numérica, entre outros. Recebeu muitos prêmios e homenagens (uma unidade de medida de campo magnético e uma cratera lunar levam seu nome). Adaptado de O'Connor e Robertson (2014).

Báskara (1114–1185)

Matemático e astrônomo indiano, conhecido também como *Bhaskaracharya* (Báskara, o professor) liderou o observatório de Ujjain, o mais avançado centro de estudos do século XII. As técnicas matemáticas ali desenvolvidas anteciparam em muitos séculos as redescobertas mais tarde na Europa (a "regra de três", a "regra dos sinais" da aritmética, o zero, os números negativos, a resolução de equações quadráticas). Báskara escreveu ao menos meia dúzia de livros, dos quais muitos se perderam. Alguns, no entanto, foram preservados, como *Lilavati* (A beleza) e *Bijaganita* (Contagem de sementes), abrangendo álgebra, progressão aritmética e geométrica, geometria plana e espacial e astronomia. Entre os muitos resultados interessantes obtidos por Báskara, estão sua famosa "fórmula" para a resolução de equações quadráticas (fórmulas A.35 e A.36) e algumas identidades trigonométricas (como A.64), mostradas no Apêndice. Adaptado de O'Connor e Robertson (2014).

Essas e outras fórmulas para a determinção de zeros de funções polinomiais se encontram na Seção A.4.

Exemplo 5.3 *Determine, se existirem, os zeros das seguintes funções polinomiais:*

$$f(x) = 2, \qquad g(x) = x, \qquad h(x) = 2x + 3.$$

Solução: A função f é uma função constante para qualquer x do domínio. Portanto, a função f não tem zero. O zero da função g é o valor de x tal que $g(x) = x = 0$. Portanto, $x = 0$ é o zero da função g.

O zero da função h é o valor de x tal que $h(x) = 2x + 3 = 0$; isto é, é a solução da equação $2x + 3 = 0$. Resolvendo essa equação, obtemos:

$$2x + 3 = 0$$
$$2x = -3$$
$$x = -3/2$$

Exemplo 5.4 *Determine os zeros das seguintes funções polinomiais:*

$$f(t) = 2t^2 - 2t - 4, \qquad g(x) = x^2 - 4x + 4, \qquad h(x) = x^2 + 2.$$

Solução: Os zeros da função f são os valores t tais que

$$f(t) = 2t^2 - 2t - 4 = 0.$$

Observe que podemos simplificar a equação $2t^2 - 2t - 4 = 0$ ao multiplicá-la por $1/2$. Assim, a equação torna-se

$$t^2 - t - 2 = 0.$$

A solução dessa equação é obtida por meio de (5.1). Assim,

$$t = \frac{1 \pm \sqrt{1 + 8}}{2} = \frac{1 \pm 3}{2} \Longrightarrow t = -1 \text{ ou } t = 2.$$

Os zeros da função f são $t = -1$ e $t = 2$. Nesse caso, a função f tem dois zeros reais e distintos.

Os zeros da função g são os valores x, tais que

$$g(x) = x^2 - 4x + 4 = 0.$$

Ao aplicarmos a fórmula de Báskara, obtemos:

$$x = \frac{4 \pm \sqrt{16 - 16}}{2} = \frac{4 \pm 0}{2} \Longrightarrow x = 2.$$

Nesse caso, a função g tem dois zeros reais e iguais a 2. Podemos dizer que a função g tem um zero duplo ou de multiplicidade dois (a multiplicidade de um zero representa o número de vezes que esse zero se repete).

> Os zeros da função h são os valores de x tais que $h(x) = x^2 + 2 = 0$. Essa equação de 2° grau incompleta pode ser resolvida da seguinte forma:
>
> $$x^2 = -2 \implies x = \pm\sqrt{-2}.$$
>
> Os zeros da função h são números complexos. Neste caso, $x = \pm\sqrt{-2}$ pode se representado da forma $x = \pm\sqrt{2}i$, onde $i = \sqrt{-1}$ é denominada unidade imaginária. O estudo dos números complexos não é de nosso interesse aqui. Para tanto, basta dizer que a função h não tem zeros reais.

- Para uma função polinomial com grau superior ($n > 2$), há vários métodos para a determinação dos seu zeros (reais ou não). O método que será abordado aqui chama-se **Dispositivo Prático de Briot-Ruffini** (Lima et al., 1998). Tal dispositivo pode ser utilizado tanto para abreviar o algoritmo da divisão quanto para a verificação das raízes do polinômio. Esse dispositivo também pode ser utilizado para determinar os zeros de um polinômio com coeficientes inteiros desde que pelo menos um dos zeros seja um número racional conhecido. O Teorema 5.2 mostra como prever os possíveis zeros racionais de um polinômio com coeficientes inteiros. É importante ressaltar que o teorema não garante a existência de zeros racionais, mas, no caso de eles existirem, mostra como obtê-los. Algumas fórmulas fechadas para os casos $n = 3$ e $n = 4$ são dadas na Seção A.4.

Teorema 5.2 *Teorema dos zeros racionais: Todos os zeros racionais de um polinômio $a_n x^n + a_{n-1} x^{n-1} + \cdots + a_1 x + a_0$ de coeficientes inteiros são da forma $\pm p/q$, onde p é divisor de a_0 e q é divisor de a_n (Safier, 2011).*

Exemplo 5.5 *Determine os zeros da função polinomial $D(x) = 2x^3 - 3x^2 - 11x + 6$ por meio do dispositivo de Briot–Ruffini.*

Charles Auguste Briot (1817–1882)

Matemático francês. Com pendor para a matemática desde a infância, entrou segundo lugar no concurso de admissão na *École Normale Supérieure* em 1838. Em 1842, concluiu sua tese de doutoramento sobre o problema da órbita de um corpo celeste em torno de um ponto fixo e iniciou carreira de professor no *Orléans Lycée*. Em 1848, conheceu Louis Pasteur e, com ele, estudou as propriedades ópticas de certos compostos químicos. Pesquisou nas áreas da óptica, eletricidade, análise, cálculo integral e funções elípticas e publicou o *Essai sur la théorie mathématique de la lumière* em 1864. Em paralelo a suas pesquisas em tópicos avançados de matemática, foi professor dedicado e publicou muitos livros didáticos em aritmética, álgebra, cálculo e geometria. Por suas contribuições à matemática, recebeu, em 1882 (pouco antes de sua morte), o prêmio Poncelet da *Académie des Sciences* da França. Adaptado de O'Connor e Robertson (2014).

Paolo Ruffini (1765–1822)

Médico e matemático italiano. Entrou para a universidade de Modena em 1783, onde estudou matemática, medicina, filosofia e literatura. Em 1788, começou a lecionar matemática na mesma universidade, mas complicações políticas levaram-no a abandonar a universidade e trabalhar como médico. Mesmo sendo médico de prestígio, não abandonou os estudos matemáticos e, em 1799, publicou um livro de Teoria das Equações, no qual mostrou que as equações algébricas de quinto grau não podem ser resolvidas por radicais. Seu trabalho não foi reconhecido pela comunidade matemática da época. O livro contém o desenvolvimento do que posteriormente ficou conhecido como *Teoria dos Grupos Algébricos* redescoberta posteriormente por Abel. O único a reconhecer publicamente o trabalho de Ruffini foi Cauchy, em 1821. Adaptado de O'Connor e Robertson (2014).

Solução: Pelo Teorema 5.2, os possíveis zeros racionais da função polinomial D são os números racionais $\pm p/q$ onde $p \in \{1, 2, 3, 6\}$ e $q \in \{1, 2\}$, logo

$$p/q \in \left\{\pm\frac{1}{2}, \pm 1, \pm\frac{3}{2}, \pm 3, \pm 6, \right\}.$$

O dispositivo de Briot-Ruffini consiste na elaboração da seguinte tabela:

	coeficientes do polinômio
p/q	

onde $p/q \in \{\pm\frac{1}{2}, \pm 1, \pm\frac{3}{2}, \pm 3, \pm 6\}$.

O número p/q deve ser escolhido de modo que $D(p/q) = 0$, isto é, p/q deve ser um zero da função polinomial D. Observe que $p/q = 3$ satisfaz essa condição, pois $D(3) = 0$. Com essa condição e com os coeficientes do polinômio em ordem decrescente relativamente à potência de x, a tabela anterior torna-se da forma:

	2	−3	−11	6
3				

onde 3 é um zero de $(x - 3)$. Se algum coeficiente estiver faltando, o número zero deve ser colocado no lugar.

Copiamos o coeficiente do termo de maior grau embaixo dele mesmo. Multiplicamos esse coeficiente pelo número 3 e somamos com o próximo coeficiente da primeira linha, de modo que o resultado fica embaixo desse próximo coeficiente. O processo é repetido até o final, de modo que a tabela fica da seguinte forma:

	2	−3	−11	6
3	2	3	−2	0

Os números 2, 3 e −2 na segunda linha da tabela são os coeficientes do polinômio $q(x) = 2x^2 + 3x - 2$, tal que

$$D(x) = (x-3)(2x^2 + 3x - 2).$$

O número 0 no final da segunda linha confirma que 3 é um dos zeros do polinômio D. Os outros dois zeros do polinômio D são os zeros do polinômio q. Esses podem ser obtidos aplicando novamente o dispositivo de Briot-Ruffini ou pela fórmula de Báskara. Pela fórmula de Báskara,

$$x = \frac{-3 \pm \sqrt{9+16}}{4} = \frac{-3 \pm \sqrt{25}}{4} = \frac{-3 \pm 5}{4} \Longrightarrow x = -2 \quad \text{e} \quad x = \frac{1}{2}$$

Assim, os zeros do polinômio $D(x) = 2x^3 - 3x^2 - 11x + 6$ são $x = -2$, $x = 1/2$ e $x = 3$.

Para a *divisão direta de polinômios*, consideram-se $D(x)$ e $d(x)$ polinômios com o grau de $D(x)$ maior ou igual ao grau de $d(x)$, com $d(x) \neq 0$. Existem os únicos polinômios $q(x)$ e $r(x)$, denominados quociente e resto, tais que

$$D(x) = d(x) \cdot q(x) + r(x) \quad \text{ou} \quad \frac{D(x)}{d(x)} = q(x) + r(x)$$

onde $r(x) = 0$ ou o grau de r é menor que o grau de $d(x)$. A função $D(x)$ da divisão é o dividendo, e $d(x)$ é o divisor. Se $r(x) = 0$, então dizemos que a divisão de $D(x)$ por $d(x)$ é exata.

Exemplo 5.6 *Faça a divisão do polinômio D do Exemplo 5.5 pelo polinômio $d(x) = x-3$ para confirmar que $q(x) = 2x^2 + 3x - 2$ e $r(x) = 0$.*

Solução: Neste caso, usamos a divisão de polinômios:

$$\begin{array}{rrrrrr|rrrr}
2x^3 & - & 3x^2 & - & 11x & + 6 & x & - & 3 & \\
\hline
-2x^3 & + & 6x^2 & & & & 2x^2 & + & 3x & - 2 \\
\hline
& + & 3x^2 & - & 11x & & & & & \\
& - & 3x^2 & + & 9x & & & & & \\
\hline
& & & - & 2x & + 6 & & & & \\
& & & + & 2x & - 6 & & & & \\
\hline
& & & & & 0 & & & &
\end{array}$$

Observe que, nessa divisão de polinômios e na aplicação do Método de Briot-Ruffini no Exemplo 5.5, temos $D(x) = 2x^3 - 3x^2 - 11x + 6$ (dividendo), $d(x) = x - 3$ (divisor), $q(x) = 2x^2 + 3x - 2$ (quociente) e $r(x) = 0$ (resto). Assim, o polinômio D e o produto $(x-3)(2x^2 + 3x - 2)$.

5.2 Fatoração de polinômios

Fatorar um polinômio é reescrevê-lo como um produto. Como consequência do Teorema 5.1, todo polinômio de grau $n \geq 1$ pode ser escrito como o produto de n fatores de grau 1.

Teorema 5.3 *Teorema da Decomposição: Todo polinômio $a_n x^n + a_{n-1} x^{n-1} + \cdots + a_1 x + a_0$, com $a_n \neq 0$, pode ser escrito na forma fatorada*

$$a_n(x - r_1)(x - r_2) \cdots (x - r_n)$$

onde $r_1, r_2, \ldots, r_n$ são as raízes do polinômio.

Diz-se que cada um dos polinômios de grau 1 $(x - r_1)$, $(x - r_2)$, ..., $(x - r_n)$ é um fator de p, pois p é divisível por cada um deles. Considerando que a ordem dos fatores não altera o produto, a decomposição dada no Teorema 5.3 é única. Como é possível que algumas das raízes sejam repetidas, a forma fatorada $p(x) = a_n(x - r_1)(x - r_2) \cdots (x - r_n)$ mostra que o conjunto solução da equação $p(x) = 0$ tem, no máximo, n elementos.

Porém, se contarmos cada uma das raízes com a sua multiplicidade, temos que todo polinômio de grau n, $n \geq 1$, tem exatamente n raízes, reais ou complexas. E, como consequência, toda função polinomial de grau n possui, no máximo, n zeros reais.

Exemplo 5.7 *Represente as funções polinomiais f, g e h do Exemplo 5.4 na forma fatorada.*

Solução: Os zeros ou raízes da função polinomial $f(t) = 2t^2 - 2t - 4$ são $t_1 = -1$ e $t_2 = 2$. Assim, sua forma fatorada é $f(t) = 2(t+1)(t-2)$.

Os zeros da função polinomial $g(x) = x^2 - 4x + 4$ são $x_1 = 2 = x_2$. Sua forma fatorada é $g(x) = (x-2)(x-2)$, ou $g(x) = (x-2)^2$. O polinômio $x^2 - 4x + 4$ é denominado trinômio quadrado perfeito, pois representa $(x-2)^2$. Para saber se um trinômio é ou não um quadrado perfeito, obtém-se a raiz quadrada do primeiro e do terceiro termos, e, multiplicando por dois o produto dessas raízes, o mesmo deverá ser igual ao segundo termo do polinômio. Então, vejamos: a raiz quadrada do primeiro e do terceiro termos são $\sqrt{x^2} = x$ e $\sqrt{4} = 2$, respectivamente. Multiplicando por 2 tais raízes, obtemos $2 \cdot x \cdot 2 = 4x$, que é o segundo termo do trinômio.

Os zeros da função polinomial $h(x) = x^2 + 2$ não são reais e o mesmo não pode mais ser reduzido. No entanto, se considerarmos o conjunto dos números complexos ao resolver a equação $x^2 + 2 = 0$, encontramos $x_1 = \sqrt{2}i$ e $x_2 = -\sqrt{2}i$, e a forma fatorada do polinômio fica $h(x) = (x - \sqrt{2}i)(x + \sqrt{2}i)$.

Exemplo 5.8 *Determine a forma fatorada dos polinômios*

$$C(x) = 5x^2 - 25x, \quad D(x) = 2x^3 - 3x^2 - 11x + 6, \quad E(x) = x^4 - x^3 - x^2 - x - 2.$$

Solução: No caso do polinômio $C(x) = 5x^2 - 25x$, coloca-se o fator comum $5x$ em evidência e divide-se cada termo do polinômio por ele, obtendo-se $C(x) = 5x(x - 5)$. Assim, a forma fatorada do polinômio $C(x)$ é $C(x) = 5x(x-5)$.

Para o polinômio $D(x) = 2x^3 - 3x^2 - 11x + 6$, os zeros são os números racionais -2, $\frac{1}{2}$ e 3 obtidos no Exemplo 5.5. Logo, a forma fatorada do polinômio $D(x) = 2x^3 - 3x^2 - 11x + 6$ é $D(x) = 2(x+2)(x-\frac{1}{2})(x-3)$, ou $D(x) = (x+2)(2x-1)(x-3)$.

Para o polinômio $E(x) = x^4 - x^3 - x^2 - x - 2$, os possíveis zeros racionais são os números racionais $\pm p/q$, onde $p \in \{1, 2\}$ e $q \in \{1\}$, logo $p/q \in \{\pm 1, \pm 2\}$. O número $p/q = -1$ satisfaz a condição $E(p/q) = 0$, isto é, $E(-1) = 0$. Assim, aplicando o dispositivo de Briot-Ruffini para obtermos os demais zeros, temos:

	1	-1	-1	-1	-2
-1	1	-2	1	-2	0

Os números 1, −2, 1, −2 na segunda linha desta tabela são os coeficientes do polinômio $q(x) = x^3 - 2x^2 + x - 2$. Podemos dizer que $E(x) = (x+1)(x^3 - 2x^2 + x - 2)$. Os outros três zeros do polinômio E são os zeros do polinômio q. Para q, os possíveis zeros racionais são os números racionais $p/q \in \{\pm 1, \pm 2\}$, e $p/q = 2$ satisfaz a condição $E(p/q) = 0$, isto é, $E(2) = 0$. Aplicando novamente o dispositivo de Briot-Ruffini, obtemos:

	1	-2	1	-2
2	1	0	1	0

Assim, até este momento, obtemos 2 zeros reais e distintos, −1 e 2, e a forma fatorada do polinômio $E(x) = x^4 - x^3 - x^2 - x - 2$ é $E(x) = (x+1)(x-2)(x^2+1)$. O fator restante $x^2 + 1$ não possui raiz real e não pode mais ser reduzido. Se considerarmos o conjunto dos números complexos, E pode ser fatorado completamente na forma $E(x) = (x+1)(x-2)(x-i)(x+i)$.

5.2.1 Produtos notáveis

Os produtos notáveis são multiplicações entre polinômios e são muito conhecidos por sua vasta utilização. Na tabela a seguir, estão listados alguns produtos notáveis e exemplos. Outras fórmulas podem ser encontradas na Seção A.2.

Igualdade	Exemplo
$(a+b)^2 = a^2 + 2ab + b^2$	$(x+3)^2 = x^2 + 6x + 9$
$(a-b)^2 = a^2 - 2ab + b^2$	$(2x-3)^2 = 4x^2 - 12x + 9$
$a^2 - b^2 = (a+b)(a-b)$	$x^2 - 2 = (x+\sqrt{2})(x-\sqrt{2})$
$(a+b)^3 = a^3 + 3a^2b + 3ab^2 + b^3$	$(x+1)^3 = x^3 + 3x^2 + 3x + 1$
$(a-b)^3 = a^3 - 3a^2b + 3ab^2 - b^3$	$(3x-2)^3 = 27x^3 - 54x^2 + 36x - 8$
$a^3 + b^3 = (a+b)(a^2 - ab + b^2)$	$(2x)^3 + 3^3 = (2x+3)(4x^2 - 6x + 9)$
$a^3 - b^3 = (a-b)(a^2 + ab + b^2)$	$x^3 - 2^3 = (x-2)(x^2 + 2x + 4)$
$(a+b+c)^2 = a^2 + b^2 + c^2 + 2ab + 2ac + 2bc$	$(x + x^2 + 2)^2 = x^2 + x^4 + 4 + 2x^3 + 4x + 4x^2$

5.3 Estudo de limites de funções polinomiais

Nesta seção, estudaremos os limites das funções polinomiais. Isso nos permite entender melhor como o gráfico de uma função se comporta. Em particular, veremos como o estudo de limites no infinito de funções polinomiais nos ajudará na construção dos gráficos.

Definição 5.2 *O limite de uma função constante $f(x) = k$ para $x \to a$ (a é uma constante real), $x \to -\infty$ ou $x \to +\infty$ é a própria constante k, ou seja,*

$$\lim_{x \to a} f(x) = \lim_{x \to a} k = \lim_{x \to -\infty} k = \lim_{x \to +\infty} k = k.$$

Exemplo 5.9 *Para a função $f(x) = 2$, desenhe o gráfico de f e utilize-o para determinar os limites $\lim_{x \to -\infty} f(x)$, $\lim_{x \to -3} f(x)$, $\lim_{x \to 0} f(x)$ e $\lim_{x \to +\infty} f(x)$.*

Solução: O gráfico da função $f(x) = 2$ é mostrado na Figura 5.3. Observando o gráfico de f temos que $\lim_{x \to -\infty} f(x) = 2$, $\lim_{x \to -3} f(x) = 2$, $\lim_{x \to 0} f(x) = 2$ e $\lim_{x \to +\infty} f(x) = 2$. Ou seja, não importa como façamos o valor de x variar, pois o valor de $f(x)$ é sempre o mesmo: função constante.

Teorema 5.4 *O limite de uma função polinomial $p(x) = a_n x^n + a_{n-1} x^{n-1} + a_{n-2} x^{n-2} + \ldots + a_1 x + a_0$ se $x \to a$ (a é uma constante real) é o valor da função calculada em $x = a$, ou seja,*

$$\lim_{x \to a} p(x) = p(a).$$

Exemplo 5.10 *Dadas as funções $f(x) = 2x^2 + 3x - 2$ e $g(x) = x^3 + 3x^2 - 2x$ e seus respectivos gráficos, mostrados nas Figuras 5.4(a) e 5.4(b), calcule os limites*

$$\lim_{x \to -2} f(x), \quad \lim_{x \to 2} f(x), \quad \lim_{x \to -2} g(x), \quad \lim_{x \to 2} g(x).$$

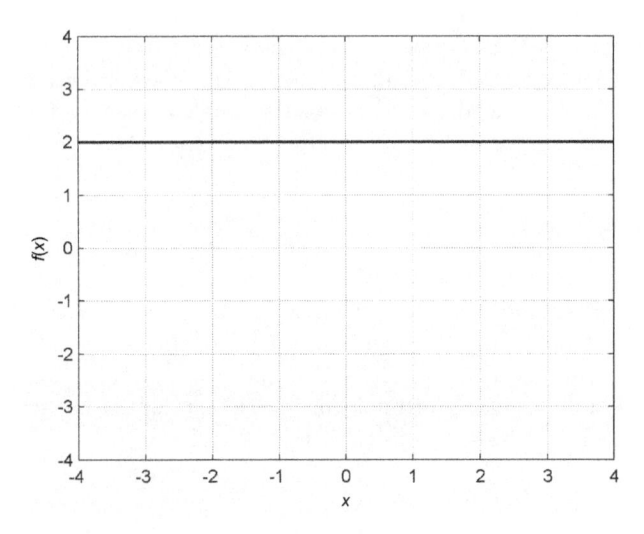

Figura 5.3 Gráfico da função $f(x) = 2$.

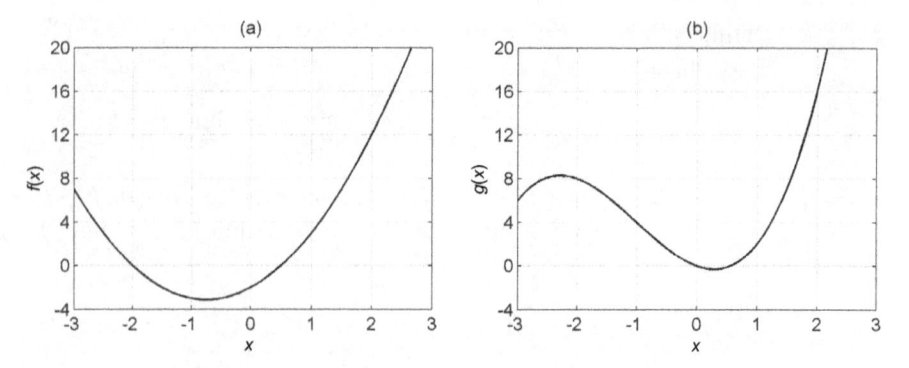

Figura 5.4 Gráficos das funções $f(x) = 2x^2 + 3x - 2$ e $g(x) = x^3 + 3x^2 - 2x$.

Solução: Aplicando o Teorema 5.4, temos

$$\lim_{x \to -2} f(x) = \lim_{x \to -2} (2x^2 + 3x - 2) = 2(-2)^2 + 3(-2) - 2 = 0$$
$$\lim_{x \to 2} f(x) = \lim_{x \to 2} (2x^2 + 3x - 2) = 2(2)^2 + 3(2) - 2 = 12$$
$$\lim_{x \to -2} g(x) = \lim_{x \to -2} (x^3 + 3x^2 - 2x) = (-2)^3 + 3(-2)^2 - 2(-2) = 8$$
$$\lim_{x \to 2} g(x) = \lim_{x \to 2} (x^3 + 3x^2 - 2x) = (2)^3 + 3(2)^2 - 2(2) = 16$$

Teorema 5.5 *O limite de uma função polinomial $p(x) = a_n x^n + a_{n-1} x^{n-1} + a_{n-2} x^{n-2} + \ldots + a_1 x + a_0$ se $x \to -\infty$ ou $x \to +\infty$ é o mesmo limite da função potência $p(x) = a_n x^n$ se $x \to -\infty$ ou $x \to +\infty$, ou seja,*

$$\lim_{x \to \pm\infty} p(x) = \lim_{x \to \pm\infty} (a_n x^n + a_{n-1} x^{n-1} + a_{n-2} x^{n-2} + \ldots + a_1 x + a_0) = \lim_{x \to \pm\infty} a_n x^n.$$

Isto significa que o termo de maior grau do polinômio define como o polinômio se comportará se x crescer ou decrescer ilimitadamente. Esse resultado é útil quando desejarmos saber como se comporta o gráfico de uma função polinomial em ambas direções. Basta saber como a função $f(x) = a_n x^n$ se comporta para sabermos como se comporta p.

5.4 Gráficos

No Exemplo 5.1, identificamos o gráfico de algumas funções polinomiais calculando pontos do gráfico e por meio dos interceptos. Existem outras características que podem nos ajudar no desenho dos gráficos. As funções polinomiais são contínuas em todo o seu domínio, e seu gráfico se constitui em uma linha sem interrupções. Além disso:

- As funções polinomiais de grau $n = 0$, $f(x) = a$, são *funções constantes* e têm como gráfico retas paralelas ao eixo horizontal e que interceptam o eixo vertical na altura a.

- As funções polinomiais de grau $n = 1$, $f(x) = ax + b$ com a e b reais e $a \neq 0$, são retas com inclinação a e intercepto vertical b.

- As funções polinomiais de grau $n = 2$, $f(x) = ax^2 + bx + c$ com a, b e c reais e $a \neq 0$, são parábolas com concavidade positiva (para cima) se $a > 0$ ou com concavidade negativa (para baixo) se $a < 0$. Seu vértice é o ponto mais baixo ou o ponto mais alto da parábola e possui coordenadas (h, k) onde

$$h = \frac{-b}{2a}. \qquad (5.2)$$

O valor de k pode ser obtido fazendo $k = f(h)$. Toda função polinomial do segundo grau pode ser escrita na forma

$$f(x) = a(x - h)^2 + k,$$

denominada forma canônica. O eixo de simetria para a parábola $f(x)$ é a reta vertical $x = h$. A grande vantagem da forma canônica para uma função de segundo grau é que, além de tornar simples a identificação do vértice e do eixo de simetria do gráfico da função, o gráfico também pode ser desenhado a partir de transformações sobre o gráfico da função $f(x) = x^2$, conforme estudamos na Seção 4.5.

- Uma função polinomial de grau $n > 2$ possui um gráfico que se comporta como uma curva que oscila para cima e para baixo, como uma montanha russa, para depois subir ou descer indefinidamente à medida que percorrermos a curva em ambas as direções (Howard, 2000).

Podemos esboçar o gráfico de uma função polinomial seguindo os seguintes passos:

Passo 1: Determine o domínio da função (se for o caso).
Passo 2: Determine o(s) intercepto(s) horizontal(is), se existir(em).
Passo 3: Determine o intercepto vertical.
Passo 4: Elabore uma tabela auxiliar de pontos.
Passo 5: Calcule os limites no infinito para determinar como o gráfico se comporta em ambas as direções.
Passo 6: Esboce o gráfico.
Passo 7: Determine a imagem da função.

Exemplo 5.11 *Desenhe o gráfico da função polinomial $A(x) = -3$.*

Solução: A função A é uma função constante, isto é, uma função polinomial de grau zero. Para a função A, podemos atribuir para x qualquer número real. Logo, $Dom(A) = \mathbb{R}$. Não existe intercepto horizontal, pois $y = -3$ para todo x pertencente ao domínio da função A. O intercepto vertical é $y = -3$. Para saber como se comporta o gráfico de uma função polinomial em ambas direções, determinamos

$$\lim_{x \to -\infty} A(x) = \lim_{x \to -\infty} (-3) = -3$$

e

$$\lim_{x \to +\infty} A(x) = \lim_{x \to +\infty} (-3) = -3$$

O gráfico da função A é uma reta paralela ao eixo x. Observe que todos os pontos de seu gráfico apresentam a ordenada igual a -3, isto é, $y = -3$. Veja a Figura 5.5. Os valores da variável dependente correspondentes aos valores do domínio é -3. Logo, $Img(A) = \{-3\}$.

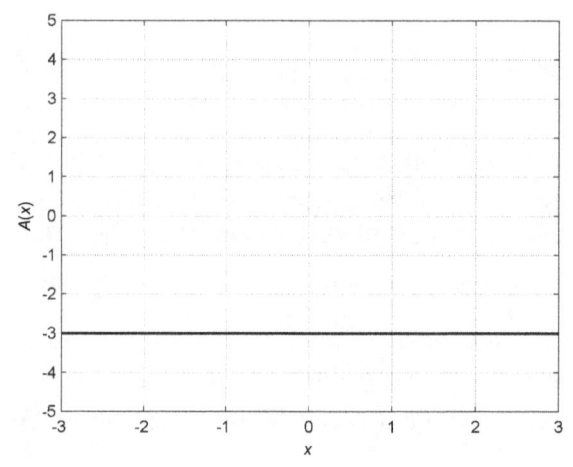

Figura 5.5 Gráfico da função $A(x) = -3$.

Exemplo 5.12 *Desenhe o gráfico da função polinomial $B(x) = \frac{3}{5}x + \frac{1}{5}$.*

Solução: A função B é uma função polinomial do primeiro grau. Para a função B, podemos atribuir para x qualquer número real. Logo, $Dom(B) = \mathbb{R}$. O intercepto horizontal é obtido atribuindo zero para a variável y. Fazendo $y = 0$, temos

$$\frac{3}{5}x + \frac{1}{5} = 0 \Rightarrow \frac{3}{5}x = -\frac{1}{5} \Rightarrow 3x = -1 \Rightarrow x = -\frac{1}{3}.$$

Assim, $x = \frac{1}{3}$ é o intercepto horizontal. O intercepto vertical é obtido atribuindo zero para a variável x. Fazendo $x = 0$, temos

$$B(0) = \frac{3}{5}(0) + \frac{1}{5} = \frac{1}{5}.$$

Assim, $y = \frac{1}{5}$ é o intercepto vertical. Para saber como se comporta o gráfico de uma função polinomial em ambas direções, determinamos os limites

$$\lim_{x \to -\infty} B(x) = \lim_{x \to -\infty} \left(\frac{3}{5}x + \frac{1}{5}\right)$$
$$= \lim_{x \to -\infty} \left(\frac{3}{5}x\right)$$
$$= \frac{3}{5} \lim_{x \to -\infty} x$$
$$= -\infty$$

e

$$\lim_{x \to +\infty} B(x) = \lim_{x \to +\infty} \left(\frac{3}{5}x + \frac{1}{5}\right)$$
$$= \lim_{x \to +\infty} \left(\frac{3}{5}x\right)$$
$$= \frac{3}{5} \lim_{x \to +\infty} x$$
$$= +\infty.$$

O gráfico da função B é uma reta, conforme estudamos na Seção 3.2. Veja a Figura 5.6. Os valores da variável y correspondentes aos valores do domínio são todos os reais. Logo, $\text{Img}(B) = \mathbb{R}$.

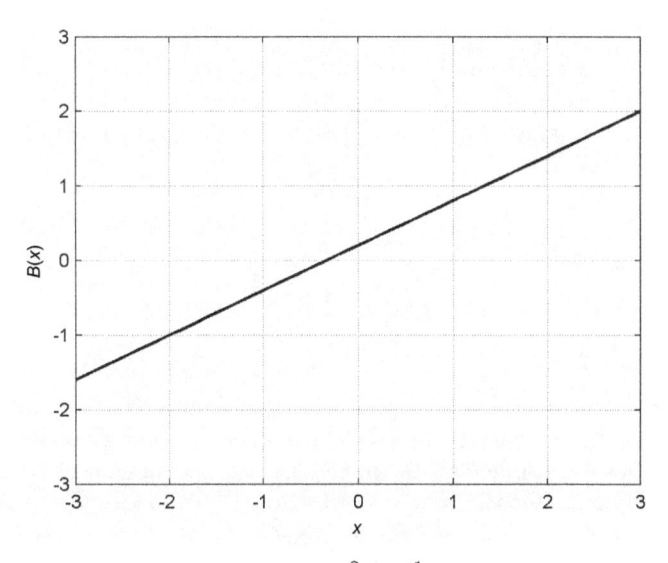

Figura 5.6 Gráfico da função $B(x) = \frac{3}{5}x + \frac{1}{5}$.

Exemplo 5.13 *Desenhe o gráfico da função polinomial $C(x) = 5x^2 - 25x$.*

Solução: A função $C(x) = 5x^2 - 25x$ é uma função polinomial do segundo grau. Para a função C, podemos atribuir para x qualquer número real. Logo, $Dom(C) = \mathbb{R}$. Os interceptos horizontais são obtidos atribuindo zero para a variável y. Fazendo $y = 0$, temos

$$5x^2 - 25x = 0 \Rightarrow 5x(x - 5) = 0$$

Então, ou $5x = 0$, ou $x - 5 = 0$. Assim, $x = 0$ e $x = 5$ são os interceptos horizontais. O intercepto vertical é obtido atribuindo zero para a variável x. Fazendo $x = 0$, temos

$$C(0) = 5(0)^2 - 25(0) = 0.$$

Assim, $y = 0$ é o intercepto vertical. Para saber como se comporta o gráfico de uma função polinomial em ambas direções, determinamos os limites

$$\lim_{x \to -\infty} C(x) = \lim_{x \to -\infty} (5x^2 - 25x)$$
$$= \lim_{x \to -\infty} 5x^2$$
$$= 5 \lim_{x \to -\infty} x^2$$
$$= +\infty,$$

e

$$\lim_{x \to +\infty} C(x) = \lim_{x \to +\infty} (5x^2 - 25x)$$
$$= \lim_{x \to +\infty} 5x^2$$
$$= 5 \lim_{x \to +\infty} x^2$$
$$= +\infty.$$

O gráfico da função $C(x)$ é uma parábola com concavidade positiva (concavidade para cima). As coordenadas (h, k) do seu vértice (o ponto mais baixo da parábola) podem ser determinadas utilizando (5.2):

$$h = \frac{-b}{2a} = \frac{25}{2 \cdot 5} = \frac{5}{2} = 2{,}5$$

e

$$k = C\left(\frac{5}{2}\right) = 5\left(\frac{5}{2}\right)^2 - 25\left(\frac{5}{2}\right) = -\frac{125}{4} = -31{,}25.$$

Assim, o vértice da parábola é o ponto $\left(\frac{5}{2}, -\frac{125}{4}\right)$. O gráfico da parábola correspondente à função C apresenta-se na Figura 5.7. Para determinar os valores da variável y correspondentes aos valores do domínio, isto é, a imagem da função C, devemos conhecer o valor mínimo da função. Observando o gráfico, o valor mínimo da função (ordenada do vértice) é $y = -\frac{125}{4}$. Logo, $\text{Img}(C) = \{y \in \mathbb{R} \colon y \geq -\frac{125}{4}\}$.

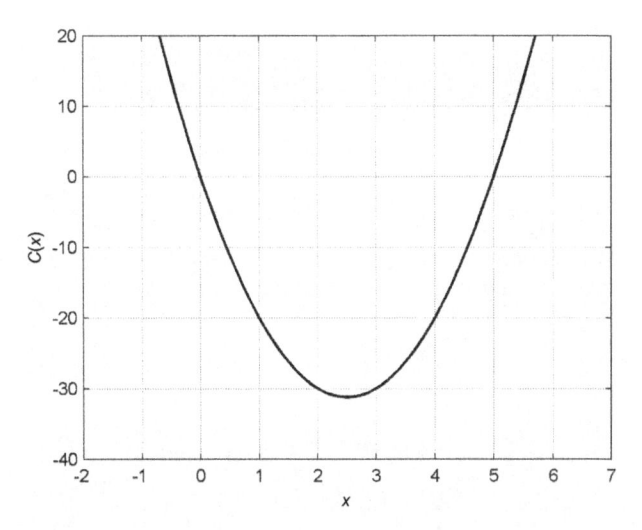

Figura 5.7 Gráfico da função $C(x) = 5x^2 - 25x$.

Exemplo 5.14 *Desenhe o gráfico da função polinomial* $D(x) = 2x^3 - 3x^2 - 11x + 6$.

Solução: A função $D(x) = 2x^3 - 3x^2 - 11x + 6$ é uma função polinomial do terceiro grau. Para a função D, podemos atribuir para x qualquer número real. Logo, $Dom(D) = \mathbb{R}$. Os interceptos horizontais da função D são $x = -2$, $x = 1/2$ e $x = 3$, obtidos no Exemplo 5.5. O intercepto vertical é obtido atribuindo zero para a variável x. Fazendo $x = 0$, temos

$$D(0) = 2(0)^3 - 3(0)^2 - 11(0) + 6 = 6.$$

Assim, $y = 6$ é o intercepto vertical. Para saber como se comporta o gráfico de uma função polinomial em ambas direções, determinamos os limites

$$\lim_{x \to -\infty} D(x) = \lim_{x \to -\infty} (2x^3 - 3x^2 - 11x + 6)$$
$$= \lim_{x \to -\infty} 2x^3$$
$$= 2 \lim_{x \to -\infty} x^3$$
$$= -\infty$$

e

$$\lim_{x \to +\infty} D(x) = \lim_{x \to +\infty} (2x^3 - 3x^2 - 11x + 6)$$
$$= \lim_{x \to +\infty} 2x^3$$
$$= 2 \lim_{x \to +\infty} x^3$$
$$= +\infty.$$

Calculamos uma tabela de valores para D com *mais* valores, para melhor nos auxiliar a compreender o comportamento do gráfico.

x	–3	–1	1	2	4
$D(x)$	–42	12	–6	–12	42

O gráfico correspondente à função D apresenta-se na Figura 5.8. Os valores da variável y correspondentes aos valores do domínio são todos os reais. Logo, $\text{Img}(D) = \mathbb{R}$.

Exemplo 5.15 *Desenhe o gráfico da função polinomial $E(x) = x^4 - x^3 - x^2 - x - 2$.*

Solução: A função $E(x) = x^4 - x^3 - x^2 - x - 2$ é uma função polinomial do quarto grau. Para a função E, podemos atribuir para x qualquer número real. Logo, $Dom(E) = \mathbb{R}$. Os interceptos horizontais da função E são $x = -1$ e $x = 2$, os mesmos obtidos no Exemplo 5.8 diante da aplicação do dispositivo de Briot-Ruffini. O intercepto vertical é obtido atribuindo zero para a variável x. Fazendo $x = 0$, temos

$$E(0) = (0)^4 - (0)^3 - (0)^2 - (0) - 2 = -2.$$

Assim, $y = -2$ é o intercepto vertical. Para saber como se comporta o gráfico de uma função polinomial em ambas direções, determinamos os limites

$$\lim_{x \to -\infty} E(x) = \lim_{x \to -\infty} (x^4 - x^3 - x^2 - x - 2)$$
$$= \lim_{x \to -\infty} x^4$$
$$= +\infty$$

e

$$\lim_{x \to +\infty} E(x) = \lim_{x \to +\infty} (x^4 - x^3 - x^2 - x - 2)$$
$$= \lim_{x \to +\infty} x^4$$
$$= +\infty.$$

Calculamos uma tabela de valores para E com *mais* valores, para melhor nos auxiliar a compreender o comportamento do gráfico.

x	–2	1	3
$E(x)$	20	–4	40

O gráfico correspondente à função E apresenta-se na Figura 5.9. Para determinar os valores de y correspondentes à imagem da função E, devemos conhecer o valor mínimo da função. Observando o gráfico, o valor mínimo da função é, aproximadamente, $E = -4{,}5$ (para $x = 1{,}3$). Por enquanto, podemos apenas obter um valor *estimado*, e a obtenção do valor *exato* será vista por meio do estudo da *função derivada* nas disciplinas de Cálculo Diferencial e Integral (ver Seção A.5).

Capítulo 5 – Função Polinomial

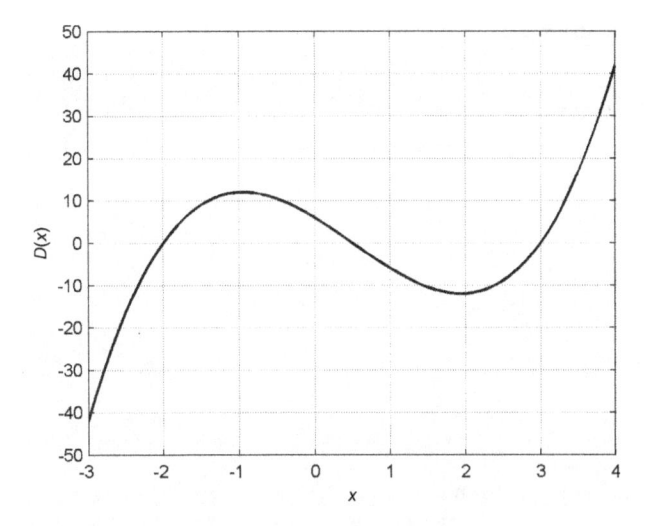

Figura 5.8 Gráfico da função $D(x) = 2x^3 - 3x^2 - 11x + 6$.

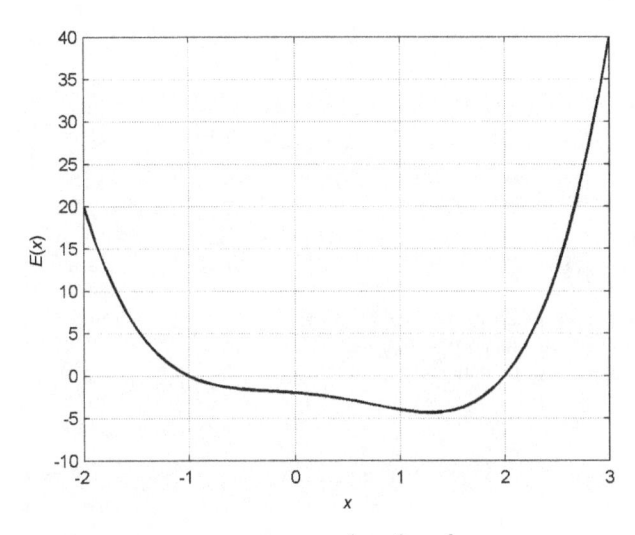

Figura 5.9 Gráfico da função $E(x) = x^4 - x^3 - x^2 - x - 2$.

5.5 Problemas

Conjunto A: Básico

5.1 Determine quais expressões são polinômios:

(a) $4x^5 + 2x^4 - 3x + 5^{-2}$

(b) $(a + 2)x^3 - (a^2 - 3)x^2 - \sqrt{2}$, com $a \in \mathbb{R}$

(c) $x^{3/2} - 3x + 1$

(d) $2x^{-3} + 3x^2 - 7x^{-1} - 3$

(e) $(3x^2 - 1)^{15}$

(f) $\pi + 1$

5.2 Dada a função polinomial

$P(x) = (a + 2b - 3)x^2 - (2a + b)x + 1$,

determine a e b, de modo que P tenha grau 1.

5.3 Determine os coeficientes da função polinomial $P(x) = ax^2 + bx + c$, sabendo que $P(-1) = -5$, $P(0) = -8$ e $P(1) = -9$.

5.4 Fatore os polinômios a seguir:

(a) $4x + x^2$

(b) $x^2 - 36$

(c) $81x^4 - a^4$

(d) $x^3 - 1$

(e) $x^5 - 4x^3 + 4x$

5.5 Considere os polinômios abaixo. Para cada polinômio, use o procedimento de Briot-Ruffini para completar a fatoração:

(a) $x^2 - 4 = (x - 2) \cdots$

(b) $x^3 - 2x^2 - x + 2 = (x + 1) \cdots$

(c) $2x^3 - x^2 - 2x + 1 = 2(x - 1) \cdots$

(d) $x^4 - 16x^3 + 96x^2 - 256x + 256 = (x - 4) \cdots$

5.6 Relacione as funções polinomiais dadas com os gráficos apresentados:

(a) $A(x) = -28 + 34x - 9x^2$

(b) $B(x) = -x^2 + x - 2$

(c) $C(x) = x^2 + 2$

(d) $D(x) = x^3 - 4x - 2$

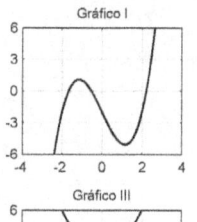

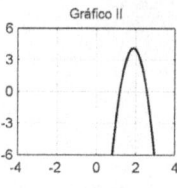

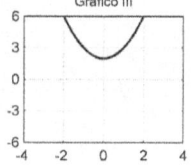

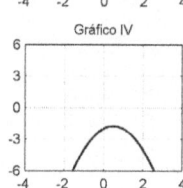

Gráfico I

Gráfico II

Gráfico III

Gráfico IV

Este enunciado refere-se a cada função dada nos Problemas 5.7 a 5.12 (a) Encontre, se existirem, os zeros da função. (b) Encontre o intercepto vertical da função. (c) Determine o comportamento de função para $x \to +\infty$ e $x \to -\infty$. (d) Desenhe o gráfico da função.

5.7 $f(x) = x^2 - 4$

5.8 $g(x) = 10 - x^2$

5.9 $h(x) = x^2 - 2x + 4$

5.10 $i(x) = x^3 + 2x^2 + x + 2$

5.11 $j(x) = -x^3 - x^2 + 8x + 12$

5.12 $k(x) = x^4 + 6x^3 - 12x^2 + 24x - 64$

5.13 Use um Recurso Gráfico Computacional para desenhar o gráfico da função dada por

$$f(x) = x^5 - x^3$$

nas "janelas" especificadas a seguir.

(a) $-50 \leq x \leq 50, -50 \leq y \leq 50$;

(b) $-5 \leq x \leq 5, -5 \leq y \leq 5$;

(c) $-2 \leq x \leq 2, -2 \leq y \leq 2$;

(d) $-1,5 \leq x \leq 1,5, -0,2 \leq y \leq 0,2$.

5.14 Use um Recurso Gráfico Computacional para desenhar o gráfico da função dada por

$g(x) = x^4 - 20x^3 + 138x^2 - 376x + 305$

nas "janelas" especificadas a seguir.

(a) $-5 \leq x \leq 5, -5 \leq y \leq 5$;

(b) $-10 \leq x \leq 10, -10 \leq y \leq 10$;

(c) $0 \leq x \leq 10$, $-20 \leq y \leq 20$;

(d) $0 \leq x \leq 10$, $-50 \leq y \leq 10$.

5.15 Da Física, sabemos que a altura h, acima do solo, de um objeto lançado em *queda livre* (sob ação exclusiva da força gravitacional) é dada pela equação

$$h(t) = h_0 + v_0 t - \frac{1}{2}gt^2,$$

onde h_0 é a altura inicial (em metros), v_0 é a velocidade inicial (em metros por segundo) e $g \approx 10$ m/s^2 é a aceleração gravitacional. Considere um tomate sendo jogado verticalmente para cima, a partir do solo, com velocidade inicial de 15 m/s.

(a) Substitua os valores na função apresentada e determine uma expressão para $h(t)$.

(b) Determine os zeros de h. O que eles representam?

(c) Determine o domínio de h e desenhe o seu gráfico.

(d) Qual é a altura máxima alcançada pelo tomate? Em que instante isso ocorre?

5.16 Suponha que o custo total C (em R$) para se fabricar q unidades de um certo produto seja dado pela função $C(q) = 250 + 125q + 5q^2 + \frac{1}{27}q^3$. Calcule o custo de fabricação:

(a) de 20 unidades;

(b) da 20ª unidade.

5.17 A temperatura ambiente T (em graus Celsius) em um ponto de uma cidade pode ser modelada pela função $T(t) = -\frac{1}{6}t^2 + 4t + 10$, onde $0 \leq t \leq 24$ é o tempo (em horas).

(a) Qual é a temperatura às 14h?

(b) Qual é a taxa média de variação da temperatura entre 18h e 21h?

(c) Em que instante a temperatura é mais alta?

5.18 Após 2 anos, o montante M de um investimento C capitalizados anualmente a uma taxa de juros r é dado por

$$M = C(1 + r)^2$$

Determine r se $M = $ R$ 1.300,00 e $C = $ R$ 1.200,00.

5.19 O lucro L com as vendas de um certo produto é dado pela função $L(x) = -200x^2 + 2000x - 3800$, onde x é o preço de venda. L e x são dados em reais.

(a) Determine os zeros da função. Qual é o seu significado?

(b) Determine o preço de venda que resulta em um lucro de R$ 1.100,00.

(c) Determine o preço de venda que resulta no maior lucro.

Conjunto B: Além do básico

5.20 A equação usada para determinar a concentração x de íons de Hidrogênio $[H^+]$ em uma solução de 10^{-4} molar de ácido acético é

$$1{,}8 \times 10^{-5} = \frac{x^2}{10^{-4} - x}$$

Encontre o valor de x. (Note que apenas valores positivos de x devem ser considerados, pois representam concentração.)

5.21 Em um torneio de futebol com n times, se cada um enfrenta todos os outros uma única vez, então são jogadas $P(n) = n(n-1)/2$ partidas.

(a) Verifique que P é uma função polinomial. De que grau?

(b) Qual é o domínio de P?

(c) Quantas partidas são realizadas em um torneio com 24 times?

(d) Um diretório acadêmico quer realizar um torneio com, no máximo, 100 partidas. Qual é o número máximo de times que podem participar desse torneio? Quantas partidas serão realizadas?

5.22 Resolva o seguinte problema, encontrado no livro *Lilavati* de Báskara:

Em uma floresta, a quantidade total de macacos é igual ao quadrado de um oitavo do número total de macacos (que se divertiam em ruidosas brincadeiras) mais doze (que vigiavam do alto de uma colina). Quantos macacos são?

5.23 Considere o polinômio dado por $p(x) = x^2 + x + 41$, conhecido como *polinômio de Euler* (Ribenboim, 2001, p. 122). Esse polinômio tem esta curiosa propriedade: $p(0) = 41$, $p(1) = 43$, $p(2) = 47$, $p(3) = 53$, ... são todos números *primos*. Qual é o menor inteiro k tal que $p(k)$ é *composto*?

5.24 Um retângulo de dimensões x e y está inscrito em um triângulo retângulo de base $a = 6$ cm e altura $b = 8$ cm, conforme a figura a seguir.

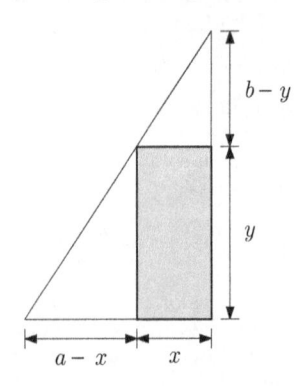

(a) Encontre uma expressão para a função $A(x)$ que dá a área A do retângulo em função do lado x do retângulo.

(b) Verifique que essa é uma função quadrática em x e encontre o seu domínio.

(c) Determine as dimensões do retângulo de maior área.

5.25 Um fazendeiro deseja construir um galinheiro. Para isso, ele pretende cercar uma área retangular (justaposta a um muro) com 40 m de tela, conforme a figura a seguir.

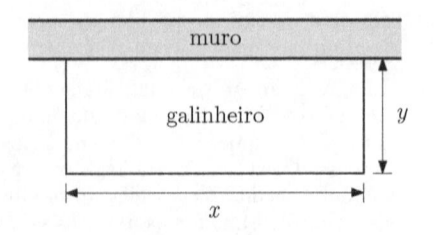

Ajude-o a projetar o galinheiro que tenha a *maior área* possível:

(a) Encontre uma expressão polinomial para a função $A(x)$, onde A (em metros quadrados) é a área do galinheiro e x (em metros) é sua largura.

(b) Determine o domínio de A e desenhe seu gráfico.

(c) Encontre exatamente o valor de x que maximiza a função A.

(d) Determine as dimensões ótimas do galinheiro.

5.26 Determine as dimensões ótimas do galinheiro se o fazendeiro resolver cercar uma área em um canto do muro, conforme a figura a seguir.

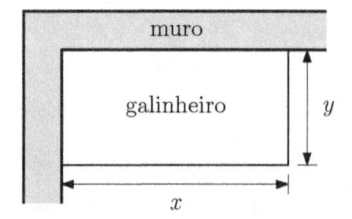

5.27 Um arame de 100 cm de comprimento deve ser cortado em dois pedaços, sendo cada pedaço dobrado de modo a formar um *quadrado*. De que modo deve ser cortado o arame para que a soma das áreas das regiões formadas seja *mínima*? Para resolver esse problema faça o seguinte:

(a) Encontre uma expressão para a função $A(x)$, onde A (em centímetros quadrados) é a soma das áreas das duas figuras e x (em centímetros) é o comprimento do primeiro pedaço de arame.

(b) Determine o domínio da função e desenhe seu gráfico.

(c) Observe que A é uma função polinomial quadrática. Encontre, *exatamente*, o valor de x que minimiza a função.

5.28 Resolva o problema anterior supondo que o primeiro pedaço do arame seja dobrado de modo a formar um *círculo*.

Capítulo 6
Função Racional

Neste capítulo, estudaremos as funções racionais, assim chamadas pois suas expressões algébricas são definidas pela *razão* (divisão) entre dois polinômios.

6.1 Definição e principais características

Definição 6.1 *Uma **função racional** é dada por*

$$f(x) = \frac{p(x)}{q(x)},$$

onde p e q são funções polinomiais, com $q(x) \neq 0$.
Por exemplo, as funções dadas por

$$f(x) = \frac{x^2+4}{x^2-16}, \quad g(x) = \frac{3x^2}{x^2-4x+3}, \quad h(x) = \frac{x^3}{x+1} \quad \text{e} \quad i(x) = \frac{x}{x^2+1} \quad (6.1)$$

são exemplos de funções racionais. A Figura 6.1 mostra os gráficos dessas funções.

O *domínio* de uma função racional consiste de todos os valores de x para os quais $q(x) \neq 0$. Por exemplo, o domínio da função f consiste de todos valores reais de x, exceto $x = 4$ e $x = -4$.

Os *zeros* de uma função racional consistem de todos os valores de x no seu domínio para os quais $p(x) = 0$. Por exemplo, o zero da função g é $x = 0$.

Exemplo 6.1 *Determine o domínio e os zeros (se existirem) das funções racionais dadas em (6.1).*

> **Solução:** O domínio da função f é $Dom(f) = \mathbb{R} - \{\pm 4\}$, já que $q(x) = 0$ se $x = \pm 4$. A função f não tem zeros.
> O domínio da função g é $Dom(g) = \mathbb{R} - \{1, 3\}$, já que $q(x) = 0$ se $x = 1$ ou $x = 3$. O zero da função g é $x = 0$, uma vez que $p(x) = 0$ se $x = 0$.
> O domínio da função h é $Dom(h) = \mathbb{R} - \{-1\}$, já que $q(x) = 0$ se $x = -1$. O zero da função h é $x = 0$, uma vez que $p(x) = 0$ se $x = 0$.
> O domínio da função i é $Dom(i) = \mathbb{R}$, já que $q(x) \neq 0$ para todo x real. O zero da função i é $x = 0$, uma vez que $p(x) = 0$ se $x = 0$.

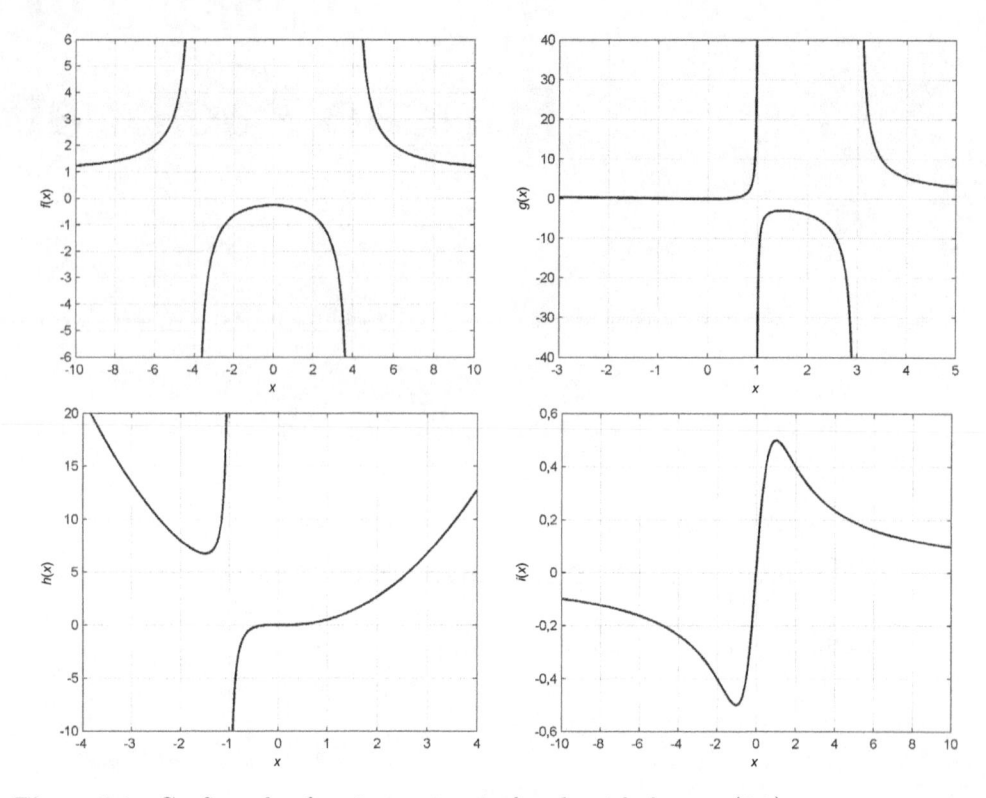

Figura 6.1 Gráficos das funções racionais f, g, h e i dadas em (6.1).

Ao contrário das funções polinomiais, que são contínuas em toda parte, as funções racionais podem apresentar descontinuidades. Se em $x = a$ tem-se $q(a) = 0$, então dizemos que a função apresenta uma descontinuidade em $x = a$. Esses pontos, quando existirem, não fazem parte do domínio da função e são também chamados de singularidades.

No gráfico de uma função racional, a existência de uma descontinuidade pode se apresentar por meio de uma assíntota vertical no gráfico. Trataremos disso na Seção 6.1.1. A função f em (6.1) é descontínua em $x = -4$ e $x = 4$. A função g é descontínua em $x = 1$ e $x = 3$. A função h é descontínua em $x = -1$ enquanto a função i não apresenta descontinuidades.

> **Usando a tecnologia**: Em uma função racional descontínua, os segmentos de curva, denominados **ramos**, são desconectados. Cuide para interpretar isso corretamente em sua calculadora ou recurso gráfico computacional, pois alguns (erroneamente) "ligam" os ramos nos pontos de descontinuidade.

6.1.1 Assíntotas verticais

Nesta seção abordaremos os casos de funções racionais em que a existência de uma descontinuidade está associada à presença de uma assíntota vertical no gráfico dessas funções.

Definição 6.2 *Uma reta vertical em $x = a$ é chamada de **assíntota vertical** do gráfico de uma função f se $f(x) \to +\infty$ ou $f(x) \to -\infty$ se $x \to a^+$ ou $x \to a^-$.*

Teorema 6.1 *Sejam p e q funções contínuas em um intervalo aberto contendo a. Se $p(a) \neq 0$ e $q(a) = 0$ e existe um intervalo aberto contendo a, tal que $q(x) \neq 0$ para todo $x \neq a$ nesse intervalo, então o gráfico da função $f(x) = \frac{p(x)}{q(x)}$ apresenta uma assíntota vertical em $x = a$ (Anton; Bivens; Davis, 2014).*

A palavra *assíntota* vem do grego *asymptotos* e significa *sem interseção*. Assim, de acordo com a Definição 6.2, a função f assume valores que crescem ou decrescem sem limite se x assume valores próximos de a, de forma que o ramo da curva sobe ou desce indefinidamente à medida que fica mais próximo da reta vertical em $x = a$.

Exemplo 6.2 *Determine, se existirem, as equações das assíntotas verticais dos gráficos das funções dadas em (6.1).*

Solução: Uma vez que $p(x) \neq 0$ e $q(x) = 0$ se $x = \pm 4$, o gráfico da função f apresenta duas assíntotas verticais, cujas equações são $x = 4$ e $x = -4$.

Uma vez que $p(x) \neq 0$ e $q(x) = 0$ para $x = 1$ e $x = 3$, o gráfico da função g apresenta duas assíntotas verticais, cujas equações são $x = 1$ e $x = 3$.

Uma vez que $p(x) \neq 0$ e $q(x) = 0$ para $x = -1$, o gráfico da função h apresenta uma assíntota vertical de equação $x = -1$.

O gráfico da função i não possui assíntotas verticais.

Exemplo 6.3 *Determine, se existirem, as equações das assíntotas verticais do gráfico da função*

$$j(x) = \frac{x^2 + 2x - 8}{x^2 - 4}.$$

Solução: Fatorando-se o numerador da função j, obtemos
$$x^2 + 2x - 8 = (x+4)(x-2).$$
Fazendo o mesmo no denominador, obtemos
$$x^2 - 4 = (x-2)(x+2).$$
Assim, a função j, cujo domínio é $\text{Dom}(j) = \mathbb{R} - \{\pm 2\}$, pode ser reescrita como
$$j(x) = \frac{(x+4)(x-2)}{(x-2)(x+2)}.$$
Como o numerador e o denominador apresentam um fator comum, $x-2$, temos que
$$j(x) = \frac{x+4}{x+2}.$$
Assim o gráfico da função j coincide com o gráfico da função
$$k(x) = \frac{x+4}{x+2},$$
de forma que o gráfico apresenta uma assíntota vertical em $x = -2$.

Observe que, em $x = 2$, não há uma assíntota vertical. A função j não está definida em $x = 2$. Como $\lim j(x) = \frac{3}{2}$, o gráfico apresenta uma descontinuidade no ponto $\left(2, \frac{3}{2}\right)$. O gráfico da função j está ilustrado na Figura 6.2.

6.2 Estudo de limites no infinito de uma função racional

Para desenharmos o gráfico de uma função racional, será útil estudarmos os *limites no infinito* a fim de determinar como a curva se comporta se $x \to +\infty$ e $x \to -\infty$. Para isso, vamos tomar por base o seguinte resultado: Se $c_n \neq 0$ e $d_m \neq 0$, então

$$\lim_{x \to \pm\infty} \frac{c_n x^n + c_{n-1} x^{n-1} + \cdots + c_1 x + c_0}{d_m x^m + d_{m-1} x^{m-1} + \cdots + d_1 x + d_0} = \lim_{x \to \pm\infty} \frac{c_n x^n}{d_m x^m}.$$

Exemplo 6.4 *Calcule os seguintes limites:*

(a) $\lim\limits_{x \to +\infty} \frac{5x^2 + 8x - 3}{3x^2 + 2}$;

(b) $\lim\limits_{x \to -\infty} \frac{11x + 2}{2x^3 - 5}$;

(c) $\lim\limits_{x \to -\infty} \frac{5x^2 - 1}{7x + 3}$.

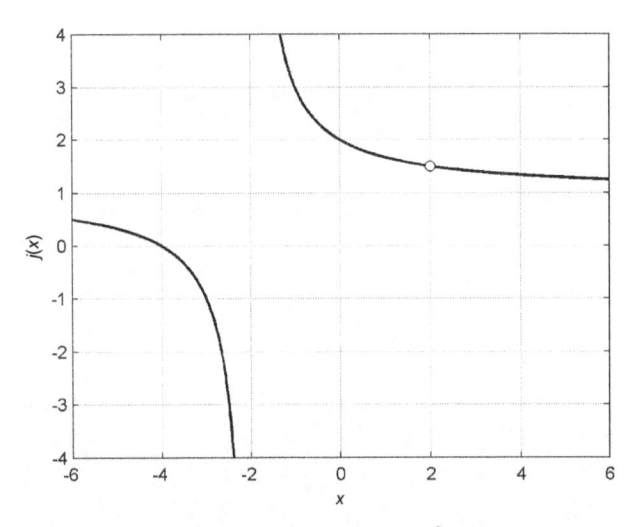

Figura 6.2 Gráfico da função racional $j(x) = \frac{x^2+2x-8}{x^2-4}$, que é descontínuo em $x = -2$ e $x = 2$, sendo que, em $x = 2$, apresenta uma assíntota vertical.

Solução:

(a) $\lim\limits_{x \to +\infty} \dfrac{5x^2 + 8x - 3}{3x^2 + 2} = \lim\limits_{x \to +\infty} \dfrac{5x^2}{3x^2} = \lim\limits_{x \to +\infty} \dfrac{5}{3} = \dfrac{5}{3}.$

(b) $\lim\limits_{x \to -\infty} \dfrac{11x + 2}{2x^3 - 5} = \lim\limits_{x \to -\infty} \dfrac{11x}{2x^3} = \lim\limits_{x \to -\infty} \dfrac{11}{2x^2} = 0.$

(c) $\lim\limits_{x \to -\infty} \dfrac{5x^2 - 1}{7x + 3} = \lim\limits_{x \to -\infty} \dfrac{5x^2}{7x} = \lim\limits_{x \to -\infty} \dfrac{5x}{7} = -\infty.$

6.2.1 Assíntotas horizontais

Diferentemente das funções polinomiais, cujos gráficos crescem ou decrescem infinitamente quando se consideram valores de x de magnitude arbitrariamente grande, os gráficos das funções racionais podem (mas não todos) começar ou terminar cada vez mais perto de uma reta horizontal $y = b$, chamada de *assíntota horizontal*. Isso ocorre se $\lim\limits_{x \to +\infty} f(x) = b$ ou $\lim\limits_{x \to -\infty} f(x) = b$.

Exemplo 6.5 *Seja a função*

$$l(x) = \frac{x+3}{x+2},$$

verifique se o gráfico da função l possui assíntota horizontal e, se existir, escreva a equação da assíntota.

Solução: Fazendo um estudo dos limites no infinito, temos

$$\lim_{x \to +\infty} \frac{x+3}{x+2} = \lim_{x \to +\infty} \frac{x}{x} = \lim_{x \to +\infty} 1 = 1.$$

e também

$$\lim_{x \to -\infty} \frac{x+3}{x+2} = \lim_{x \to -\infty} \frac{x}{x} = \lim_{x \to -\infty} 1 = 1.$$

Portanto, o gráfico de l apresenta uma assíntota horizontal cuja equação é $y = 1$. O gráfico da função l está ilustrado na Figura 6.3.

Na construção do gráfico das funções racionais, as assíntotas apresentam um papel bem importante. Veremos, nos capítulos seguintes, que os gráficos de outros tipos de funções, como as funções trigonométricas, exponenciais e logarítmicas, podem apresentar assíntotas.

Exemplo 6.6 *Desenhe o gráfico da função*

$$m(x) = \frac{x^2 - 1}{x - 1}.$$

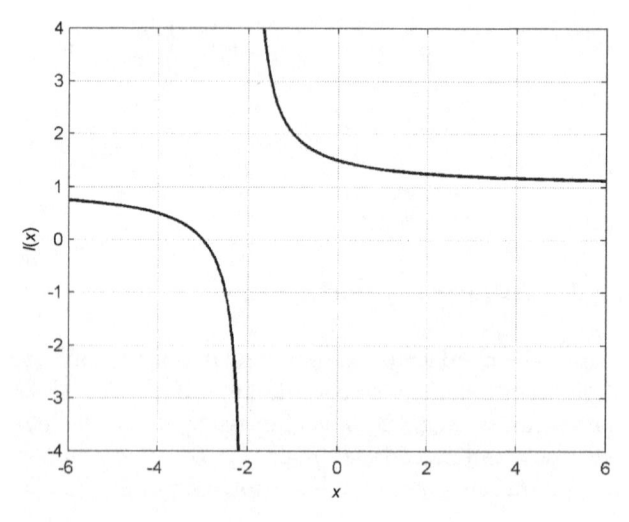

Figura 6.3 Gráfico da função racional $l(x) = \frac{x+3}{x+2}$, que apresenta uma assíntota vertical em $x = -2$ e uma assíntota horizontal em $y = 1$.

Solução: Fatorando-se o numerador da função m, obtemos $x^2 - 1 = (x+1)(x-1)$. Como o numerador e o denominador apresentam um fator comum, $x - 1$, temos que

$$m(x) = \frac{x^2 - 1}{x - 1} = \frac{(x+1)(x-1)}{x - 1} = x + 1, \quad x \neq 1.$$

Assim, para todos os valores de x diferentes de 1, o gráfico da função m coincide com o gráfico da função $n(x) = x + 1$. Das tabelas a seguir, verifica-se que $\lim_{x \to 1} m(x) = 2$.

x	$m(x)$	x	$m(x)$
0,9	1,9	1,1	2,1
0,99	1,99	1,01	2,01
0,999	1,999	1,001	2,001
0,9999	1,9999	1,0001	2,0001

Assim, o gráfico de m é uma reta com uma descontinuidade removível no ponto $(1, 2)$, como mostra a Figura 6.4.

Caso você ainda tenha dificuldades para entender as descontinuidades no gráfico de uma função racional, reveja a Seção 4.2 antes de começar a fazer os exercícios.

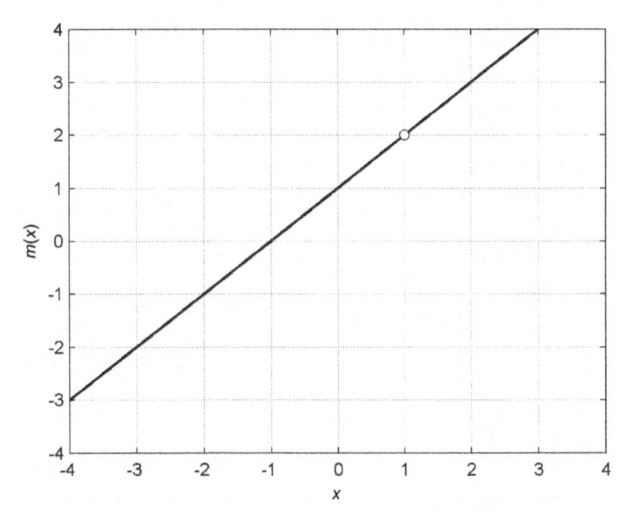

Figura 6.4 Gráfico da função racional $m(x) = \frac{x^2-1}{x-1}$, que é descontínuo em $x = 1$.

6.3 Problemas

Conjunto A: Básico

Nos Problemas 6.1 a 6.4 a seguir, determine (a) o domínio e (b) os zeros das funções racionais dadas:

6.1 $f(x) = \frac{2x^2 - 32}{x^2}$.

6.2 $g(x) = \frac{x^2 - 7x + 12}{x - 12}$.

6.3 $h(x) = \frac{x^3 + 2x}{9 - 5x}$.

6.4 $i(x) = \frac{x - 4}{x^2 - 16}$.

6.5 Associe cada função racional ao respectivo gráfico:

$$f(x) = \frac{1}{x^2 + 1} \qquad g(x) = \frac{5}{x^2 - 9}$$

$$h(x) = \frac{3x^3}{x + 1} \qquad i(x) = \frac{x + 2}{x^2 + 4x + 3}$$

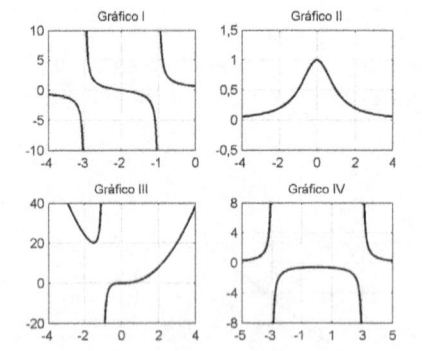

6.6 Para a função f cujo gráfico está representado na figura a seguir, determine os seguintes limites:

(a) $\lim\limits_{x \to -2^-} f(x)$;   (d) $\lim\limits_{x \to 2^+} f(x)$;

(b) $\lim\limits_{x \to -2^+} f(x)$;   (e) $\lim\limits_{x \to -\infty} f(x)$;

(c) $\lim\limits_{x \to 2^-} f(x)$;   (f) $\lim\limits_{x \to +\infty} f(x)$.

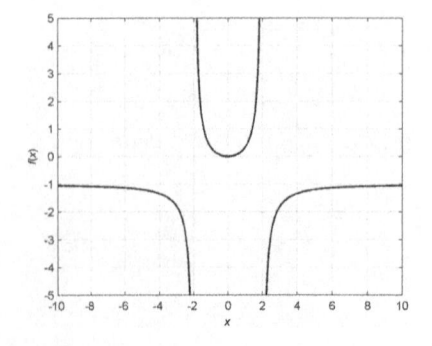

6.7 Para a função g cujo gráfico está representado na figura a seguir, determine os seguintes limites:

(a) $\lim\limits_{x \to -3^-} g(x)$;

(b) $\lim\limits_{x \to -3^+} g(x)$;

(c) $\lim\limits_{x \to 3^-} g(x)$;

(d) $\lim\limits_{x \to 3^+} g(x)$;

(e) $\lim\limits_{x \to -\infty} g(x)$;

(f) $\lim\limits_{x \to +\infty} g(x)$.

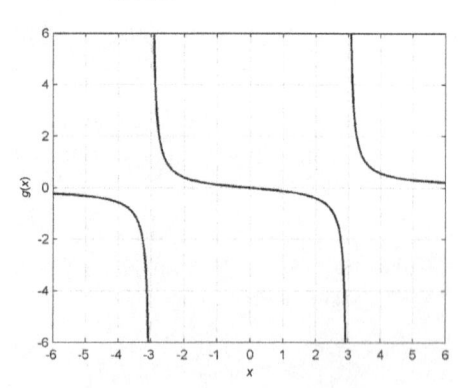

Este enunciado refere-se às funções dos Problemas de 6.8 a 6.18. (a) Determine o domínio. (b) Encontre os zeros. (c) Encontre as assíntotas horizontais e verticais, se existirem. (d) Desenhe o gráfico.

6.8 $A(x) = \frac{1}{x - 1}$

6.9 $B(x) = \frac{5x}{x - 3}$

6.10 $C(x) = \frac{x}{2x + 3}$

6.11 $D(x) = \frac{2x + 3}{5x + 7}$

6.12 $E(x) = \frac{3x}{x^2 - 4}$

6.13 $F(x) = \frac{x + 2}{x^2 + 3}$

6.14 $G(x) = \frac{x^2 - 2x + 1}{x - 2}$

6.15 $H(x) = \frac{x^3 + 3x - 4}{x^2 - 4}$

6.16 $I(x) = \frac{1 - 12x^3}{4x^2 + 12}$

6.17 $J(x) = \frac{6x^3}{x^3 - 3x^2 + 5x}$

6.18 $K(x) = \frac{2x^5 + 3}{x - x^2}$

Conjunto B: Além do básico

6.19 Um engenheiro quer projetar uma caixa de papelão retangular de base quadrada e com volume total 2000 cm³. Quais devem ser as dimensões da caixa que requer a *menor* quantidade de material para sua fabricação? Para resolver esse problema, faça o seguinte:

(a) Encontre uma expressão racional para a função $A(x)$, onde A (em centímetros quadrados) é a área superficial total da caixa e x (em centímetros) é o comprimento da aresta de sua base.

(b) Determine o domínio da função e desenhe seu gráfico.

(c) Encontre, aproximadamente, o valor de x para o qual o valor da função é mínimo.

(d) Quais devem ser as dimensões da caixa?

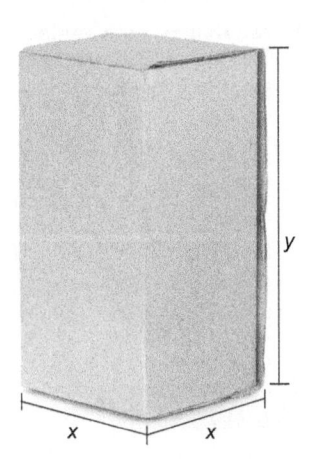

6.20 Reconsidere o problema anterior, agora com uma caixa *sem* a tampa superior. As dimensões da caixa devem ser as mesmas?

6.21 ◯ Determine os valores de a, b e k para que a função

$$F(x) = \frac{k}{x^2 + ax + b}$$

corresponda ao gráfico a seguir. Verifique sua resposta usando um recurso gráfico computacional.

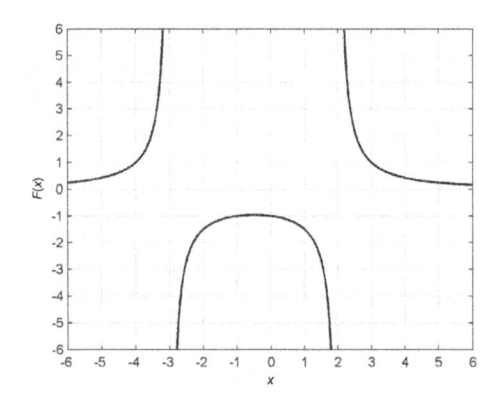

6.22 ◯ A intensidade luminosa I incidente sobre um determinado ponto é diretamente proporcional à intensidade luminosa P da fonte e inversamente proporcional ao quadrado de sua distância d à fonte, isto é,

$$I(d) = k\frac{P}{d^2}.$$

Duas fontes cujas intensidades luminosas são 10 e 100 lux estão colocadas a uma distância de 50 cm uma da outra.

(a) Determine a função $I(x)$ que mede a intensidade luminosa total sobre um ponto sobre o eixo que une as fontes a uma distância x da fonte menos intensa.

(b) Faça $k = 1$ e desenhe o gráfico de I no intervalo $-50 < x < 100$.

(c) Encontre, aproximadamente, o ponto *entre as fontes* no qual a intensidade luminosa total é mínima. Que intensidade luminosa é essa?

6.23 ◯ Nas funções racionais que estudamos, demos ênfase nas (retas) assíntotas horizontais e verticais. No entanto, essas funções podem ter como assíntotas retas transversais (que não são nem verticais, nem horizontais). Considere as funções dadas por

$$F(x) = \frac{x^3 - 9x}{x^2 + 1} \quad \text{e} \quad T(x) = x.$$

Desenhe, no mesmo plano cartesiano, os gráficos das funções F e T. Observe que o gráfico da função racional F aproxima-se assintoticamente da reta dada por T. (Sugestão: use o intervalo $-10 \leq x \leq 10$.)

6.24 A figura a seguir mostra o desenho esquemático de uma fonte de tensão E com resistência interna r conectada a uma resistência externa R (chamada "carga"). Da Engenharia Elétrica, sabemos que a potência P (em watts) consumida pela resistência externa é dada pela função racional

$$P(R) = R\left(\frac{\epsilon}{r+R}\right)^2,$$

com resistências medidas em ohms.

(a) Determine o domínio da função.

(b) Determine, se existirem, os zeros e as assíntotas verticais e horizontais da função. O que significam no contexto do problema?

(c) Considere $\epsilon = 12$ V e $r = 50$ Ω e desenhe o gráfico da função no intervalo $R \in [0, 300]$.

(d) Determine (aproximadamente) o valor de R que torna máxima a potência consumida pela carga.

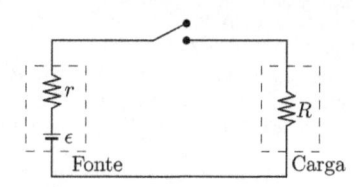

6.25 Um estudante obteve notas 7,0 e 5,0 na primeira e na segunda avaliações de uma disciplina de matemática. Sabe-se que a nota final H será calculada por

$$H = \frac{3}{\frac{1}{P_1} + \frac{1}{P_2} + \frac{1}{P_3}}.$$

(a) Substitua os valores na expressão acima e reescreva H como uma função racional de P_3.

(b) Desenhe o gráfico de H.

(c) Determine a nota mínima necessária em P_3 para obter nota final $H \geq 6{,}0$.

Capítulo 7
Função Exponencial e Função Logarítmica

As funções exponenciais e logarítmicas desempenham um papel importante não apenas na Matemática, mas também na Física, Química, Engenharia, Astronomia, Economia, Biologia, Psicologia e outras áreas. Essas funções constituem modelos ideais para descrever matematicamente vários fenômenos na natureza, como o crescimento de seres vivos microscópicos, a desintegração radioativa, o crescimento populacional, o nível de intensidade sonora, a medida do pH de substâncias e a magnitude de um terremoto, e também são úteis em assuntos relacionados a finanças, como o funcionamento de juros compostos.

7.1 Função exponencial

Definição 7.1 *Dado um número real b, com $b > 0$ e $b \neq 1$, denominamos **função exponencial de base** b a função*

$$f(x) = b^x.$$

O domínio da função exponencial consiste em todos os números reais, isto é, $\text{Dom}(f) = \mathbb{R}$. E sua imagem consiste em todos os reais positivos, isto é, $\text{Img}(f) = \mathbb{R}_+^* = (0, +\infty)$.

A Figura 7.1 ilustra o gráfico de funções exponenciais típicas. De um modo geral:

- A função exponencial é uma função contínua.
- O gráfico da função exponencial $f(x) = b^x$ é uma curva situada totalmente acima do eixo das abscissas.
- A reta $y = 0$ (eixo x) é a assíntota horizontal do gráfico.
- A curva intercepta o eixo y no ponto $(0, 1)$.
- A função $f(x) = b^x$ é crescente se $b > 1$ e decrescente se $0 < b < 1$.
- Quando $b > 1$, temos que $\lim_{x \to -\infty} b^x = 0$ e $\lim_{x \to +\infty} b^x = +\infty$.
- Quando $0 < b < 1$, temos que $\lim_{x \to -\infty} b^x = +\infty$ e $\lim_{x \to +\infty} b^x = 0$.

Exemplo 7.1 *Desenhe no mesmo sistema de eixos os gráficos das funções $f(x) = 3^x$ e $g(x) = 3^{-x}$.*

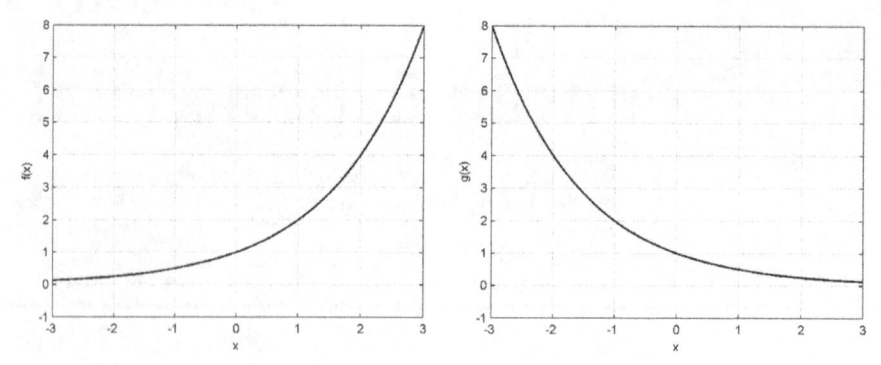

Figura 7.1 Gráficos das funções $f(x) = bx$ com $b > 1$ e $g(x) = b^x$ com $0 < b < 1$.

> **Solução:** A Tabela 7.1 mostra os valores calculados de $f(x) = 3^x$ para alguns valores de arbitrários de x. O gráfico de f é desenhado na Figura 7.2 em linha contínua. Note o comportamento típico do gráfico quando $b > 1$: a função f é crescente, e seu gráfico tem uma assíntota horizontal em $y = 0$ e passa pelo ponto $(0, 1)$.
>
> A Tabela 7.2 mostra os valores calculados de $f(x) = 3^{-x}$ para alguns valores de arbitrários de x. O gráfico de g é desenhado na Figura 7.2 em linha tracejada. Note o comportamento típico do gráfico quando $0 < b < 1$. Isso ocorre pois $g(x) = 3^{-x} = (3^{-1})^x = \left(\frac{1}{3}\right)^x$. A função g é decrescente, e seu gráfico tem uma assíntota horizontal em $y = 0$ e também passa pelo ponto $(0,1)$.

Exemplo 7.2 *Desenhe, no mesmo sistema de eixos cartesianos, as funções $f(x) = 2^x$, $g(x) = 2^x + 1$ e $h(x) = 2^x - 1$.*

> **Solução:** Considerando o comportamento típico do gráfico quando $b > 1$, a função f é crescente, e seu gráfico tem uma assíntota horizontal em $y = 0$ e passa pelos pontos $(-1, 1/2)$, $(0, 1)$ e $(1, 2)$. O gráfico de f é dado pela curva com linha contínua na Figura 7.3. Considerando as transformações estudadas na Seção 4.5, o gráfico da função g corresponde a uma translação vertical, de uma unidade, para cima (curva tracejada). O gráfico da função h corresponde a uma translação vertical, de uma unidade, para baixo (curva pontilhada).

Exemplo 7.3 *Considere os gráficos das funções $f(x) = 2^x$, $g(x) = -2^x$, $h(x) = 2^{-x}$ e $i(x) = -2^{-x}$, mostradas na Figura 7.4. Identifique cada função no gráfico, justificando sua resposta.*

> **Solução:** De acordo com o Exemplo 7.2, a curva de traço contínuo representa o gráfico da função f. O gráfico de g é igual ao gráfico de f refletido em torno do eixo x. A função exponencial decrescente h é representada pela curva traço-ponto, e sua reflexão em torno do eixo x, a função i, é representada pela curva pontilhada.

Capítulo 7 – Função Exponencial e Função Logarítmica

Tabela 7.1 Tabela de valores para a função $f(x) = 3^x$

x	-3	-2	-1	0	1	2	3
3^x	1/27	1/9	1/3	1	3	9	27

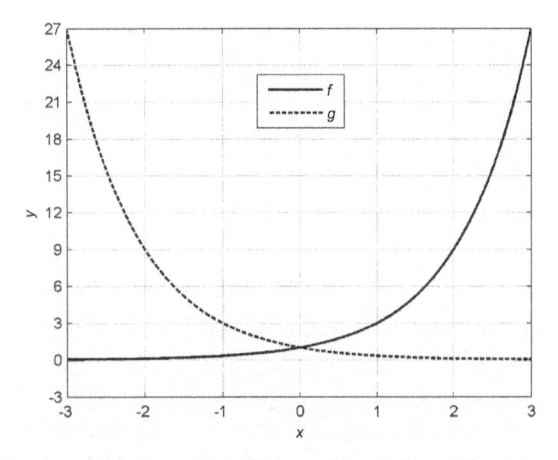

Figura 7.2 Gráficos das funções $f(x) = 3^x$ e $g(x) = 3^{-x}$.

Tabela 7.2 Tabela de valores para a função $f(x) = 3^{-x}$

x	-3	-2	-1	0	1	2	3
$3x$	27	9	3	1	1/3	1/9	1/27

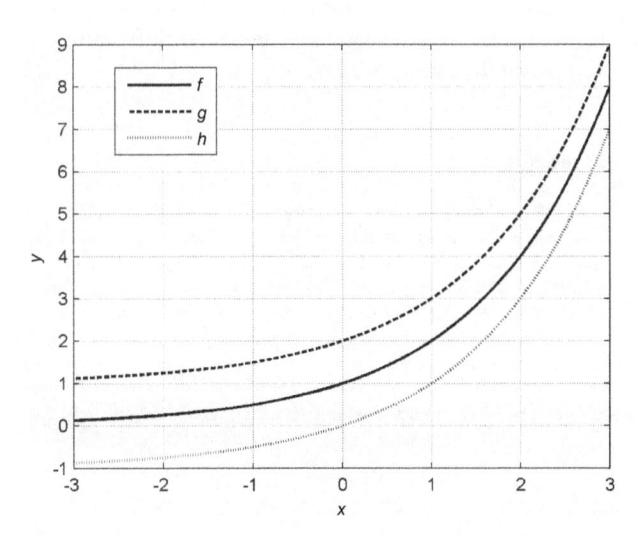

Figura 7.3 Gráficos das funções $f(x) = 2^x$, $g(x) = 2^x + 1$ e $h(x) = 2^x - 1$.

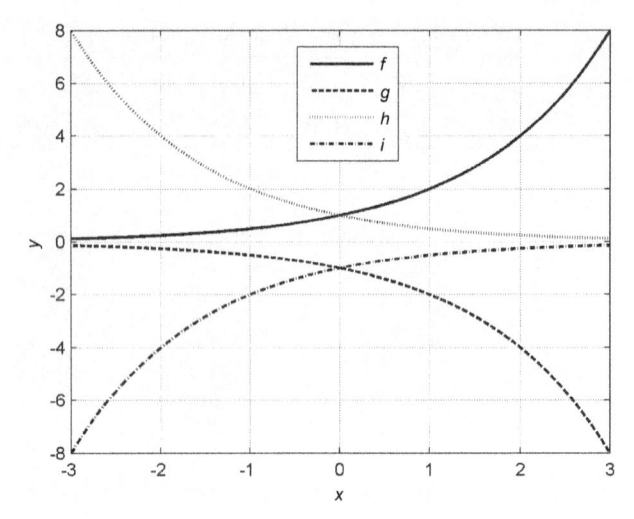

Figura 7.4 Gráficos das funções $f(x) = 2^x$, $g(x) = -2^x$, $h(x) = 2^{-x}$ e $i(x) = -2^{-x}$.

7.2 Função exponencial de base natural

Uma base amplamente usada para a função exponencial (denominada base natural) é o número irracional $e \approx 2{,}7183$[1], conhecido como número de **Euler**. O valor de e pode ser obtido quando consideramos o limite

$$e = \lim_{x \to +\infty} E(x) = \lim_{x \to +\infty} \left(1 + \frac{1}{x}\right)^x.$$

A Tabela 7.3 mostra alguns valores de $E(x)$ para alguns valores de x. Observe que, à medida que x cresce indefinidamente, o valor do limite aproxima-se do número irracional $e = 2{,}71828\ldots$

Leonhard Euler (1707–1783)

Matemático suíço. Aos 19 anos, completou seus estudos na Universidade de Basel (Suíça) e publicou seu primeiro artigo científico (sobre curvas isócronas em meio resistivo). Em 1729, iniciou seus trabalhos na Academia de Ciências de São Petersburgo (Rússia). A partir de 1740, trabalhou na Academia de Ciências de Berlim (Alemanha), onde permaneceu por 25 anos (período no qual publicou cerca de 380 artigos). Em 1766, retornou a São Petersburgo. Em 1771, um incêndio destruiu sua casa, e Euler apenas conseguiu salvar sua família e alguns poucos manuscritos matemáticos. Pouco depois, ficou totalmente cego devido a uma operação de catarata malsucedida. No entanto, nenhuma dessas dificuldades afetou sua genialidade. Euler continuou a estudar e publicar com a mesma intensidade surpreendente. Sua obra monumental abarcou praticamente todo o saber matemático e científico de sua época, além de fundar muitos campos novos. Cerca de 50 anos após sua morte, a Academia de São Petersburgo ainda publicava seus escritos. Devemos a Euler a notação $f(x)$ para funções (1734), e para a base natural (1727), i para $\sqrt{-1}$ (1777), π para pi e $\sum$ para o somatório (1755). Adaptado de O'Connor e Robertson (2014).

---

[1] Uma aproximação com 100 dígitos decimais é $e \approx 2{,}71828$ 18284 59045 23536 02874 71352 66249 77572 47093 69995 95749 66967 62772 40766 30353 54759 45713 82178 52516 64274.

Tabela 7.3 Tabela de valores para a função $E(x) = \left(1 + \frac{1}{x}\right)^x$

x	$E(x)$
1	2,00000
10	2,59374
100	2,70481
1.000	2,71692
10.000	2,71814
100.000	2,71826

Exemplo 7.4 *Determine os valores das seguintes potências de e:*

(a) e^{-2};   (b) $e^{0,05}$;   (c) e^0;   (d) $\sqrt{e}$.

Solução:

(a) $e^{-2} = 0,1353$;

(b) $e^{0,05} = 1,0513$;

(c) $e^0 = 1$;

(d) $\sqrt{e} = 1,6487$.

Usando a tecnologia: Em algumas calculadoras, a função exponencial de base e é acessada pela tecla $\boxed{\text{EXP}}$ ou $\boxed{e^x}$. Consulte o manual da sua calculadora e verifique qual é a notação usada.

Exemplo 7.5 *Desenhe o gráfico das funções $f(x) = e^x$ e $g(x) = e^{-x}$ no mesmo sistema de eixos.*

Solução: Considerando o comportamento típico do gráfico quando $b > 1$, a função f é crescente, e seu gráfico tem uma assíntota horizontal em $y = 0$ e passa pelos pontos $(-1, 1/e)$, $(0, 1)$ e $(1, e)$. Portanto, o gráfico de f é dado pela curva com linha contínua na Figura 7.5. Para a função g, temos que $0 < b < 1$, uma vez que $g(x) = e^{-x} = (e^{-1})^x = \left(\frac{1}{e}\right)^x$. A função g é decrescente, e seu gráfico tem uma assíntota horizontal em $y = 0$ e passa pelos pontos $(-1, e)$, $(0, 1)$ e $(1, 1/e)$. Na Figura, o gráfico de g está representado com a linha tracejada.

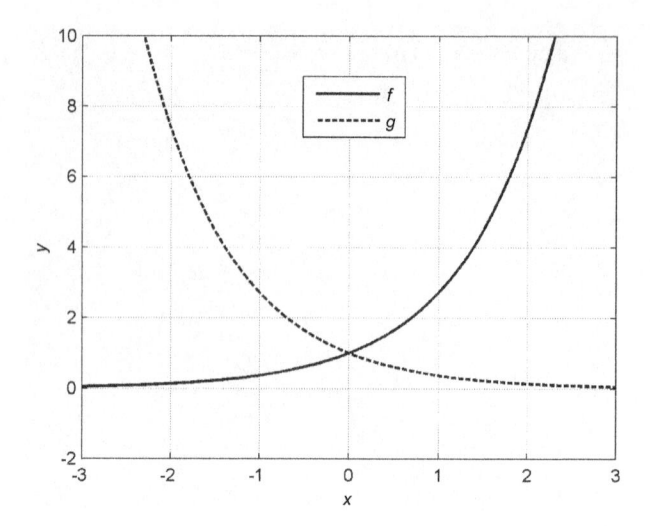

Figura 7.5 Gráficos das funções $f(x) = e^x$ e $g(x) = e^{-x}$.

7.3 Logaritmos e as funções logarítmicas

Nesta seção, iremos primeiramente revisar o conceito de logaritmos e suas propriedades e, em seguida, estudaremos a função logarítmica. Jost Burgi (1552-1632) e John Napier (1550-1617) foram os primeiros a publicar tábuas de logaritmos no início do século XVII. O desenvolvimento dos logaritmos simplificou o cálculo aritmético, pois permitiu efetuar com presteza as operações de multiplicação, divisão, potenciação e extração de raízes. As áreas de Astronomia e de Navegação foram enormemente beneficiadas com o desenvolvimento dos logaritmos, uma vez que, nessas áreas, os cálculos aritméticos eram longos e laboriosos (Lima, 1991). Nos dias de hoje, o uso dos logaritmos e suas propriedades não está mais ligado às operações aritméticas, uma vez que o uso de calculadoras e computadores tornou obsoleto o uso de logaritmos como "atalho" para multiplicações de números grandes. No Cálculo, o emprego do logaritmo serve para simplificar, por exemplo, o processo de derivação para determinados tipos de funções.

Definição 7.2 *Denomina-se **logaritmo** do número a na base b o expoente x ao qual se deve elevar b para obter a, isto é,*

$$\log_b a = x \iff b^x = a,$$

com $a \in \mathbb{R}_+$ e $b > 0$ e $b \neq 1$.

O símbolo $\iff$ indica que as duas expressões são equivalentes, isto é, dizer que $\log_b a = x$ é o mesmo que afirmar que $b^x = a$. Ainda,

- a é denominado **logaritmando**;
- x é o **logaritmo**;

- b é a **base** do logaritmo.

Então, quando calculamos o valor do logaritmo de a na base b, vemos que o resultado nada mais é que o expoente de a que devemos elevar à base b para obtermos o valor do logaritmando a. Como consequência da definição, temos que:

- $\log_b 1 = 0$, pois $b^0 = 1$;
- $\log_b b = 1$, pois $b^1 = b$.

Exemplo 7.6 *Com base na definição, calcule os seguintes logaritmos:*

(a) $\log_5 25$;

(b) $\log_{\frac{1}{2}} 4$;

(c) $\log_2 1$;

(d) $\log_3 27$;

(e) $\log_5 5$.

Solução:

(a) $\log_5 25 = 2$, pois $5^2 = 25$;

(b) $\log_{\frac{1}{2}} 4 = -2$, pois $\left(\frac{1}{2}\right)^{-2} = 4$;

(c) $\log_2 1 = 0$, pois $2^0 = 1$;

(d) $\log_3 27 = 3$, pois $3^3 = 27$;

(e) $\log_5 5 = 1$, pois $5^1 = 5$.

7.3.1 Sistemas de logaritmos

Ao conjunto dos logaritmos de todos os números positivos, em certa base b, chamamos de sistemas de logaritmos de base b. Assim, o conjunto dos logaritmos na base 2 de todos os números positivos constitui o sistema de logaritmos de base 2. São particularmente importantes dois sistemas de logaritmos:

Sistema de logaritmos decimais. O sistema de logaritmos decimais é o sistema de base 10, que surge de forma natural ao se manipular números cuja representação é a posicional de base 10 (o nosso sistema usual de numeração) (Lima, 1991). A notação usual para o logaritmo decimal $\log_{10} x$ é $\log x$, isto é, sem indicar a base em relação à qual se toma o logaritmo. Assim,

$$\log x = \log_{10} x.$$

Lê-se $\log x$ como o "logaritmo decimal de x". Pela definição de logaritmo, temos que:

$$\log x = r \iff 10^r = x.$$

Sistema de logaritmos naturais. O sistema de logaritmos naturais (também conhecido como neperiano) é o sistema de base e. A notação usual para o logaritmo natural $\log_e x$ é $\ln x$, isto é, modificamos o símbolo do logaritmo e não indicamos a base em relação à qual se toma o logaritmo. Assim,

$$\ln x = \log_e x.$$

Lê-se $\ln x$ como o "logaritmo natural de x". Pela definição de logaritmo, temos que:

$$\ln x = r \iff e^r = x.$$

> **Usando a tecnologia:** Em algumas calculadoras, a função logarítmica decimal é acessada pela tecla `LOG` ou `LOG10`. Já a função logarítmica natural é acessada pela tecla `LN`. Consulte o manual da sua calculadora e verifique qual é a notação usada.

Exemplo 7.7 *Calcule os logaritmos indicados com base na definição.*

(a) $\log_2 16$;

(b) $\log_{36} 6$;

(c) $\log_{1/27} 9$;

(d) $\log_9 \sqrt{3}$;

(e) $\ln e$;

(f) $\ln 1$.

> **Solução:**
> (a) $\log_2 16 = 4$, pois $2^4 = 16$;
> (b) $\log_{36} 6 = \frac{1}{2}$, pois $36^{1/2} = 6$;
> (c) $\log_{1/27} 9 = -\frac{2}{3}$, pois $\left(\frac{1}{27}\right) = 3^{-3}$ e $(3^{-3})^{-2/3} = 3^2 = 9$;
> (d) $\log_9 \sqrt{3} = \frac{1}{4}$, pois $9 = 3^2$ e $(3^2)^{\frac{1}{4}} = 3^{1/2} = \sqrt{3}$;
> (e) $\ln e = 1$, pois $e^1 = e$;
> (f) $\ln 1 = 0$, pois $e^0 = 1$.

7.3.2 Mudança de base

A maior parte das calculadoras científicas opera com logaritmos tanto na base 10 quanto na base e. Se for preciso calcular um logaritmo em outra base, pode ser utilizada a **fórmula de mudança de base**. Esta relação permite mudar o logaritmo em uma certa base b para uma base conveniente c:

Sendo b e c bases tais que $b > 0$, $b \neq 1$, $c > 0$, $c \neq 1$, tem-se que:

$$\log_b r = \frac{\log_c r}{\log_c b}.$$

Exemplo 7.8 *Utilize a fórmula da mudança de base para calcular* $\log_2 14$.

Solução: Para calcular $\log_2 14$, você pode mudar para a base 10 ou para a base e da seguinte forma:

$$\log_2 14 = \frac{\log 14}{\log 2} = \frac{1{,}1461}{0{,}3010} = 3{,}8074$$

ou

$$\log_2 14 = \frac{\ln 14}{\ln 2} = \frac{2{,}6391}{0{,}6931} = 3{,}8074.$$

7.3.3 Propriedades dos logaritmos

Os logaritmos simplificaram o cálculo aritmético no século XVII, permitindo efetuar com presteza multiplicações, divisões, potenciações e extrações de raízes, devido às seguintes propriedades:

Logaritmo de um produto: $\log_b(ac) = \log_b a + \log_b c$

Logaritmo de um quociente: $\log_b\left(\frac{a}{c}\right) = \log_b a - \log_b c$

Logaritmo de uma potência: $\log_b(a^n) = n \log_b a$

Essas propriedades estão resumidas na Seção A.3.

Exemplo 7.9 *Dado que* $\ln 2 = 0{,}6931$ *e* $\ln 3 = 1{,}0986$, *calcule os logaritmos a seguir utilizando as propriedades dos logaritmos:*

(a) $\ln 6$;

(b) $\ln \sqrt{12}$;

(c) $\ln\left(\frac{27}{128}\right)$;

(d) $\ln\left(\frac{e}{2}\right)$.

Solução:

(a) $\ln 6 = \ln(2 \cdot 3) = \ln 2 + \ln 3 = 0{,}6931 + 1{,}0986 = 1{,}7918$;

(b) $\ln \sqrt{12} = \ln(2 \cdot 2 \cdot 3)^{1/2} = \frac{1}{2}(\ln 2 + \ln 2 + \ln 3) = 0{,}5\,(0{,}6931 + 0{,}6931 + 1{,}0986) = 1{,}0986$;

(c) $\ln\left(\frac{27}{128}\right) = \ln\left(\frac{3^3}{2^7}\right) = \ln 3^3 - \ln 2^7 = 3 \ln 3 - 7 \ln 2 = 3 \cdot 1{,}0986 - 7 \cdot 0{,}6931 = -1{,}5562$;

(d) $\ln\left(\frac{e}{2}\right) = \ln e - \ln 2 = 1 - 0{,}6931 = 0{,}3068.$

Exemplo 7.10 *Utilize as propriedades dos logaritmos para simplificar as seguintes expressões:*

(a) $\ln(3e^x)$;

(b) $\ln\left(\frac{1}{\sqrt[3]{4x+7}}\right)$;

(c) $\ln\left(\frac{\operatorname{sen}(x)}{x^2\sqrt[5]{3x+1}}\right)$;

(d) $\ln(x^2+5x+7)$.

Solução:

(a) $\ln(3e^x) = \ln 3 + \ln(e^x) = \ln 3 + x\ln e = \ln 3 + x$;

(b) $\ln\left(\frac{1}{\sqrt[3]{4x+7}}\right) = \ln 1 - \ln\sqrt[3]{4x+7} = 0 - \frac{1}{3}\ln(4x+7) = -\frac{1}{3}\ln(4x+7)$;

(c) $\ln\left(\frac{\operatorname{sen}(x)}{x^2\sqrt[5]{3x+1}}\right) = \ln(\operatorname{sen}(x)) - \ln(x^2\sqrt[5]{3x+1}) = \ln(\operatorname{sen}(x)) - (\ln x^2 + \ln(\sqrt[5]{3x+1})) = \ln(\operatorname{sen}(x)) - 2\ln x - \frac{1}{5}\ln(3x+1)$;

(d) não é possível simplificar mais a expressão.

7.3.4 Definição de função logarítmica

A partir do que foi visto a respeito dos logaritmos, podemos definir o que segue.

Definição 7.3 *Dado um número real b, com $b > 0$ e $b \neq 1$, denominamos **função logarítmica** de base b a função definida por*

$$f(x) = \log_b x.$$

O domínio da função logarítmica consiste nos números reais positivos, isto é, $\operatorname{Dom}(f) = \mathbb{R}_+^* = (0, +\infty)$. Sua imagem consiste em todos os reais, isto é, $\operatorname{Img}(f) = \mathbb{R}$.

A Figura 7.6 ilustra algumas características da função logarítmica. De modo geral:

- O gráfico da função logarítmica $f(x) = \log_b x$ é uma curva totalmente à direita do eixo vertical.

- A reta $x = 0$ (eixo y) é uma assíntota vertical do gráfico.

- A curva intercepta o eixo x no ponto $(1, 0)$.

- A função é crescente se $b > 1$.

- A função é decrescente se $0 < b < 1$.

- Quando $b > 1$, temos que

$$\lim_{x \to 0^-} \log_b x = -\infty \quad \text{e} \quad \lim_{x \to +\infty} \log_b x = +\infty.$$

- Quando $0 < b < 1$, temos que

$$\lim_{x \to 0^-} \log_b x = +\infty \quad \text{e} \quad \lim_{x \to +\infty} \log_b x = -\infty.$$

Exemplo 7.11 *Desenhe o gráfico das funções $f(x) = \log_3 x$ e $g(x) = \log_{1/3} x$ no mesmo sistema de eixos.*

Solução: Considerando o comportamento típico do gráfico quando $b > 1$, a função f é crescente, e seu gráfico tem uma assíntota vertical em $x = 0$ e passa pelos pontos $(1/3, -1)$, $(1, 0)$ e $(3, 1)$. Para a função g, temos que $0 < b < 1$, e, portanto, g é decrescente. Seu gráfico também possui uma assíntota vertical em $x = 0$ e passa pelos pontos $(1/3, 1)$, $(1,0)$ e $(3, -1)$. Os gráficos são ilustrados na Figura 7.7, onde o gráfico de f está desenhado com linha contínua, e o gráfico de g, com a linha tracejada.

Exemplo 7.12 *Considere no mesmo sistema de eixos os gráficos das funções $f(x) = \log x$, $g(x) = \log(x-1)$ e $h(x) = \log x - 1$, conforme ilustra a Figura 7.8. Identifique cada função no gráfico, justificando sua resposta.*

Solução: A curva de traço contínuo representa o gráfico da função f. O gráfico de g é o gráfico de f deslocado uma unidade para a direita (curva com linha tracejada), de forma que a assíntota vertical neste caso é a reta $x = 1$. A função h é representada pela curva pontilhada e representa um deslocamento vertical de uma unidade da função f.

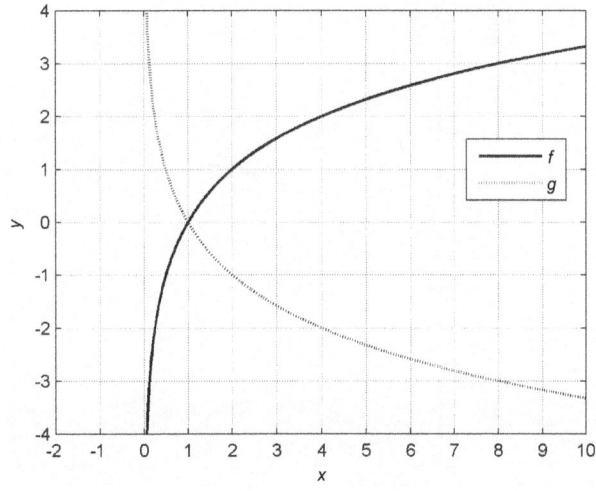

Figura 7.6 Gráficos das funções $f(x) = \log_2 x$ e $g(x) = \log_{1/2} x$.

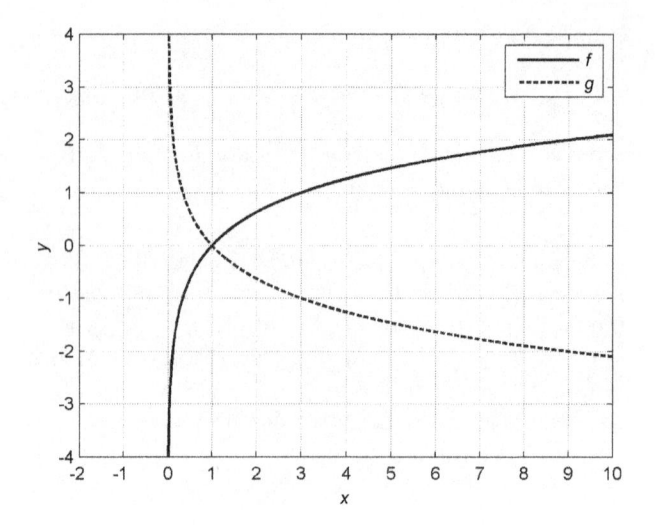

Figura 7.7 Gráficos das funções $f(x) = \log_3 x$ e $g(x) = \log_{1/3} x$.

Exemplo 7.13 *Desenhe o gráfico das funções $f(x) = 2^x$ e $g(x) = \log_2 x$ no mesmo sistema de eixos.*

> **Solução:** Os gráficos das funções f e g estão desenhados na Figura 7.9. O gráfico da função exponencial f está desenhado com linha contínua, e o da função logarítmica g está em linha tracejada. Observe que, enquanto o gráfico de f passa pelos pontos $(-1, 1/2)$, $(0,1)$ e $(1,2)$, o gráfico de g passa pelos pontos $(1/2, -1)$, $(1,0)$ e $(2,1)$. Note que ambos os gráficos são crescentes. Note ainda que o gráfico de f tem a reta $y = 0$ como assíntota horizontal e o gráfico de g tem a reta $x = 0$ como assíntota vertical.

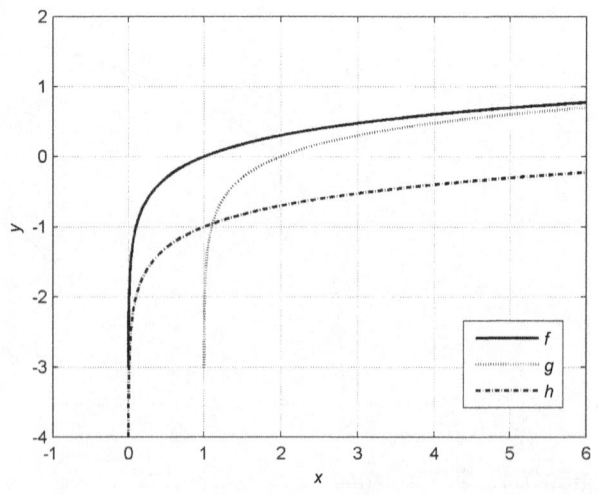

Figura 7.8 Gráficos das funções $f(x) = \log x$, $g(x) = \log(x - 1)$ e $h(x) = \log x - 1$.

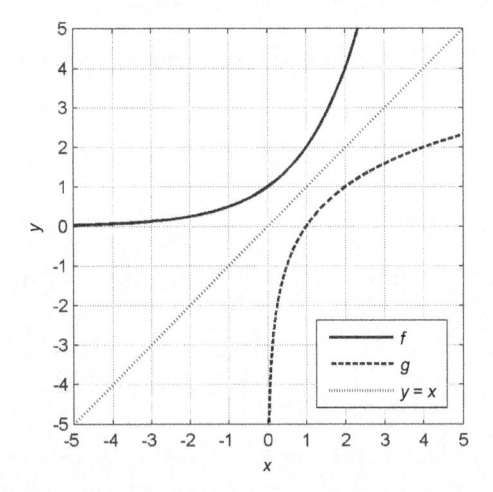

Figura 7.9 Gráficos das funções $f(x) = 2^x$ e $g(x) = \log_2 x$.

Observando os gráficos da Figura 7.9, percebemos que eles são simétricos em relação à reta $y = x$; isto é, se dobrarmos o papel exatamente na reta de equação $y = x$, os gráficos irão se sobrepor. Por que isso acontece? Isso será discutido em uma seção mais adiante, quando serão abordadas as funções inversas. Antes, porém, vamos tratar da composição de funções.

7.4 Composição de funções

Considere a função f dada por

$$y = f(x) = 2^{3x-1}.$$

Podemos entender a função f como o *encadeamento* de duas funções: uma função exponencial ($y = 2^u$) com uma função linear ($u = 3x - 1$). Para calcularmos o valor de $y = f(2)$, por exemplo, podemos primeiro calcular $u = 3 \cdot 2 - 1 = 5$ e, em seguida, $y = 2^5 = 32$. Esse tipo de encadeamento é denominado *composição de funções*.

Definição 7.4 *Dadas as funções f e g, a* **composição** *de f e g, denotada por $f \circ g$, é a função definida por $(f \circ g)(x) = f(g(x))$.*

No exemplo apresentado, podemos considerar a função f como sendo a composição da função $y = f(u) = 2^u$, com $u = g(x) = 3x - 1$.

Em termos das transformações efetuadas sobre um número x, uma função simples pode ser vista como

$$f\colon x \longmapsto f(x),$$

enquanto uma composição de funções pode ser vista como

$$f \circ g : x \longmapsto g(x) \longmapsto f(g(x)).$$

Exemplo 7.14 *Sejam $f(x) = \sqrt{x-1}$ e $g(x) = \frac{1}{x}$. Determine as expressões algébricas de $h(x) = (f \circ g)(x)$ e $i(x) = (g \circ f)(x)$.*

Solução:

$$h(x) = (f \circ g)(x) = f(g(x)) = f\left(\frac{1}{x}\right) = \sqrt{\frac{1}{x} - 1}$$

$$i(x) = (g \circ f)(x) = g(f(x)) = g(\sqrt{x}) = \frac{1}{\sqrt{x-1}}$$

Composições de funções são bastante usuais em todos os campos da ciência e engenharia, elas expressam relações mais complexas entre variáveis. Do ponto de vista da matemática, composições e (especialmente) decomposições são maneiras de simplificar a análise de suas propriedades. Por exemplo, um estudo ambiental indica que o número médio de partículas de poeira em suspensão no ar (em unidades por milímetro cúbico), n, depende da densidade populacional da cidade (em habitantes por quilômetro quadrado), p, e é dado por

$$n(p) = \sqrt{0{,}5p + 19{,}4}.$$

Já um estudo demográfico mostra que p, a densidade populacional de uma cidade (em habitantes por quilômetro quadrado), é função do tempo t, anos contados a partir de 2000, e é dado por

$$p(t) = 8{,}6e^{0{,}08t}.$$

Desse modo, realizando a composição das duas funções, podemos encontrar o número de partículas de poeira em função do tempo:

$$\begin{aligned} n(t) &= n(p(t)) \\ &= n\left(8{,}6e^{0{,}08t}\right) \\ &= \sqrt{0{,}5 \cdot 8{,}6e^{0{,}08t} + 19{,}4} \\ &= \sqrt{4{,}3e^{0{,}08t} + 19{,}4}. \end{aligned}$$

Às vezes, é útil relacionar o *domínio* de uma composição de funções em termos dos domínios das funções que a compõem.

Teorema 7.1 *Sejam as funções f e g, e a sua composição $f \circ g$. O **domínio** de $f \circ g$, denotado por $\mathrm{Dom}(f \circ g)$, é o conjuntos dos valores de x no domínio de g tais que $g(x)$ está no domínio de f:*

$$\mathrm{Dom}(f \circ g) = \{x \in \mathrm{Dom}(g) \mid g(x) \in \mathrm{Dom}(f)\}.$$

Podemos entender esse resultado se considerarmos que, inicialmente, x deve estar no domínio de g uma vez que se deve calcular $u = g(x)$. Mas, como devemos calcular $f(g(x))$, os valores de $g(x)$ devem também pertencer ao domínio de f.

Exemplo 7.15 *Reconsidere as funções do Exemplo 7.14. Determine o domínio de $h(x) = (f \circ g)(x)$.*

Solução: Como $f(x) = \sqrt{x-1}$ e $g(x) = \frac{1}{x}$, então

$$\text{Dom}(g) = \{x \neq 0\}, \quad \text{Dom}(f) = \{x \geq 1\}.$$

Como $h(x) = (f \circ g)(x) = f(g(x))$, então $g(x)$ deve estar no domínio de f. Assim:

$$g(x) \geq 1 \Rightarrow \tfrac{1}{x} \geq 1 \Rightarrow x \leq 1 \quad \text{se } x > 0.$$

Como x não pode ser negativo, pois teríamos $g(x)$ negativo, temos que $\text{Dom}(h) = (0, 1]$.

Muitas vezes, é mais simples determinar o domínio de uma função composta observando a sua expressão algébrica *antes* de qualquer simplificação. Por exemplo, ao observarmos atentamente a expressão algébrica da função h do exemplo anterior,

$$h(x) = (f \circ g)(x) = \sqrt{\frac{1}{x} - 1},$$

percebemos que:

- x não pode ser igual a 0, pois $\frac{1}{x}$ não está definido;
- x não pode ser negativo, pois $\frac{1}{x}$ seria negativo, bem como o radicando;
- x não pode maior que 1, pois $\frac{1}{x}$ seria menor que 1 e o radicando seria negativo;
- x deve ser, portanto, positivo e menor ou igual a 1.

Em relação à operação de composição, podemos também compor uma função com ela mesma ou envolver na composição qualquer número de funções.

Exemplo 7.16 *Tomando as funções $f(x) = 1 + \frac{1}{x}$, $g(x) = \sqrt{x}$ e $h(x) = x + 2$, determine a expressão algébrica das funções compostas $I(x) = (f \circ f)(x)$ e $J(x) = (f \circ g \circ h)(x)$. Determine também os domínios de cada função.*

Solução: Temos
$$I(x) = (f \circ f)(x) = f(f(x)) = f\left(1 + \frac{1}{x}\right) = 1 + \frac{1}{1 + \frac{1}{x}}$$
e também
$$J(x) = (f \circ g \circ h)(x) = f(g(h(x))) = f(g(x+2)) = f\left(\sqrt{x+2}\right) = 1 + \frac{1}{\sqrt{x+2}}.$$

Quanto ao domínios de I, temos $x \neq 0$, pois $\frac{1}{x} \neq 0$, e $x \neq -1$, pois $\frac{1}{x} \neq -1$, então
$$\text{Dom}(I) = \{x \in \mathbb{R}, x \neq 0, x \neq -1\}.$$

E, quanto ao domínio de J, temos $x \geq -2$, pois $x + 2 \geq 0$, e $x \neq -2$, pois $\sqrt{x+2} \neq 0$, então
$$\text{Dom}(J) = \{x \in \mathbb{R}, x > -2\}.$$

Uma observaçao importante sobre a composição de funções é que ela *não* é comutativa, isto é, em geral, $f \circ g \neq g \circ f$.

Exemplo 7.17 *Considere as* $f(x) = x^2$ *e* $g(x) = \sqrt{x}$. *Determine as expressões algébricas de* $f \circ g$ *e* $g \circ f$ *e verifique que são funções diferentes.*

Solução: Temos
$$P(x) = (f \circ g)(x) = f(g(x)) = f(\sqrt{x}) = (\sqrt{x})^2$$
e também
$$Q(x) = (g \circ f)(x) = g(f(x)) = g(x^2) = \sqrt{x^2}$$

Embora semelhantes, as funções P e Q são distintas. Verificamos isso considerando que os seus domínios são distintos: o domínio da primeira função é $\text{Dom}(P) = \{x \geq 0\}$, enquanto $\text{Dom}(Q) = \mathbb{R}$.

7.5 Funções inversas

Quando definimos a composição de funções, devemos advertir o leitor que a composição de funções não é comutativa. Em outras palavras, $f \circ g$ e $g \circ f$ não geram necessariamente a mesma função. Vejamos agora um caso no qual a composição comuta.

Definição 7.5 *Uma função* g *é dita a* **função inversa** *da função* f *se* $(f \circ g)(x) = x$ *para todo* $x \in \text{Dom}(g)$ *e* $(g \circ f)(x) = x$ *para todo* $x \in \text{Dom}(f)$.

De uma maneira simples, pode-se dizer que o termo "inversa" é utilizado para descrever funções que "desfazem" o efeito de uma sobre a outra. A função inversa de $f(x)$ é representada por $f^{-1}(x)$ e não deve ser confundida com $\frac{1}{f(x)}$.

Exemplo 7.18 *Com base na definição, mostre que as funções $f(x) = 2x^3 - 1$ e $g(x) = \sqrt[3]{\frac{x+1}{2}}$ são inversas uma da outra.*

Solução: A composição de f com g é dada por

$$f(g(x)) = 2\left(\sqrt[3]{\frac{x+1}{2}}\right)^3 - 1$$

$$= 2\left(\frac{x+1}{2}\right) - 1$$

$$= x + 1 - 1$$

$$= x.$$

A composição de g com f é dada por

$$g(f(x)) = \sqrt[3]{\frac{(2x^3 - 1) + 1}{2}}$$

$$= \sqrt[3]{\frac{2x^3}{2}}$$

$$= \sqrt[3]{x^3}$$

$$= x.$$

Como $f(g(x)) = g(f(x)) = x$, podemos concluir que f e g são inversas uma da outra.

7.5.1 Existência de inversa

Nem toda função tem inversa. Para que uma função possua inversa, é necessário que ela apresente algumas características. Antes de abordarmos essas características, veremos algumas definições.

Definição 7.6 *Uma função f é **injetora** se, e somente se, para quaisquer x_1 e x_2 em seu domínio, tem-se*

$$x_1 \neq x_2 \Rightarrow f(x_1) \neq f(x_2).$$

Definição 7.7 *Uma função f é **sobrejetora** quando todos os elementos do contradomínio (Definição 2.3) estão associados a algum elemento do domínio.*

Definição 7.8 *Uma função f é **bijetora** se ela for injetora e sobrejetora ao mesmo tempo.*

Uma função f tem inversa f^{-1} somente quando f é bijetora, ou seja, só existe função inversa de função bijetora.

Exemplo 7.19 *Determine se a função $f(x) = x^2$ tem inversa.*

Solução: A função $f(x) = x^2$ não é injetora. Por exemplo, f assume o mesmo valor quando $x = 2$ e $x = -2$. Portanto, f não tem inversa. Porém, se restringirmos seu domínio ao intervalo $[0, +\infty)$, ou seja, se considerarmos $f(x) = x^2$, para $x \geq 0$, a função tem inversa representada pela função $f^{-1}(x) = \sqrt{x}$. Verifique!

7.5.2 Gráficos de funções inversas

O domínio de f^{-1} é igual à imagem de f, e vice-versa. Assim, se o gráfico de f passa pelo ponto (a, b), então o gráfico de f^{-1} passa pelo ponto (b, a). Dessa forma, o gráfico de f^{-1} é uma reflexão do gráfico de f em relação à reta $y = x$. Isso está ilustrado na Figura 7.9, uma vez que as funções $f(x) = 2^x$ e $g(x) = \log_2 x$ são inversas uma da outra.

De uma maneira geral, as funções $f(x) = b^x$ e $g(x) = \log_b x$ são inversas uma da outra, e, portanto, as expressões

$$g(f(x)) = \log_b (b^x) = x \quad \text{e} \quad f(g(x)) = b^{\log_b x} = x,$$

são válidas para qualquer $b > 0$ e $b \neq 1$.

Exemplo 7.20 *Desenhe o gráfico da função $f(x) = x^3$ e utilize-o para desenhar, no mesmo sistema de eixos, o gráfico da função inversa f^{-1}.*

Solução: O gráfico de f foi estudado na Capítulo 4 e está representado na Figura 7.10 pela linha contínua. O gráfico de f^{-1} é uma reflexão do gráfico de f em relação à reta $y = x$ e está representado pela linha tracejada.

Exemplo 7.21 *Simplifique as seguintes expressões:*

(a) $e^{\ln \sqrt{x^2+1}}$;

(b) $\ln(e^{3x})$;

(c) $10^{\log(5x+3)}$.

Solução:

(a) Como a função logaritmo natural é a função inversa da função exponencial de base e, temos que $e^{\ln \sqrt{x^2+1}} = \sqrt{x^2+1}$.

(b) Pelo mesmo argumento utilizado no item anterior, temos que $\ln(e^{3x}) = 3x$.

(c) Como a função logaritmo de base 10 é a função inversa da função exponencial de base 10, temos que $10^{\log(5x+3)} = 5x + 3$.

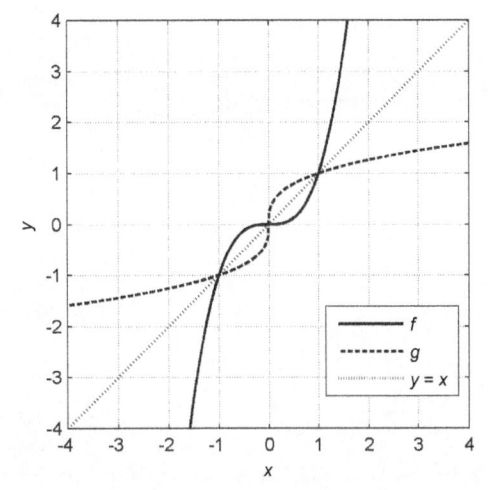

Figura 7.10 Gráficos das funções $f(x) = x^3$ e $f^{-1}(x) = \sqrt[3]{x}$.

As funções exponenciais e logarítmicas, bem como o conceito de função inversa, são utilizadas com bastante frequência na Engenharia. No Capítulo 8, definiremos as funções trigonométricas e, com base no que estudamos aqui, definiremos também as suas inversas.

7.6 Problemas

Grupo A: Básico

7.1 Simplifique as expressões a seguir *sem usar a calculadora*.

(a) $x = 8^{2/3}$, $y = 8^{-2/3}$.

(b) $u = 9^{0,5}$, $v = 9^{1,5}$.

(c) $p = \log_2 16$, $q = \log_3(1/81)$.

(d) $r = \log 0{,}0001$, $s = \log 100.000$.

7.2 Resolva as equações a seguir *sem usar a calculadora*.

(a) $3^x = 27$, $5^{\sqrt{y}} = 125$.

(b) $676.000 = 6{,}76 \times 10^x$, $0{,}000943 = 9{,}43 \times 10^y$.

(c) $e^{x+1} = 7$, $ye^{-y} - 5e^{-y} = 0$.

(d) $\log_2 4^x = 8$, $\log_5(1/y) = -1/2$.

(e) $\ln(e^{2x}) = 4$, $\ln(\ln y) = 1$.

7.3 Use as propriedades dos logaritmos para mostrar que, se $a > 0$, então $\log_b \frac{1}{a} = -\log_b a$.

7.4 Use as propriedades dos logaritmos para mostrar que

$$y = \log_b x = \frac{\log_c x}{\log_c b}.$$

Essa fórmula é conhecida como *fórmula de mudança de base* e é útil para calcular logaritmos em bases *não disponíveis* na calculadora.

7.5 Determine numericamente os valores x e y nas equações a seguir (*use a calculadora*).

(a) $e^x = 7$; $\ln y = \sqrt{2}$;

(b) $5^{-2x} = 3$; $\log_3(y+2) = 5$;

(c) $\frac{4}{10^{3x}} = 1$; $\frac{1}{2+\log y} = \pi$.

7.6 O número e (número de Euler) surge com a assíntota horizontal ao gráfico da função definida por

$$E(x) = \left(1 + \frac{1}{x}\right)^x,$$

como mostra a figura a seguir.

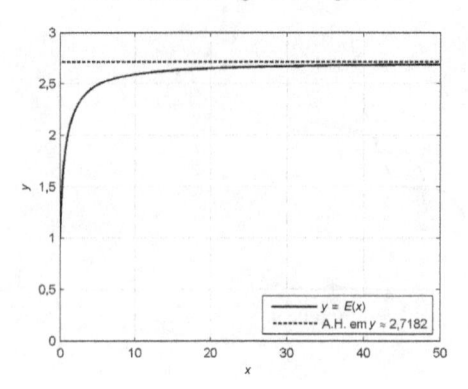

Encontre os valores de $E(x)$ para $x = 1, 10, 10^2, 10^3, \ldots$
Verifique que
$$\lim_{x \to +\infty} E(x) = e.$$

7.7 O algoritmo denominado Quicksort é capaz de ordenar uma lista de n elementos usando, em média, $M = n \log_2 n$ operações (Toscani; Veloso, 2002, p.64). Supondo que a velocidade de processamento v de um computador seja de 1.000.000 de operações por segundo, quanto tempo irá demorar para ordenar uma lista com $n = 5.000.000$ elementos?

7.8 A população do Brasil mostrada na Tabela 2.2 pode ser modelada pela função
$$P(t) = 16{,}0141\, e^{0{,}0243\, t},$$

onde P é a população (em milhões de habitantes) e t é o tempo (em anos a partir de 1900).

(a) Determine o valor de P estimado pelo modelo para os anos de 1940 até 2000.

(b) Desenhe o gráfico de P.

(c) Compare as populações estimadas pelo modelo e as populações do censo. O modelo se ajusta adequadamente aos dados?

(d) Qual é o valor de $P(0)$? Qual é seu significado?

(e) Segundo o modelo, em que ano a população do Brasil será de 250 milhões de habitantes?

7.9 A população de bactérias aeróbicas em um pequeno lago é modelada por
$$P(t) = \frac{60}{5 + 7e^{-t}},$$

onde $P(t)$ é a população (em bilhões de bactérias) e t é o tempo (em dias) após a observação inicial $t = 0$.

(a) Desenhe o gráfico de $P(t)$.

(b) Descreva o que ocorre com a população no decorrer do tempo, isto é, determine $\lim_{t \to \infty} P(t)$.

(c) Qual é a taxa de variação média $\Delta P / \Delta t$ no intervalo de tempo de $t = 2{,}0$ a $t = 2{,}5$ dias

(d) Descreva o que ocorre com a taxa de variação da população no decorrer do tempo.

7.10 Do estudo da Química, sabemos que alguns elementos têm a tendência natural de emitir radiação e transformar-se em elementos diferentes. Eles são chamados de elementos *radioativos*. Com o passar do tempo, a quantidade do elemento original presente em uma amostra diminui de acordo com a função
$$Q(t) = Q_0 e^{-kt},$$

onde Q é a quantidade do elemento presente na amostra (medido em unidades de massa), Q_0 é a quantidade inicial, t é o tempo transcorrido desde a medição inicial e k é uma constante positiva característica de cada elemento. Para o iodo-128 (usado como *contraste* em diagnóstico por imagem) o valor de k é 0,0275 min^{-1} (Halliday; Resnick; Merrill, 1991, p. 263).

(a) Suponha que 5 mg de iodo-128 sejam injetados em um paciente. Desenhe o gráfico mostrando a quantidade de contraste presente no paciente até 2 horas após sua injeção.

(b) Qual é a taxa média de decaimento durante a primeira hora? E durante a segunda hora?

7.11 Uma importante característica dos elementos radioativos é denominada *tempo de meia-vida*, que consiste no tempo τ transcorrido até que a quantidade de elemento presente em uma amostra seja a metade da quantidade inicial.

(a) Mostre que o tempo de meia-vida é dado por
$$\tau = \frac{\ln 2}{k}.$$

(b) Verifique o valor de $Q(t)$ para $t = 0, \tau, 2\tau, 3\tau, \ldots$

7.12 Em 25 de abril de 1986, um grave acidente ocorreu na usina nuclear de Chernobyl (Ucrânia). Nesse acidente, vários elementos radioativos vazaram para a atmosfera, inclusive o Estrôncio-90, bastante nocivo ao ser humano e ao meio ambiente. Estima-se que 10 kg de Estrôncio-90 vazaram da usina.

(a) Sabendo que sua meia-vida é de 28 anos, determine o valor da constante k na função de decaimento.

(b) Quanto Estrôncio-90 está presente na atmosfera atualmente?

7.13 Quando uma tensão elétrica constante U (em volts) é aplicada a um circuito constituído por um resistor (de resistência R, em ohms) e um capacitor (de capacitância C, em farads) ligados em série, a corrente elétrica i (em ampères) é dada por
$$i(t) = \frac{U}{R}e^{-RCt},$$
onde t é o tempo (em segundos) transcorrido desde o momento da aplicação da tensão.

(a) Dado que $U = 300$ V, $R = 1.500\ \Omega$ e $C = 3 \times 10^{-6}$ F, substitua esses valores na expressão e simplifique o que for possível.

(b) Calcule o valor de i nos instantes $t = 0, 200, 400$ e 600 segundos e desenhe o gráfico de $i(t)$.

(c) Em qual instante de tempo a corrente atinge a fração de 10% da corrente inicial?

7.14 Reconsidere o problema anterior. Se o capacitor for substituído por um indutor (de indutância L, em henrys), a corrente elétrica i (em ampères) será dada por
$$i(t) = \frac{U}{R}\left(1 - e^{-(R/L)t}\right).$$

(a) Dado que $L = 0,2 \times 10^6$ H, substitua os valores na expressão e simplifique o que for possível.

(b) Calcule o valor de i nos instantes $t = 0, 200, 400$ e 600 segundos e desenhe o gráfico de $i(t)$.

(c) Qual é a taxa de variação média $\Delta i / \Delta t$ no intervalo de tempo de $200 \leq t \leq 400$ segundos?

7.15 Se depositarmos um valor M_0 (capital inicial), em reais, em uma caderneta de poupança, o saldo M é dado por
$$M(t) = M_0(1 + r)^t,$$
onde r é a taxa de juros mensal (na forma decimal) e t é o período de aplicação (em meses). Qual é o tempo de investimento necessário para que um capital de R\$ 1.000,00 tenha um rendimento de R\$ 400,00, considerando uma taxa mensal de juros de 0,5%?

7.16 A função expressa no problema anterior pode ser *aproximada* por
$$M(t) \approx M_0 e^{rt},$$
se a taxa de juros r for pequena (o que geralmente é verdadeiro).

(a) Responda novamente à pergunta do problema anterior, supondo válida a aproximação.

(b) A aproximação continua válida se a taxa mensal de juros for 5%?

7.17 Se mensalmente depositamos uma quantia m na caderneta de poupança, o saldo M é dado por
$$M(t) = \frac{m}{r}\left[(1+r)^{t+1} - 1\right],$$
onde r é a taxa de juros mensal (na forma decimal) e t é o período de aplicação (em meses). Ao ingressar na universidade, um estudante inicia

uma caderneta de poupança, na qual deposita mensalmente a quantia de R$ 50,00. Considere uma taxa mensal de juros de 0,5% e determine o saldo acumulado após 60 meses (ele espera graduar-se em 5 anos!).

7.18 O valor de uma máquina industrial é, inicialmente, R$ 10.000 e, para efeitos contábeis, deprecia 10% a cada ano.

(a) Encontre uma expressão exponencial para $V(t)$, o valor da máquina após t anos de uso.

(b) Determine as taxas médias de variação $\Delta V/\Delta t$ nos intervalo de tempo de $0 \leq t \leq 1$ e $1 \leq t \leq 2$ anos.

(c) A máquina sofre maior depreciação durante o primeiro ou o segundo ano de uso?

(d) Após quanto tempo a máquina valerá menos da *metade* do valor inicial?

7.19 A pressão atmosférica P (em qualquer unidade de medida) na altura h (em metros), acima da superfície da Terra, pode ser aproximada por

$$P(h) = P_0 e^{-1,25 \times 10^{-4} h},$$

onde P_0 é a pressão atmosférica, no nível do mar.

(a) Se você for ao topo do *Pico da Neblina* (AM), ponto mais alto do Brasil, com altura de 2.994 m, qual será a pressão atmosférica, em percentual, com relação à pressão no nível do mar?

(b) A pressão atmosférica na altitude de cruzeiro de um avião comercial é de 22% da pressão ao nível do mar. Qual é sua altitude?

7.20 Para tratar uma infecção odontológica, um estudante deve tomar *amoxilina* (antibiótico) de 12 em 12 horas. A bula do remédio diz: "24 horas após a administração do remédio, o organismo elimina 90% da substância ativa". Intrigado com essa informação, o estudante usa um modelo exponencial para saber quanta substância ainda está presente no seu organismo no momento de tomar a *segunda* dose (Lima, 2005). Que valor é esse?

7.21 O nível sonoro N (em decibéis) e a intensidade sonora I (em **watts** por centímetro quadrado) estão relacionados por

$$N = 1,6 + \frac{1}{10} \log(I).$$

(a) Calcule o nível sonoro N correspondente ao barulho provocado por tráfego pesado de veículos, cuja intensidade é estimada em 10^{-8} W/cm².

(b) Calcule a intensidade sonora I correspondente ao limiar de dor, que é cerca de 120 dB.

7.22 Um ciclista decide descer uma ladeira sem acionar os freios. A velocidade v (em metros por segundo) do ciclista é monitorada e é dada por $v(t) = 20,83(1 - e^{-1,875t})$, onde t é o tempo (em segundos).

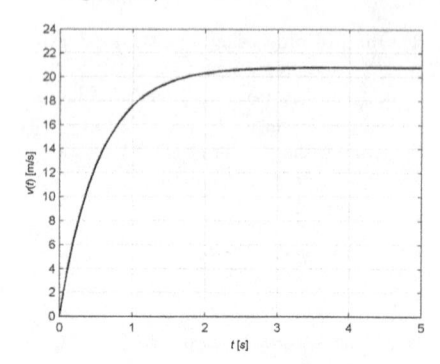

(a) Calcule a velocidade nos instantes $t = 0, 1, 2$ e 3 segundos.

(b) Calcule exatamente o instante em que a velocidade é de 20 m/s.

James Watt (1736–1819)

Mecânico e construtor de instrumentos escocês. Aperfeiçoou a máquina a vapor de Newcomen (usada para drenagem de água em minas de carvão) usando, pela primeira vez, os aspectos teóricos da incipiente termodinâmica. Sua nova máquina (mais eficiente) tornou possível a Revolução Industrial. Como homenagem, seu nome foi dado à unidade de medida de potência. Adaptado de Weisstein (2014).

(c) Confirme os seus cálculos assinalando os resultados obtidos na figura.

(d) Determine as taxas médias de variação $\Delta v/\Delta t$ nos intervalo de tempo de $t \in [0,\ 1]$ e $t \in [1,\ 2]$ segundos. O que esses valores significam?

(e) Descreva o que acontece com a velocidade do ciclista à medida que o tempo passa.

Conjunto B: Além do básico

7.23 Uma função exponencial $f(n) = a \cdot r^n$, onde a e r são constantes e $n = 0, 1, 2,$ ..., também é chamada de *progressão geométrica* (PG). Por exemplo:

5, 15, 45, 135, 405, 1215, 3645, ...

Tem como propriedade fundamental a *razão r* entre dois termos sucessivos ser uma constante. Para a PG mostrada, determine:

(a) a razão;

(b) a função exponencial que a descreve.

7.24 A figura abaixo mostra o número de descendentes gerados por uma única cadela não castrada e são atribuídos aos valores uma *progressão geométrica*.

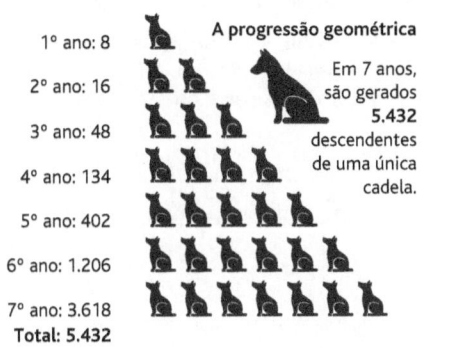

	A progressão geométrica
1º ano: 8	
2º ano: 16	Em 7 anos, são gerados 5.432 descendentes de uma única cadela.
3º ano: 48	
4º ano: 134	
5º ano: 402	
6º ano: 1.206	
7º ano: 3.618	
Total: 5.432	

(a) A progressão apresentada é, de fato, geométrica?

(b) A quantidade de cachorrinhos da ilustração corresponde a uma progressão geométrica?

7.25 Certas combinações de exponenciais têm importância suficiente para receber nomes e notações especiais (Anton; Bivens; Davis, 2014): são denominadas,

respectivamente, de *seno hiperbólico* de x e *cosseno hiperbólico* de x e são denotadas, respectivamente, por

$$\mathrm{senh}(x) = \frac{e^x - e^{-x}}{2} \quad \text{e} \quad \cosh(x) = \frac{e^x + e^{-x}}{2}.$$

(a) Determine os domínios e as imagens das funções hiperbólicas.

(b) Desenhe os seus gráficos.

7.26 As funções hiperbólicas satisfazem várias identidades similares àquelas das funções trigonométricas. Mostre que $\cosh^2(x) - \mathrm{senh}^2(x) = 1$.

7.27 Sabendo que $F(x) = ae^{bx}$ e que $F(2) = 10$ e $F(4) = 30$, determine a e b.

7.28 Quando um cabo flexível e homogêneo está suspenso livremente entre dois pontos (como, por exemplo, um cabo de alta tensão), ele toma a forma de um arco denominado *catenária*. A função que descreve uma catenária é da forma

$$f(x) = a\,\cosh(x/a),$$

onde a é um fator relacionado ao tamanho da "barriga" da curva (reveja o Problema 7.25). Em tais cabos, todas as forças internas estão em equilíbrio, assim, uma catenária invertida faz uma arco perfeito; isto é, seu peso se distribui de forma a anular forças internas. O Gateway Arch (Saint Louis, EUA) é um exemplo de arco construído dessa forma.

(a) O Gateway Arch é aproximadamente descrito por $h(x) = 231 - 39\cosh(x/39)$, onde h e x são dados em metros. Desenhe esse gráfico.

(b) Determine a altura e a distância entre as bases do arco.

7.29 A *Lei do Resfriamento* de Newton,
$$T(t) = T_a + (T_0 - T_a)e^{-kt}$$
descreve o comportamento da temperatura T de um objeto em função do tempo t. Nessa expressão, T_0 é a temperatura inicial do objeto, T_a é a temperatura ambiente a qual está exposto (suposta constante, com $T_a < T_0$) e $k > 0$ é um parâmetro relacionado com a taxa de variação de temperatura (devido a suas características físicas e geométricas). Suponha que um objeto à temperatura inicial de 148°C seja colocado em um ambiente à temperatura de 18°C e que, após 1 minuto, a temperatura caia para 93°C.

(a) Determine o valor e a unidade de medida de k.

(b) Desenhe o gráfico de $T(t)$.

(c) Quanto tempo transcorre até que a diferença das temperaturas do objeto e do ambiente seja menor que 1°C?

7.30 A **Escala Richter** é uma maneira de medir a intensidade de terremotos (abalos sísmicos). Nessa escala, a magnitude M de um terremoto está relacionada com a energia E (em joules) liberada de acordo com
$$M = \frac{2}{3} \log\left(\frac{E}{E_0}\right),$$
onde $E_0 = 2{,}52 \times 10^4$ J.

(a) O maior terremoto registrado ao longo dos tempos o correu em 22 de maio de 1960 e atingiu a capital do Chile, Santiago. Cerca de 5 mil pessoas morreram, e 2 milhões ficaram desabrigadas. Estima-se que a energia liberada pelo terremoto foi de $4{,}48 \times 10^{18}$ J. Determine sua magnitude.

(b) O tremor mais forte de que se tem notícia no Brasil ocorreu em 31 de janeiro de 1955, na Serra do Tombador (MT), com magnitude 6,6 na escala Richter. Ele não provocou vítimas, porque aconteceu em uma região desabitada. Quanta energia esse terremoto liberou?

7.31 Reconsidere o problema anterior. Um terremoto A liberou o *dobro* de energia que um terremoto B. Na escala Richter, suas magnitudes diferem em quanto?

7.32 ☑ A *Lei da Radiação*,
$$S(\lambda) = \frac{2\pi c^2 h}{\lambda^5} \frac{1}{e^{hc/\lambda kT} - 1},$$
descreve a quantidade de energia luminosa S (em watt por metro cúbico) emitida por um corpo de prova na temperatura T (em Kelvin) em função do comprimento de onda λ (em metros). Nessa expressão, $c = 3{,}00 \times 10^8$ m/s é a velocidade da luz, $h = 6{,}63 \times 10^{-34}$ J · s é a *constante de Planck* e $k = 1{,}38 \times 10^{-23}$ J/K é a *constante de Boltzmann* (Halliday; Resnick; Merrill, 1991).

(a) Considere um objeto com temperatura $T = 3.500$ K. Substitua as constantes na expressão, simplifique o que for possível e obtenha uma expressão para $S(\lambda)$.

(b) Com um recurso gráfico computacional, obtenha o gráfico de S no intervalo $(0{,}1 \leq \lambda \leq 4{,}0) \times 10^{-6}$m.

7.33 No problema anterior, pode-se mostrar (Zemansky, 1978, p. 390) que o maior valor de S ocorre em $\lambda_{\max}$ dado por
$$\lambda_{\max} = \frac{hc}{zkT},$$
onde z é o zero positivo de
$$f(x) = \frac{x}{5} + e^{-x} - 1.$$

(a) Encontre z, o zero de f, com a maior precisão possível.

(b) Determine o valor de $\lambda_{\max}$.

Observe que $\lambda_{\max}$ corresponde à radiação na região do *infravermelho*. Discuta com seu professor de Física as implicações desse fato.

Charles Francis Richter (1900–1985)

Sismólogo norte-americano. Desenvolveu essa escala em 1935 juntamente com Beno Gutenberg (1889–1960) no California Institute of Technology (Caltech), onde estudavam os frequentes sismos da Califórnia (Estado ao sul dos EUA).

Capítulo 8
Trigonometria e Funções Trigonométricas

A Trigonometria é uma área da Matemática bastante importante no Cálculo Diferencial e Integral. Os primeiros estudos sobre Trigonometria (do grego *trigonon*, triângulo, e *metria*, medição) tiveram origem nas relações entre lados e ângulos no triângulo e datam de muito tempo. Nosso objetivo principal neste capítulo é o estudo de *funções trigonométricas*. Podemos defini-las usando o círculo unitário, que é a definição que as torna periódicas ou com repetições. Essas funções são muito importantes, pois inúmeros fenômenos que ocorrem em nossa volta são periódicos: o nível da água em uma maré, a pressão sanguínea em nosso sistema circulatório, a corrente elétrica alternada, a posição das moléculas de ar transmitindo uma nota musical. Em todos esses fenômenos, uma grandeza oscila com regularidade e pode ser representada por funções trigonométricas. Neste capítulo, faremos primeiramente uma revisão de alguns conceitos básicos da Trigonometria necessários para o estudo das funções trigonométricas e suas inversas.

8.1 Trigonometria

Nesta seção, revisaremos alguns conceitos de Trigonometria que servirão de base para os demais conteúdos apresentados neste capítulo.

8.1.1 Ângulo e suas unidades de medida

Ângulo é uma região do plano delimitada por duas semirretas com a mesma origem. As semirretas são os lados do ângulo, e a origem comum é o vértice. Quando orientado no sentido anti-horário, o ângulo é positivo e, no sentido horário, é negativo.

As unidades de medidas mais comumente utilizadas para ângulos em um círculo são:

Grau: Um grau corresponde ao ângulo subtendido por um arco de comprimento igual a $\frac{1}{360}$ do comprimento da circunferência.

Radiano: Um radiano corresponde ao ângulo subtendido por um arco de comprimento igual ao raio do círculo.

Assim, uma circunferência de raio 1 tem um comprimento igual a 2π rad ou 360°, onde π corresponde a aproximadamente 3,1416. A Tabela 8.1 mostra a relação entre as medidas em grau e em radiano de alguns ângulos.

Exemplo 8.1 *Quantos graus correspondem a um ângulo de* $\theta = 1\ rad$?

Solução:

$$\theta = 1\,\text{rad} = 1\,\text{rad} \times \frac{360°}{2\pi\,\text{rad}} = \frac{180}{\pi} \approx 57{,}3°.$$

Exemplo 8.2 *Quantos radianos correspondem a um ângulo de* $\alpha = 120°$?

Solução:

$$\alpha = 120° \times \frac{2\pi\,\text{rad}}{360°} = \frac{2\pi}{3}\,\text{rad} \approx 2{,}09\,\text{rad}.$$

Usando a tecnologia: Verifique se sua calculadora pode operar com ângulos medidos tanto em graus quanto em radianos. Certifique-se de usar o modo correto para evitar erros.

Tabela 8.1 Medidas em grau e em radiano de alguns ângulos

Grau	0°	30°	45°	60°	90°	135°	180°	270°	360°
Radiano	0	$\frac{\pi}{6}$	$\frac{\pi}{4}$	$\frac{\pi}{3}$	$\frac{\pi}{2}$	$\frac{3\pi}{4}$	π	$\frac{3\pi}{2}$	2π

8.1.2 O triângulo retângulo

O triângulo retângulo, mostrado na Figura 8.1, é uma figura geométrica muito usada na Matemática.

Definição 8.1 *O **triângulo retângulo** é um triângulo que possui um ângulo interno reto (igual a 90°) e outros dois ângulos agudos (ângulos cuja medida é maior do que 0° e menor do que 90°).*

Definição 8.2 *O lado oposto ao ângulo reto, é **hipotenusa** e os dois lados restantes são denominados **catetos**.*

Existe uma relação entre as medidas dos três lados de qualquer triângulo retângulo declarada no teorema de Pitágoras "em qualquer triângulo retângulo, o quadrado do comprimento da hipotenusa é igual à soma dos quadrados dos comprimentos dos catetos". Assim,

$$c^2 = a^2 + b^2,$$

onde c é a medida da hipotenusa, e a e b são as medidas dos catetos.

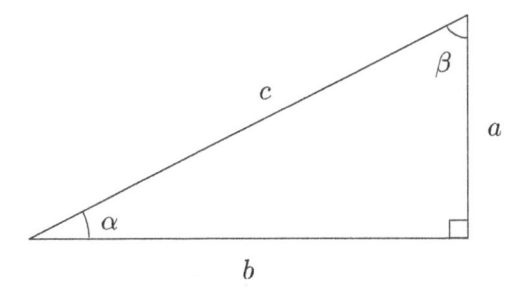

Figura 8.1 Triângulo retângulo cuja hipotenusa mede c e cujos catetos medem a e b.

8.1.3 Razões trigonométricas no triângulo retângulo

Em um triângulo retângulo, para cada ângulo agudo α, definem-se seis razões trigonométricas conhecidas como *seno, cosseno, tangente, cotangente, secante* e *cossecante*.

$$\text{seno do ângulo } \alpha = \frac{\text{medida do cateto oposto a } \alpha}{\text{medida da hipotenusa}}$$

$$\text{cosseno do ângulo } \alpha = \frac{\text{medida do cateto adjacente a } \alpha}{\text{medida da hipotenusa}}$$

$$\text{tangente do ângulo } \alpha = \frac{\text{medida do cateto oposto a } \alpha}{\text{medida do cateto adjacente a } \alpha} = \frac{\text{seno do ângulo } \alpha}{\text{cosseno do ângulo } \alpha}$$

$$\text{cotangente do ângulo } \alpha = \frac{\text{medida do cateto adjacente a } \alpha}{\text{medida do cateto oposto a } \alpha} = \frac{\text{cosseno do ângulo } \alpha}{\text{seno do ângulo } \alpha}$$

$$\text{secante do ângulo } \alpha = \frac{\text{medida da hipotenusa}}{\text{medida do cateto adjacente a } \alpha} = \frac{1}{\text{cosseno do ângulo } \alpha}$$

$$\text{cossecante do ângulo } \alpha = \frac{\text{medida da hipotenusa}}{\text{medida do cateto oposto a } \alpha} = \frac{1}{\text{seno do ângulo } \alpha}$$

Utilizando a Figura 8.1, representamos as razões trigonométricas para os ângulos α e β na Tabela 8.2.

Tabela 8.2 Razões trigonométricas para os ângulos α e β do triângulo retângulo da Figura 8.1

$\operatorname{sen}(\alpha) = \frac{a}{c}$	$\operatorname{sen}(\beta) = \frac{b}{c}$
$\cos(\alpha) = \frac{b}{c}$	$\cos(\beta) = \frac{a}{c}$
$\operatorname{tg}(\alpha) = \frac{a}{b}$	$\operatorname{tg}(\beta) = \frac{b}{a}$
$\cot(\alpha) = \frac{b}{a}$	$\cot(\beta) = \frac{a}{b}$
$\sec(\alpha) = \frac{c}{b}$	$\sec(\beta) = \frac{c}{a}$
$\operatorname{cossec}(\alpha) = \frac{c}{a}$	$\operatorname{cossec}(\beta) = \frac{c}{b}$

Exemplo 8.3 *Determine o valor do* seno, *do* cosseno *e da* tangente *dos ângulos agudos de um triângulo retângulo cujos catetos medem, respectivamente, 3 cm e 4 cm.*

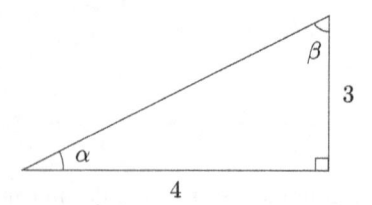

Solução: Aplicando o teorema de Pitágoras, temos: $c^2 = 3^2 + 4^2 \Rightarrow c^2 = 9 + 16 \Rightarrow c^2 = 25 \Rightarrow c = 5$ (medida da hipotenusa). Então, utilizando a mesma denominação para os ângulos internos conforme Figura 8.1, temos:

$$\operatorname{sen}(\alpha) = \cos(\beta) = \frac{3}{5} \qquad \cos(\alpha) = \operatorname{sen}(\beta) = \frac{4}{5}$$

$$\operatorname{tg}(\alpha) = \frac{3}{4} \qquad \operatorname{tg}(\beta) = \frac{4}{3}$$

Exemplo 8.4 *Para descarregar areia de um caminhão, um mestre de obras fez uma rampa com uma inclinação* $\alpha = 30°$ *apoiando uma tábua na caçamba do caminhão, conforme a figura abaixo. Sabendo que a altura da caçamba ao solo é* $h = 1,5$ m, *calcule o comprimento L da rampa.*

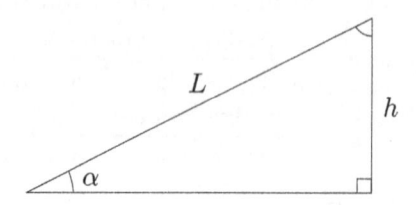

Solução: De acordo com a figura, temos um triângulo retângulo cuja hipotenusa mede L, formando um ângulo α de $30°$ com o cateto adjacente. O cateto oposto mede 1,5 m. Assim, temos:

$$\operatorname{sen}(\alpha) = \frac{h}{L} \Rightarrow L = \frac{h}{\operatorname{sen}(\alpha)} = \frac{1,5}{0,5} = 3 \operatorname{m}$$

8.1.4 Razões trigonométricas seno, cosseno e tangente dos ângulos de 30°, 45° e 60°

Na trigonometria, alguns ângulos são fundamentais e exercem papel importante. Os ângulos de 30°, 45° e 60° estão presentes em diversas figuras geométricas, como triângulos equiláteros, decomposições de quadrados e hexágonos, etc. Os respectivos senos, cossenos e tangentes desses ângulos são, portanto, fundamentais. Seus valores são deduzidos a seguir.

Ângulo de 45° Traçamos a diagonal d do quadrado de lado a, conforme mostra a Figura 8.2. Pelo teorema de Pitágoras, deduzimos:

$$d^2 = a^2 + a^2 \Rightarrow d^2 = 2a^2 \Rightarrow d = a\sqrt{2}$$

e, então, determinamos as razões trigonométricas:

$$\text{sen}(45°) = \frac{\text{medida do cateto oposto ao ângulo de 45°}}{\text{medida da hipotenusa}} = \frac{a}{d} = \frac{a}{a\sqrt{2}} = \frac{1}{\sqrt{2}} = \frac{\sqrt{2}}{2}$$

$$\cos(45°) = \frac{\text{medida do cateto adjacente ao ângulo de 45°}}{\text{medida da hipotenusa}} = \frac{a}{d} = \frac{a}{a\sqrt{2}} = \frac{1}{\sqrt{2}} = \frac{\sqrt{2}}{2}$$

$$\text{tg}(45°) = \frac{\text{medida do cateto oposto ao ângulo de 45°}}{\text{medida do cateto adjacente ao ângulo de 45°}} = \frac{a}{a} = 1$$

Ângulo de 60° Traçamos a altura h do triângulo equilátero de lado a, conforme mostra a Figura 8.2. Pelo teorema de Pitágoras, deduzimos:

$$a^2 = h^2 + \left(\frac{a}{2}\right)^2 \Rightarrow h^2 = \frac{3a^2}{4} \Rightarrow h = \frac{a\sqrt{3}}{2}$$

e, então, determinamos as razões trigonométricas:

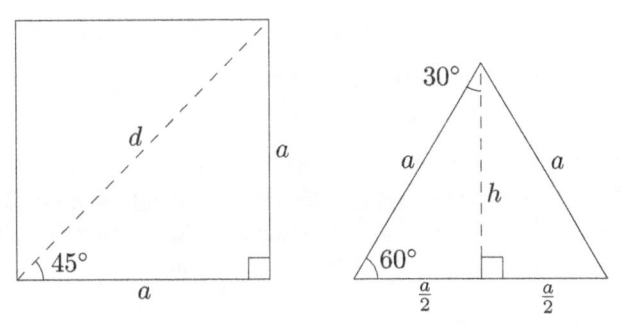

Figura 8.2 Dedução das razões trigonométricas de 30°, 45° e 60°.

$$\text{sen}(60°) = \frac{\text{medida do cateto oposto ao ângulo de } 60°}{\text{medida da hipotenusa}} = \frac{h}{a} = \frac{\frac{a\sqrt{3}}{2}}{a} = \frac{\sqrt{3}}{2}$$

$$\cos(60°) = \frac{\text{medida do cateto adjacente ao ângulo de } 60°}{\text{medida da hipotenusa}} = \frac{a/2}{a} = \frac{1}{2}$$

$$\text{tg}(60°) = \frac{\text{medida do cateto oposto ao ângulo de } 60°}{\text{medida do cateto adjacente ao ângulo de } 60°} = \frac{h}{a/2} = \frac{\frac{a\sqrt{3}}{2}}{a/2} = \sqrt{3}$$

Ângulo de 30° Usando o mesmo triângulo, determinamos as razões trigonométricas:

$$\text{sen}(30°) = \frac{\text{medida do cateto oposto ao ângulo de } 30°}{\text{medida da hipotenusa}} = \frac{a/2}{a} = \frac{1}{2}$$

$$\cos(30°) = \frac{\text{medida do cateto adjacente ao ângulo de } 30°}{\text{medida da hipotenusa}} = \frac{h}{a} = \frac{\frac{a\sqrt{3}}{2}}{a} = \frac{\sqrt{3}}{2}$$

$$\text{tg}(30°) = \frac{\text{medida do cateto oposto ao ângulo de } 30°}{\text{medida do cateto adjacente ao ângulo de } 30°} = \frac{a/2}{h} = \frac{a/2}{\frac{a\sqrt{3}}{2}} = \frac{1}{\sqrt{3}} = \frac{\sqrt{3}}{3}$$

As razões seno, cosseno e tangente de 30°, 45° e 60° apresentam-se resumidas na Tabela 8.3. Uma tabela mais completa é apresentada na Seção A.6.

Tabela 8.3 Seno, cosseno e tangente de 30°, 45° e 60°

α	30°	45°	60°
$\text{sen}(\alpha)$	$\frac{1}{2}$	$\frac{\sqrt{2}}{2}$	$\frac{\sqrt{3}}{2}$
$\cos(\alpha)$	$\frac{\sqrt{3}}{2}$	$\frac{\sqrt{2}}{2}$	$\frac{1}{2}$
$\text{tg}(\alpha)$	$\frac{\sqrt{3}}{3}$	1	$\sqrt{3}$

Exemplo 8.5 *Uma escada de 10 m de comprimento está apoiada em uma parede. A distância entre o pé da escada e a parede é de 5 m. Determine o ângulo formado entre a escada e a parede.*

Solução: Fazendo uma figura da situação, temos um triângulo retângulo cuja hipotenusa mede 10 cm e o cateto adjacente b ao ângulo α mede 5 cm. A relação seno do ângulo α é adequada para a situação. Assim, temos: $\frac{b}{a} = \frac{5}{10} = \frac{1}{2}$. Logo, $\alpha = 30°$.

Usando a tecnologia: Em sua calculadora, o valor de sen(α) é obtido usando a tecla [SEN] (ou [SIN]); o de cos(α), usando a tecla [COS]; e o de tg(α), usando a tecla [TG] (ou [TAN]). (Leia o manual para mais detalhes.)

Exemplo 8.6 *Utilizando uma calculadora, calcule os valores de y (com pelo menos 4 dígitos decimais).*

(a) $y = \operatorname{sen}(15°) \cos(15°)$

(b) $y = \sqrt{3} \operatorname{sen}(15°) + \cos(15°)$

(c) $y = \dfrac{1 + \operatorname{tg}(15°)}{1 - \operatorname{tg}(15°)}$

Solução:

(a) $y = \operatorname{sen}(15°) \cos(15°) = 0{,}2588 \cdot 0{,}9659 = 0{,}25$

(b) $y = \sqrt{3} \operatorname{sen}(15°) + \cos(15°) = 1{,}7321 \cdot 0{,}2588 + 0{,}9659 = 1{,}4142$

(c) $y = \dfrac{1 + \operatorname{tg}(15°)}{1 - \operatorname{tg}(15°)} = \dfrac{1 + 0{,}2679}{1 - 0{,}2679} = 1{,}7321$

8.1.5 Identidades trigonométricas

A seguir, são listadas algumas identidades que envolvem as razões trigonométricas estudadas e que são bastante utilizadas nas disciplinas de Cálculo:

$$\operatorname{sen}^2(\alpha) + \cos^2(\alpha) = 1 \qquad (8.1)$$

$$1 + \operatorname{tg}^2(\alpha) = \sec^2(\alpha) \qquad (8.2)$$

$$1 + \operatorname{cotg}^2(\alpha) = \operatorname{cossec}^2(\alpha) \qquad (8.3)$$

$$\operatorname{sen}(\alpha \pm \beta) = \operatorname{sen}(\alpha)\cos(\beta) \pm \cos(\alpha)\operatorname{sen}(\beta) \qquad (8.4)$$

$$\cos(\alpha \pm \beta) = \cos(\alpha)\cos(\beta) \mp \operatorname{sen}(\alpha)\operatorname{sen}(\beta) \qquad (8.5)$$

$$\operatorname{tg}(\alpha \pm \beta) = \dfrac{\operatorname{tg}(\alpha) \pm \operatorname{tg}(\beta)}{1 \pm \operatorname{tg}(\alpha)\operatorname{tg}(\beta)} \qquad (8.6)$$

$$\operatorname{sen}(2\alpha) = 2\operatorname{sen}(\alpha)\cos(\alpha) \qquad (8.7)$$

$$\cos(2\alpha) = \cos^2(\alpha) - \operatorname{sen}^2(\alpha) \qquad (8.8)$$

A identidade (8.1) é conhecida como Identidade Fundamental da Trigonometria. As identidades (8.4), (8.5) e (8.6) são denominadas de identidades de soma de ângulos para seno, cosseno e tangente, respectivamente. As identidades (8.7) e (8.8) são denominadas identidades do ângulo duplo para seno e cosseno, respectivamente. Estas identidades também estão listadas na Seção A.7.

Exemplo 8.7 *Simplifique a expressão* $y = \dfrac{\cotg(x) + \cossec(x)}{\sen(x)}$.

Solução: Como $\cotg(x) = \dfrac{\cos(x)}{\sen(x)}$ e $\cossec(x) = \dfrac{1}{\sen(x)}$, temos que

$$y = \frac{\cotg(x) + \cossec(x)}{\sen(x)} = \frac{\frac{\cos(x)}{\sen(x)} + \frac{1}{\sen(x)}}{\sen(x)} = \frac{\frac{\cos(x)+1}{\sen(x)}}{\sen(x)} = \frac{\cos(x)+1}{\sen(x)} \frac{1}{\sen(x)} = \frac{\cos(x)+1}{\sen^2(x)}.$$

Utilizando a identidade (8.1), temos que $\sen^2(x) = 1 - \cos^2(x) = (1 - \cos(x))(1 + \cos(x))$. Logo,

$$y = \frac{\cos(x)+1}{\sen^2(x)} = \frac{\cos(x)+1}{(1-\cos(x))(1+\cos(x))} = \frac{1}{1-\cos(x)}.$$

8.1.6 Ciclo trigonométrico

As razões trigonométricas válidas quando utilizadas com ângulos agudos podem ser aplicadas a qualquer ângulo de uma circunferência. Inicialmente, vamos definir a circunferência sobre a qual interpretaremos as razões trigonométricas. Tal circunferência recebe o nome de *circunferência trigonométrica* ou *ciclo trigonométrico*.

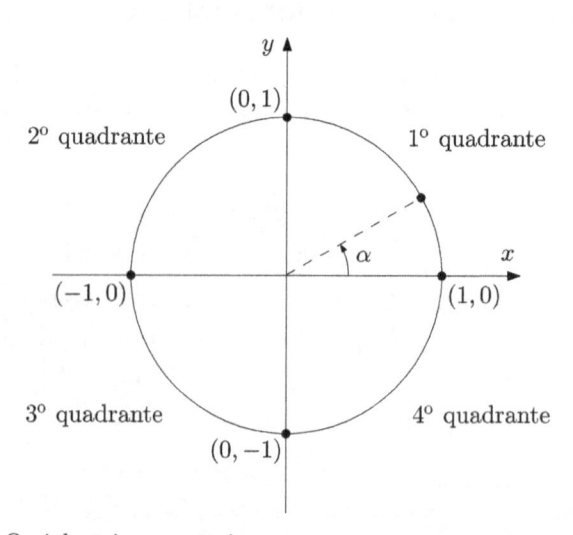

Figura 8.3 O ciclo trigonométrico.

Definição 8.3 *O ciclo trigonométrico* é uma circunferência de raio unitário associada a um sistema de coordenadas cartesianas. O centro da circunferência coincide com a origem do sistema cartesiano, ou seja, o centro é o ponto (0,0). Sua equação é $x^2 + y^2 = 1$ e seu gráfico está representado na Figura 8.3.

O círculo apresentado na Figura 8.3 está dividido em quatro quadrantes. O ponto (1, 0) é a origem de todos os ângulos medidos no ciclo trigonométrico. Considerando α a medida de um ângulo no ciclo trigonométrico, seu valor é *positivo* se medido no sentido *anti-horário* e *negativo* se medido no sentido *horário*. Os valores de α e os respectivos quadrantes são dados na Tabela 8.4.

Exemplo 8.8 *Identifique em quais quadrantes estão os arcos de medida* $\frac{\pi}{3}$ *rad,* $\frac{\pi}{6}$ *rad,* $\frac{3\pi}{4}$ *rad,* $\frac{5\pi}{3}$ *rad e* $\frac{7\pi}{6}$ *rad.*

> **Solução:** O arco de medida $\frac{\pi}{3}$ rad ou 60° está localizado no 1° quadrante. O arco de medida $\frac{\pi}{6}$ rad ou 30° está localizado no 1° quadrante. O arco de medida $\frac{3\pi}{4}$ rad, ou 135°, está localizado no 2° quadrante. O arco de medida $\frac{5\pi}{3}$ rad ou 300° está localizado no 4° quadrante. O arco de medida $\frac{7\pi}{6}$ rad ou 210° está localizado no 3° quadrante.

Definição 8.4 *Dado o ciclo trigonométrico e um segmento de reta que liga os pontos (0, 0) e (1, 0), a rotação desse segmento de um ângulo igual a α radianos desloca a extremidade livre do segmento do ponto (1, 0) para o ponto $P(x_0, y_0)$. As coordenadas x_0 e y_0 de P determinam, respectivamente, o cosseno e o seno do ângulo α.*

Verifiquemos a Definição 8.4 utilizando a Figura 8.4. Observe que α é um ângulo agudo do triângulo retângulo de hipotenusa OP (de medida igual a 1) e cujos catetos medem x_0 e y_0. Assim, sen$(\alpha) = \frac{y_0}{1} = y_0$, e cos$(\alpha) = \frac{x_0}{1} = x_0$. Dessa forma, à medida que o ponto P movimenta-se sobre o ciclo trigonométrico, os valores de $y_0 = $ sen(α) e $x_0 = $ cos(α) oscilam entre -1 e 1. Depois de o ponto P realizar uma volta completa no ciclo trigonométrico, os valores de cos(α) e sen(α) começam a se repetir.

Tabela 8.4 Valores de ângulos e quadrantes

Quadrante	α			
1°	0° < α < 90°	ou	0 rad < α < $\frac{\pi}{2}$ rad
2°	90° < α < 180°	ou	$\frac{\pi}{2}$ rad < α < π rad
3°	180° < α < 270°	ou	π rad < α < $\frac{3\pi}{2}$ rad
4°	270° < α < 360°	ou	$\frac{3\pi}{2}$ rad < α < 2π rad

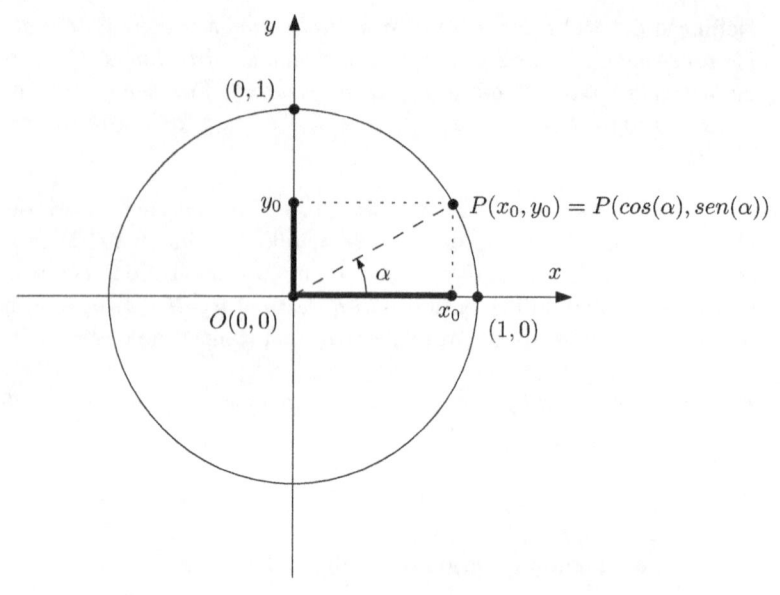

Figura 8.4 O seno e o cosseno de α no ciclo trigonométrico.

Exemplo 8.9 *Assumindo que α é um ângulo no primeiro quadrante, represente os pontos $A = (\frac{\sqrt{3}}{2}, \frac{1}{2})$, $B = (\frac{\sqrt{2}}{2}, \frac{\sqrt{2}}{2})$, $C = (\frac{1}{2}, \frac{\sqrt{3}}{2})$, $D = (1,0)$ e $E = (0,1)$ no ciclo trigonométrico, destacando o seno e o cosseno do ângulo que cada ponto representa.*

Solução: Os pontos estão representados na Figura 8.5.

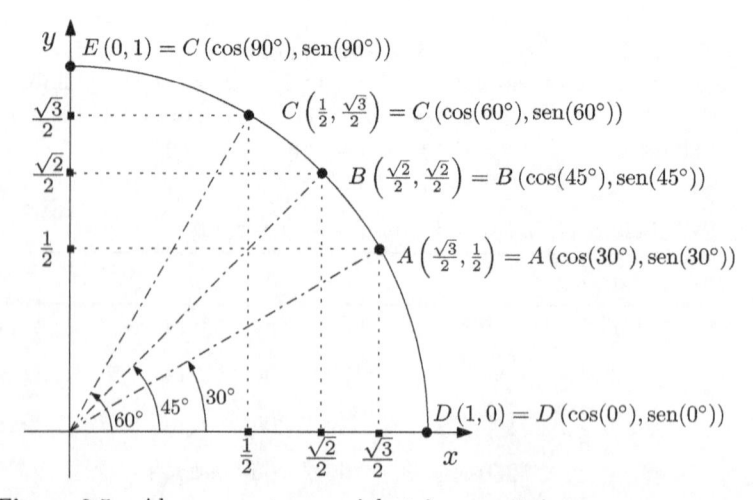

Figura 8.5 Alguns pontos no ciclo trigonométrico.

Capítulo 8 – Trigonometria e Funções Trigonométricas

Exemplo 8.10 *Se* $\operatorname{sen}(\alpha) = \frac{1}{3}$, *com* $0 < \alpha < \frac{\pi}{2}$, *calcule* $\operatorname{sen}(2\alpha)$ *e* $\cos(2\alpha)$ *utilizando identidades trigonométricas.*

Solução: Uma vez que sabemos que $\operatorname{sen}(\alpha) = \frac{1}{3}$, podemos utilizar a identidade (8.1) para determinar o valor de $\cos(\alpha)$:

$$\left(\frac{1}{3}\right)^2 + \cos^2(\alpha) = 1$$

Assim,
$$\frac{1}{9} + \cos^2(\alpha) = 1.$$

Logo,
$$\cos^2(\alpha) = 1 - \frac{1}{9} = \frac{8}{9}.$$

Como α pertence ao primeiro quadrante, então
$$\cos(\alpha) = \sqrt{\frac{8}{9}} = \frac{2\sqrt{2}}{3}.$$

Logo,
$$\operatorname{sen}(2\alpha) = 2\operatorname{sen}(\alpha)\cos(\alpha) = 2 \cdot \frac{1}{3} \cdot \frac{2\sqrt{2}}{3} = \frac{4\sqrt{2}}{9}$$

e
$$\cos(2\alpha) = \cos^2(\alpha) - \operatorname{sen}^2(\alpha) = \frac{8}{9} - \frac{1}{9} = \frac{7}{9}.$$

Exemplo 8.11 *Dado* $\cos(x) = -\frac{3}{4}$, *onde* $\frac{\pi}{2} < x < \pi$, *calcule* $\operatorname{sen}(x)$, $\operatorname{tg}(x)$, $\operatorname{cotg}(x)$, $\sec(x)$ *e* $\operatorname{cossec}(x)$.

Solução: Uma vez que sabemos que $\cos(x) = -\frac{3}{4}$, podemos utilizar a identidade (8.1) para determinar o valor de $\operatorname{sen}(x)$:

$$\operatorname{sen}^2(x) + \left(-\frac{3}{4}\right)^2 = 1.$$

Assim,
$$\operatorname{sen}^2(x) = 1 - \frac{9}{16} = \frac{7}{16}.$$

Como x pertence ao segundo quadrante, então
$$\operatorname{sen}(x) = \sqrt{\frac{7}{16}} = \frac{\sqrt{7}}{4}.$$

As demais razões trigonométricas são:

$$\operatorname{tg}(x) = \frac{\operatorname{sen}(x)}{\cos(x)} = \frac{\frac{\sqrt{7}}{4}}{-\frac{3}{4}} = \frac{\sqrt{7}}{4} \cdot -\frac{4}{3} = -\frac{\sqrt{7}}{3},$$

$$\operatorname{cotg}(x) = \frac{1}{\operatorname{tg}(x)} = \frac{1}{-\frac{\sqrt{7}}{3}} = -\frac{3}{\sqrt{7}} = -\frac{3\sqrt{7}}{7},$$

$$\sec(x) = \frac{1}{\cos(x)} = \frac{1}{-\frac{3}{4}} = -\frac{4}{3},$$

$$\operatorname{cossec}(x) = \frac{1}{\operatorname{sen}(x)} = \frac{1}{\frac{\sqrt{7}}{4}} = \frac{4}{\sqrt{7}} = \frac{4\sqrt{7}}{7}.$$

8.1.7 Redução ao primeiro quadrante

Os valores de seno e cosseno de um ângulo como coordenadas de um ponto têm sinais que dependem do quadrante em que o ponto se encontra. Além disso, é possível determinar o valor do seno de um ângulo α em qualquer quadrante conhecido o valor do seno no primeiro quadrante. Esse processo é conhecido como redução ao primeiro quadrante (Carmo; Morgado; Wagner, 1992). e é dado a seguir:

(a) Se α' está no segundo quadrante, ou seja, $\frac{\pi}{2} < \alpha' < \pi$, então $\operatorname{sen}(\alpha') = \operatorname{sen}(\pi - \alpha')$;

(b) Se α'' está no terceiro quadrante, ou seja, $\pi < \alpha'' < \frac{3\pi}{2}$, então $\operatorname{sen}(\alpha'') = -\operatorname{sen}(\alpha'' - \pi)$;

(c) Se α''' está no quarto quadrante, ou seja, $\frac{3\pi}{2} < \alpha''' < 2\pi$, então $\operatorname{sen}(\alpha''') = -\operatorname{sen}(2\pi - \alpha''')$.

Um processo similar pode ser construído para o valor do cosseno:

(a) Se α' está no segundo quadrante, ou seja, $\frac{\pi}{2} < \alpha' < \pi$, então $\cos(\alpha') = -\cos(\pi - \alpha')$;

(b) Se α'' está no terceiro quadrante, ou seja, $\pi < \alpha'' < \frac{3\pi}{2}$, então $\cos(\alpha'') = -\cos(\alpha'' - \pi)$;

(c) Se α''' está no quarto quadrante, ou seja, $3\pi < \alpha''' < 2\pi$, então $\cos(\alpha''') = \cos(2\pi - \alpha''')$.

A Figura 8.6 mostra essas relações.

Exemplo 8.12 *Utilizando a técnica de redução ao primeiro quadrante, e com o auxílio da Tabela 8.3, calcule (a)* $\operatorname{sen}(120°)$*, (b)* $\cos(120°)$*, (c)* $\operatorname{sen}(210°)$*, (d)* $\cos(\frac{5\pi}{6})$*, (e)* $\operatorname{sen}(\frac{5\pi}{3})$ *e (f)* $\cos(\frac{5\pi}{3})$*.*

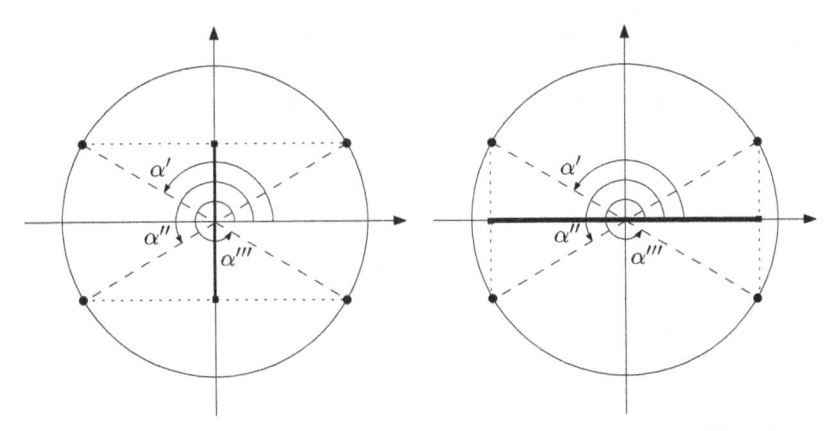

Figura 8.6 Redução ao primeiro quadrante para o seno (à esquerda) e o cosseno (à direita) de um ângulo.

Solução:
(a) $\text{sen}(120°) = \text{sen}(180° - 120°) = \text{sen}(60°) = \frac{\sqrt{3}}{2}$
(b) $\cos(120°) = -\cos(180° - 120°) = -\cos(60°) = -\frac{1}{2}$
(c) $\text{sen}(210°) = -\text{sen}(210° - 180°) = -\text{sen}(30°) = -\frac{1}{2}$
(d) $\cos(\frac{5\pi}{6}) = -\cos(\pi - \frac{5\pi}{6}) = -\cos(\frac{\pi}{6}) = -\frac{\sqrt{3}}{2}$
(e) $\text{sen}(\frac{5\pi}{3}) = -\text{sen}(2\pi - \frac{5\pi}{3}) = -\text{sen}(\frac{\pi}{3}) = -\frac{\sqrt{3}}{2}$
(f) $\cos(\frac{5\pi}{3}) = \cos(2\pi - \frac{5\pi}{3}) = \cos(\frac{\pi}{3}) = 1$

A Figura 8.7 mostra essas relações.

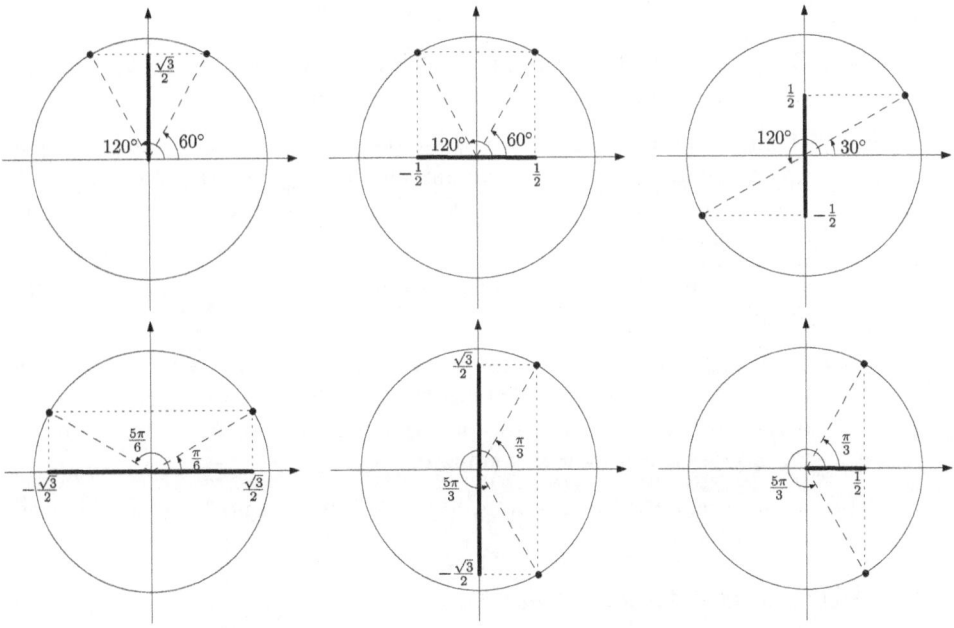

Figura 8.7 Redução ao primeiro quadrante dos ângulos do Exemplo 8.12.

8.1.8 Ângulos de medidas opostas

As extremidades de ângulos de medidas opostas α e $-\alpha$ têm abscissas iguais e ordenadas com valores opostos. Assim,

$$\operatorname{sen}(-\alpha) = -\operatorname{sen}(\alpha) \quad \text{e} \quad \cos(-\alpha) = \cos(\alpha).$$

Exemplo 8.13 *Calcule* $\operatorname{sen}(-\frac{\pi}{6})$ *e* $\cos(-\frac{\pi}{4})$.

> **Solução:** Temos que
>
> $$\operatorname{sen}(-\frac{\pi}{6}) = -\operatorname{sen}(\frac{\pi}{6}) = \frac{1}{2}$$
>
> e
>
> $$\cos(-\frac{\pi}{4}) = \cos(\frac{\pi}{4}) = \frac{\sqrt{2}}{2}.$$

8.2 Funções trigonométricas

Nesta seção, definiremos as seis funções trigonométricas. Assumimos que x é um número real através do qual é possível associar um ângulo no ciclo trigonométrico cuja medida é x rad.

Definição 8.5 *A **função seno** é definida como* $f(x) = \operatorname{sen}(x)$.

O gráfico da função seno possui as seguintes propriedades, conforme a Figura 8.8:

(a) O conjunto imagem é o intervalo $[-1, 1]$, uma vez que, sobre o ciclo trigonométrico, os valores de $\operatorname{sen}(x)$ oscilam entre -1 e 1.

(b) O sinal da função muda à medida que o ponto no ciclo muda de quadrante, uma vez que o seno de um ângulo é a ordenada da extremidade desse ângulo. Assim, $\operatorname{sen}(x) > 0$ no $1°$ e $2°$ quadrantes e $\operatorname{sen}(x) < 0$ no $3°$ e $4°$ quadrantes.

(c) $\operatorname{sen}(x)$ é crescente no $1°$ e $4°$ quadrantes e decrescente no $2°$ e $3°$ quadrantes.

(d) Uma vez que os valores de $\operatorname{sen}(x)$ começam a se repetir depois de 2π rad, ou seja, $\operatorname{sen}(x + 2\pi) = \operatorname{sen}(x)$, a função é dita periódica, e seu período é 2π rad. O período define o tamanho do intervalo em que a função descreve um ciclo completo.

(e) A curva correspondente ao gráfico da função seno é conhecida como senoide.

Definição 8.6 *A **função cosseno** é definida por* $f(x) = \cos(x)$.

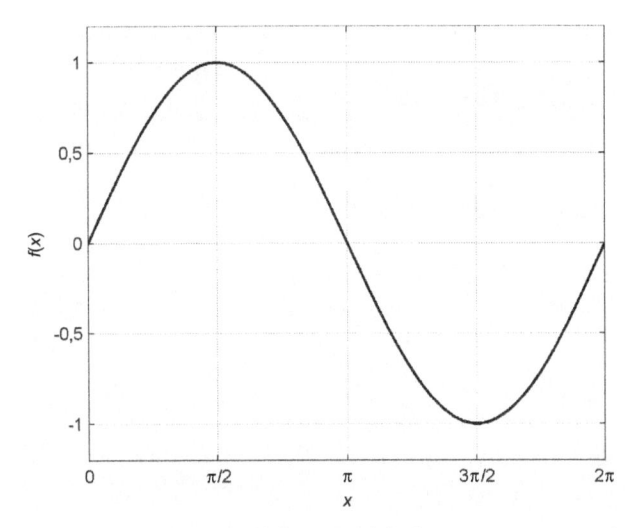

Figura 8.8 Gráfico da função $f(x) = \text{sen}(x)$ durante um período.

O gráfico da função cosseno possui as seguintes propriedades, conforme a Figura 8.9:

(a) O conjunto imagem é o intervalo $[-1, 1]$, uma vez que, sobre o ciclo trigonométrico, os valores de $\cos(x)$ oscilam entre -1 e 1.

(b) O sinal da função muda à medida que o ponto no ciclo muda de quadrante, uma vez que o cosseno de um ângulo é a abscissa da extremidade desse ângulo. Assim, $\cos(x) > 0$ no $1°$ e $4°$ quadrantes e $\cos(x) < 0$ no $2°$ e $3°$ quadrantes.

(c) $\cos(x)$ é crescente no $3°$ e $4°$ quadrantes e decrescente no $1°$ e $2°$ quadrantes.

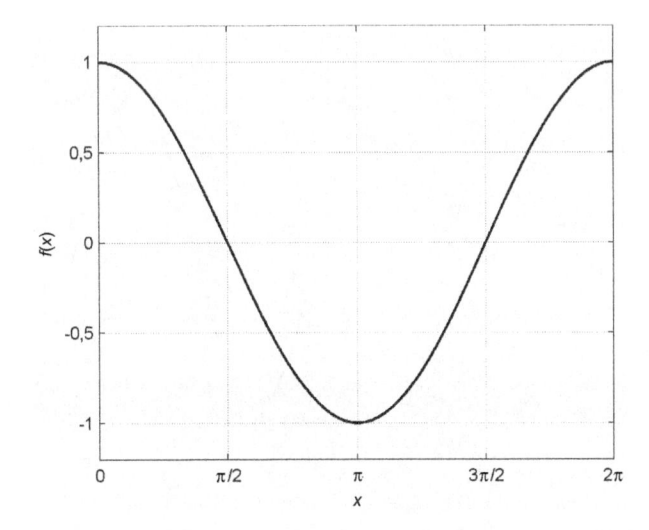

Figura 8.9 Gráfico da função $f(x) = \cos(x)$ durante um período.

(d) Uma vez que os valores de cos(x) começam a se repetir depois de 2π rad, ou seja, $\cos(x + 2\pi) = \cos(x)$, a função é dita periódica, e seu período é 2π rad.

Antes de continuarmos a definir as demais funções trigonométricas, precisamos conhecer os conceitos de amplitude e de período de uma função trigonométrica.

Definição 8.7 *A **amplitude** de oscilação A de uma função trigonométrica é a metade da diferença entre o valor máximo e o valor mínimo da função, isto é,*

$$A = \frac{y_{max} - y_{min}}{2}.$$

Definição 8.8 *O **período** T de uma função trigonométrica f é o menor valor T, tal que $f(x) = f(x + T)$ para todo x.*

As funções sen(x) e cos(x) possuem amplitude igual a 1 e período igual a 2π. As funções $A\cos(\omega x)$ e $A\,\text{sen}(\omega x)$, onde A e ω são números reais, com $\omega > 0$, possuem amplitude A e período T dado pela fórmula

$$T = \frac{2\pi}{\omega},$$

onde ω (denominada frequência angular) corresponde ao número de ciclos completos em um intervalo de comprimento 2π.

Exemplo 8.14 *Determine a frequência angular, o período e a amplitude da função $f(x) = 2\,\text{sen}(4\pi x)$.*

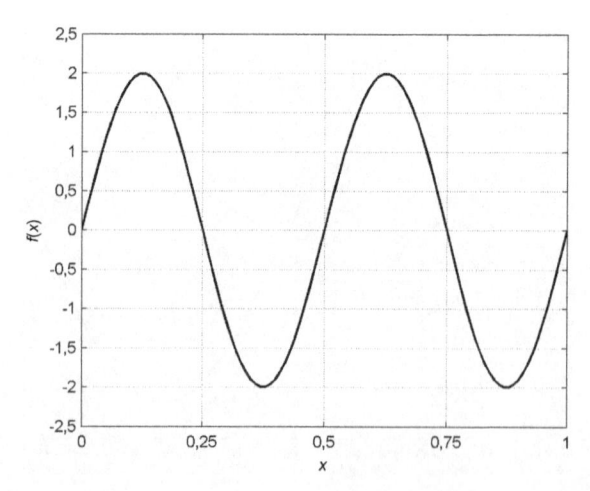

Figura 8.10 Gráfico da função $f(x) = 2\,\text{sen}(4\pi x)$ em 2 ciclos completos.

Solução: A função dada tem amplitude $A = 2$, frequência angular $\omega = 4\pi$ e período $T = \frac{2\pi}{4\pi} = \frac{1}{2}$, como mostra a Figura 8.10.

Exemplo 8.15 *Desenhe o gráfico e determine o domínio, a imagem, a amplitude e o período das seguintes funções trigonométricas. Use as transformações definidas na Seção 4.5 para facilitar o desenho dos gráficos:*

(a) $f(x) = 2\,\text{sen}(x)$;

(b) $g(x) = \text{sen}(x) + 2$;

(c) $h(x) = -\cos(x)$;

(d) $m(x) = \cos(x) - 2$;

(e) $p(x) = \cos(2x)$;

(f) $q(x) = \frac{1}{2}\text{sen}(\frac{x}{2})$.

Solução: Os gráficos estão desenhados na Figura 8.11.
(a) $\text{Dom}(f) = \mathbb{R}$, $\text{Img}(f) = [-2, 2]$, $A = 2$, $T = 2\pi$;
(b) $\text{Dom}(g) = \mathbb{R}$, $\text{Img}(g) = [1, 3]$, $A = 1$, $T = 2\pi$;
(c) $\text{Dom}(h) = \mathbb{R}$, $\text{Img}(h) = [-1, 1]$, $A = 1$, $T = 2\pi$;
(d) $\text{Dom}(m) = \mathbb{R}$, $\text{Img}(m) = [-3, -1]$, $A = 1$, $T = 2\pi$;
(e) $\text{Dom}(p) = \mathbb{R}$, $\text{Img}(p) = [-1, 1]$, $A = 1$, $T = \pi$;
(f) $\text{Dom}(q) = \mathbb{R}$, $\text{Img}(q) = [-\frac{1}{2}, \frac{1}{2}]$, $A = \frac{1}{2}$, $T = 4\pi$.

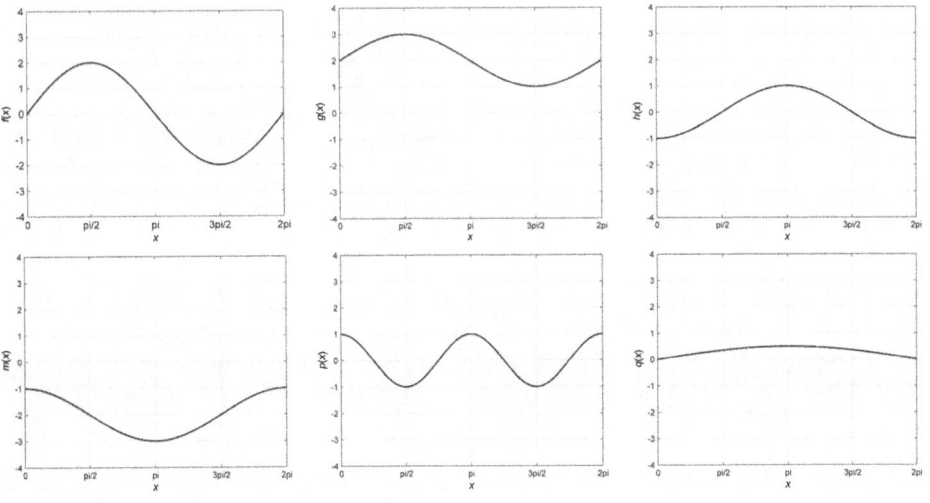

Figura 8.11 Gráficos das funções do Exemplo 8.15.

Exemplo 8.16 *Considere a função f, definida por* $f(x) = \dfrac{\text{sen}(x)}{x}$.

(a) *Qual é o domínio da função f? Qual é o valor de* $f(0)$?

(b) *Desenhe, com a ajuda de um RGC, o gráfico de f.*

(c) *Quais são os valores de* $\lim\limits_{x \to 0^-} f(x)$, $\lim\limits_{x \to 0^+} f(x)$ *e* $\lim\limits_{x \to 0} f(x)$?

(d) *Quais são os zeros de f?*

Solução:

(a) Se $x = 0$, a função não está definida, pois ocorre uma divisão por zero. Para todos os outros valores de x, os valores da função podem ser calculados. Assim, $\text{Dom}(f) = \mathbb{R} - \{0\}$.

(b) O gráfico de f está desenhado na Figura 8.12. Observe o ponto de descontinuidade em $x = 0$.

(c) A tabela abaixo mostra os valores de x, $\text{sen}(x)$ e $f(x)$ calculados para valores de x cada vez mais próximos de 0. Observe que $\lim\limits_{x \to 0} x = 0$, $\lim\limits_{x \to 0} \text{sen}(x) = 0$ e $\lim\limits_{x \to 0} \dfrac{\text{sen}(x)}{x} = 1$.

x	−1,00	−0,50	−0,20	−0,10	−0,05	0,00	0,05	0,10	0,20	0,50	1,00
$\text{sen}(x)$	−0,841	−0,479	−0,198	−0,099	−0,050	0,000	0,050	0,099	0,198	0,479	0,841
$\dfrac{\text{sen}(x)}{x}$	0,841	0,958	0,993	0,998	0,999	∄	0,999	0,998	0,993	0,958	0,841

(d) Os zeros de $f(x)$ são os zeros de $\text{sen}(x)$: $\{\pm\pi, \pm 2\pi, \pm 3\pi, ...\}$, exceto $x = 0$, pois $f(x)$ não está definida.

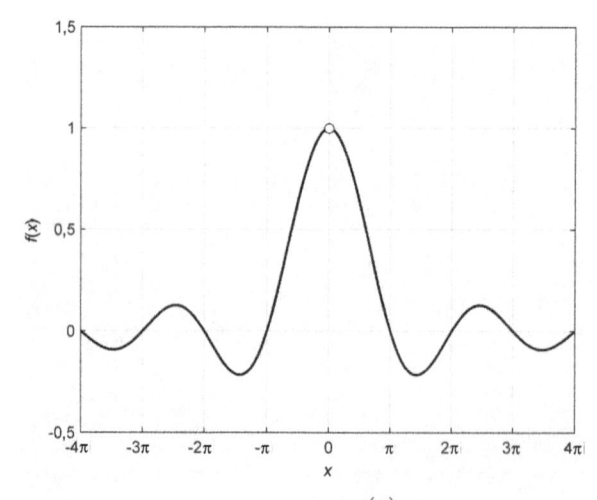

Figura 8.12 Gráficos da função $f(x) = \dfrac{\text{sen}(x)}{x}$.

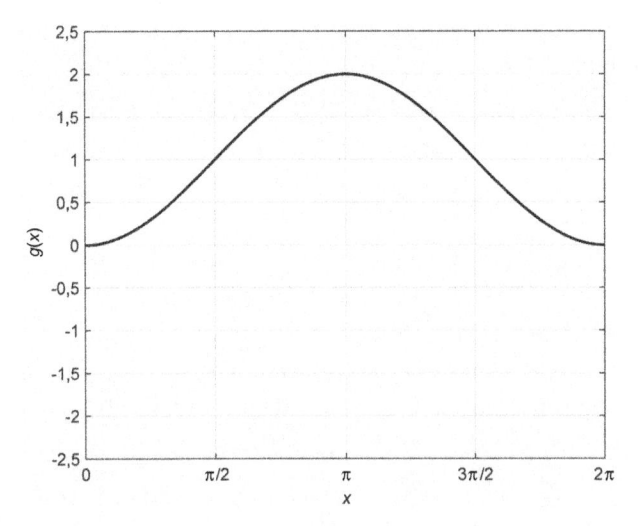

Figura 8.13 Gráficos da função $g(x) = |\cos(x) - 1|$.

Exemplo 8.17 *Desenhe o gráfico da função* $g(x) = |\cos(x) - 1|$ *no intervalo* $[0, 2\pi]$.

Solução: O gráfico da função g é mostrado na Figura 8.13. Para desenhá-lo, você pode começar deslocando o gráfico da função $f(x) = \cos(x)$ (Figura 8.9) uma unidade para baixo. Após, conforme definimos a função valor absoluto no Exemplo 3.10, basta refletir a curva em torno do eixo x.

Definição 8.9 *A **função tangente** é definida por* $f(x) = \text{tg}(x)$.

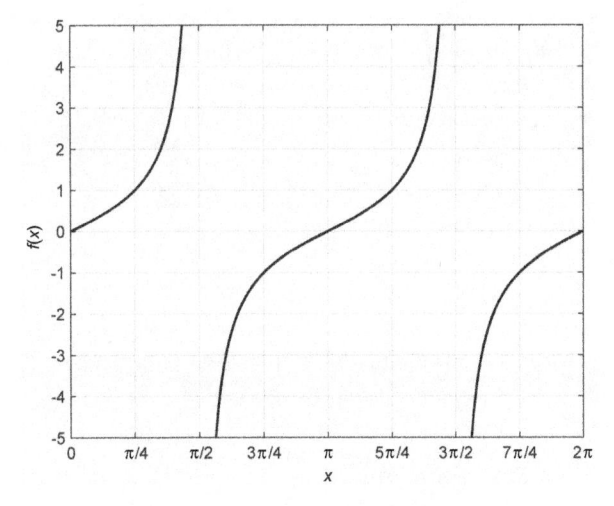

Figura 8.14 Gráfico da função $f(x) = \text{tg}(x)$ no intervalo $[0, 2\pi]$.

O gráfico da função tangente possui as seguintes propriedades, conforme a Figura 8.14:

(a) Uma vez que $\text{tg}(x) = \frac{\text{sen}(x)}{\cos(x)}$, a função não está definida nos valores de x para os quais $\cos(x) = 0$, isto é, $\{\pm\frac{\pi}{2}, \pm\frac{3\pi}{2}, \pm\frac{5\pi}{2}, \ldots\}$. Assim, $\text{Dom}(f) = \mathbb{R} - \{\pm\frac{\pi}{2}, \pm\frac{3\pi}{2}, \pm\frac{5\pi}{2}, \ldots\}$. Observe, no gráfico da Figura 8.14, as descontinuidades em $x = \frac{\pi}{2}$ e $x = \frac{3\pi}{2}$.

(b) Nos pontos de descontinuidade, a função tente a $\pm\infty$. Assim, a função possui assíntotas verticais nesses pontos.

(c) O sinal da função muda à medida que o ponto no ciclo muda de quadrante, uma vez que tanto o seno quanto o cosseno mudam de sinal. Assim, $\text{tg}(x) > 0$ no 1° e 3° quadrantes e $\text{tg}(x) < 0$ no 2° e 4° quadrantes.

(d) A função $\text{tg}(x)$ é *sempre* crescente nos intervalos *entre* as descontinuidades.

(e) Uma vez que os valores de $\text{tg}(x)$ começam a se repetir depois de 2π rad, ou seja, $\text{tg}(x + 2\pi) = \text{tg}(x)$, a função é dita periódica e seu período é 2π rad.

(f) *Geometricamente*, a tangente representa a inclinação da reta que une os pontos $O(0, 0)$ e $P(\cos(x), \text{sen}(x))$.

Exemplo 8.18 *Observe, na Figura 8.14, o gráfico da função $f(x) = \text{tg}(x)$ para responder às seguintes perguntas.*

(a) *Faz sentido falar sobre a amplitude da função tangente?*

(b) *Qual é o valor do $\lim_{x \to \pi/2} \text{tg}(x)$? Quais são os limites laterais neste caso?*

(c) *Quais são os zeros de f?*

Solução:
(a) Como a função $\text{tg}(x)$ oscila de $-\infty$ a $+\infty$, não faz sentido determinar um *valor* para sua amplitude (como consta na Definição 8.8). Assim, dizemos que a amplitude da função tangente não está definida, ou, equivalentemente, que tem amplitude infinita.

(b) Observe que $\lim_{x \to \pi/2^-} \text{tg}(x) = +\infty$, enquanto $\lim_{x \to \pi/2^+} \text{tg}(x) = -\infty$. Assim, $\nexists \lim_{x \to \pi/2} \text{tg}(x)$. (c) Os zeros de $tg(x)$ são os mesmos zeros de $\text{sen}(x)$, isto é, $\{0, \pm\pi, \pm 2\pi, \pm 3\pi, \ldots\}$.

Usando a tecnologia: O conjunto das funções racionais (Capítulo 6) é mais "amplo" que o das polinomiais (Capítulo 5), sendo ainda assim constituído de funções razoavelmente simples, o que explica sua versatilidade: é possível conseguir uma melhor aproximação de uma função "complicada" usando uma função racional do que uma polinomial. Por exemplo, a função tangente $f(x) = \text{tg}(x)$ pode ser aproximada pela função racional

$$P_{34}(x) = \frac{-0{,}095875045\,x^3 + 0{,}9999999328\,x}{0{,}009743234\,x^4 - 0{,}429209672\,x^2 + 1} \tag{8.9}$$

para todo $x \in \left[-\frac{\pi}{4}, \frac{\pi}{4}\right]$, com erro $|\epsilon(x)| \leq 7\times 10^{-9}$. De fato, o Teorema de **Runge** (importante resultado da análise) diz que toda função contínua, de variável real ou complexa, pode ser aproximada tão bem quanto se desejar, em um intervalo $[a, b]$ dado, por uma função racional (Gonchar; Dolzhenko, 2011). Existem técnicas para exibir tais aproximações racionais, entre elas as chamadas *aproximações racionais de* **Padé**. A aproximação (8.9) para tg(x) é uma aproximação desse tipo, chamada de Padé(3, 4). Sua calculadora provavelmente usa fórmulas semelhantes para obter o valor das funções trigonométricas.

A seguir, definimos as funções recíprocas das funções sen(x), cos(x) e tg(x), as quais aparecem nos cálculos com bastante frequência.

Definição 8.10 *A função cossecante é definida por*

$$f(x) = \text{cossec}(x) = \frac{1}{\text{sen}(x)}.$$

A função secante é definida por

$$g(x) = \sec(x) = \frac{1}{\cos(x)}.$$

A função cotangente é definida por

$$h(x) = \text{cotg}(x) = \frac{1}{\text{tg}(x)} = \frac{\cos(x)}{\text{sen}(x)}.$$

Carle David Tolmé Runge (1856–1927)

Matemático alemão, iniciou seus estudos aos 19 anos na universidade de Munich no curso de Matemática e Física. Em 1880, obteve título de doutor com sua tese sobre geometria diferencial. Estudou procedimentos numéricos para solução de equações algébricas cujas raízes são expressas por séries infinitas de funções racionais. Estudou também as linhas de emissão espectral do elemento químico Hélio. Em 1904, obteve a cátedra de Matemática aplicada na universidade de Göttingen, onde permaneceu até sua aposentadoria, em 1925. Adaptado de O'Connor e Robertson (2014).

Henri Eugène Padé (1863–1953)

Matemático francês, formou-se professor na *École Normale Supérieure* em 1886. Obteve o grau de doutor com a tese *Sur la representation approchee d'une fonction par des fractions rationelles* em 1892. Em 1873, Hermite (orientador de doutoramento de Padé) usou aproximações racionais e frações continuadas para provar a transcendência do número e. Embora o uso de aproximações racionais já fosse conhecido, Padé mostrou como obter as *melhores* aproximações. Aos 44 anos, tornou-se reitor da *Academy in Besançon* (e o mais jovem reitor de uma universidade francesa). Adaptado de O'Connor e Robertson (2014).

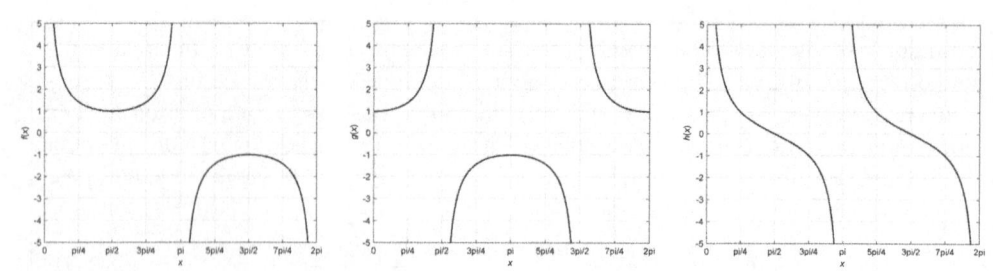

Figura 8.15 Gráfico das funções $f(x) = \text{cossec}(x)$, $g(x) = \sec(x)$ e $h(x) = \cotg(x)$ no intervalo $[0, 2\pi]$.

Os gráficos das funções são mostrados na Figura 8.15.

Exemplo 8.19 *Observe, na Figura 8.15, os gráficos das funções $f(x) = \text{cossec}(x)$, $g(x) = \sec(x)$ e $h(x) = \cotg(x)$ e responda:*

(a) *Qual é o domínio dessas funções?*

(b) *Onde ocorrem as assíntotas verticais desses gráficos?*

(c) *Qual é o período dessas funções?*

(d) *Faz sentido falar sobre a amplitude dessas funções?*

Solução:

(a) As funções $\text{cossec}(x)$ e $\cotg(x)$ não estão definidas para os valores de x para os quais $\text{sen}(x) = 0$, isto é, $\{0, \pm\pi, \pm 2\pi, \pm 3\pi, ...\}$. A função $\sec(x)$ não está definida para os valores de x para os quais $\cos(x) = 0$, isto é, $\{\pm\pi/2, \pm 3\pi/2, \pm 5\pi/2, ...\}$.

(b) As assíntotas verticais ocorrem nos pontos em que as funções não estão definidas.

(c) Todas as funções possuem período $T = 2\pi$.

(d) A partir do mesmo raciocínio feito em relação à função $\tg(x)$, as amplitudes das funções não estão definidas.

8.3 Funções trigonométricas inversas

No Capítulo 7, definimos a função logarítmica de base b como a função inversa da função exponencial de base b, no sentido de a função logarítmica *desfazer* o efeito produzido pela função exponencial. No estudo das funções inversas das funções trigonométricas desejamos definir, por exemplo, uma função em que, dado o seno de determinado ângulo, possamos determinar qual ângulo tem aquele valor de seno dentro do intervalo $\left[-\frac{\pi}{2}, \frac{\pi}{2}\right]$. Esta restrição de domínio se deve à função seno não ser injetora e, portanto, não admitir inversa se considerarmos todo o seu domínio.

Definição 8.11 *Definimos a função inversa da função $f(x) = \text{sen}(x)$, denotada por $f^{-1}(x) = \text{arcsen}(x)$ ou $f^{-1}(x) = \text{sen}^{-1}(x)$, como a função **inversa da função seno** no intervalo $\left[-\frac{\pi}{2}, \frac{\pi}{2}\right]$.*

A expressão $\text{arcsen}(x)$ é lida como "arco-seno de x" ou, mais explicitamente, como o "o arco cujo seno é x". Assim, $y = \text{arcsen}(x)$ se, e somente se, $\text{sen}(y) = x$, onde $-1 \leq x \leq 1$ e $-\frac{\pi}{2} \leq y \leq \frac{\pi}{2}$. A notação $\text{sen}^{-1}(x)$ não deve ser confundida com a expressão $\frac{1}{\text{sen}(x)}$, ou seja, a inversão aqui se faz em termos de processo (entradas e saídas), e não em encontrar o valor de $\frac{1}{\text{sen}(x)}$. Assim, as notações $\text{sen}^{-1}(x)$ e $(\text{sen}(x))^{-1}$ expressam coisas totalmente diferentes!

Definição 8.12 *Definimos a função inversa da função $f(x) = \cos(x)$, denotada por $f^{-1}(x) = \text{arccos}(x)$ ou $f^{-1}(x) = \cos^{-1}(x)$, como a função **inversa da função cosseno** restrita ao intervalo $[0, \pi]$.*

A expressão $\text{arccos}(x)$ é lida como "arco-cosseno de x" ou, mais explicitamente, como o "arco cujo cosseno é x". Assim, $y = \text{arccos}(x)$ se, e somente se, $\cos(y) = x$, onde $-1 \leq x \leq 1$ e $0 \leq y \leq \pi$.

Exemplo 8.20 *Com o auxílio da Tabela 8.3, calcule as seguintes expressões:*

(a) $\text{arcsen}(\frac{1}{2})$;

(b) $\text{arcsen}(\frac{\sqrt{2}}{2})$;

(c) $\text{arccos}(\frac{\sqrt{3}}{2})$;

(d) $\text{arccos}(\frac{1}{2})$.

Solução:

(a) $\text{arcsen}(\frac{1}{2}) = \frac{\pi}{6}$;

(b) $\text{arcsen}(\frac{\sqrt{2}}{2}) = \frac{\pi}{4}$;

(c) $\text{arccos}(\frac{\sqrt{3}}{2}) = \frac{\pi}{6}$;

(d) $\text{arcsen}(\frac{1}{2}) = \frac{\pi}{3}$.

Usando a tecnologia: Nas calculadoras científicas, as funções inversas para seno e cosseno costumam ser denotadas por ASIN (ou sen⁻¹) e ACOS (ou cos⁻¹). Observe ainda se a calculadora está operando com ângulos em graus ou radianos. Leia o manual da calculadora para mais detalhes.

Uma característica dos gráficos de funções inversas é a simetria entre eles com relação à reta $y = x$, conforme discutido no Capítulo 7. Nesse caso, o gráfico de $f^{-1}(x) = \text{arcsen}(x)$ pode ser obtido do gráfico de $f(x) = \text{sen}(x)$ por reflexão em torno da reta $y = x$. O mesmo se dá com a função $g^{-1}(x) = \text{arccos}(x)$ em relação à função $g(x) = \cos(x)$. Os gráficos estão representados na Figura 8.16.

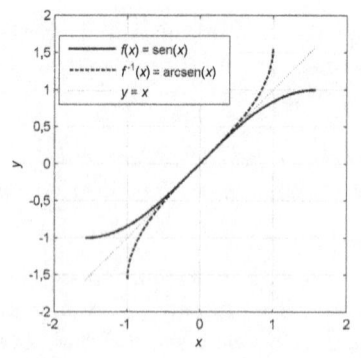

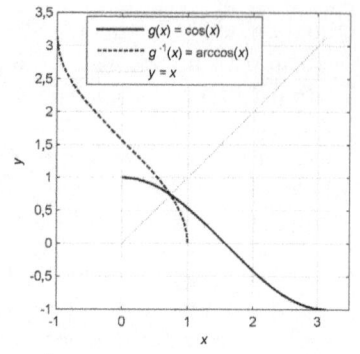

Figura 8.16 Gráfico das funções $f(x) = \operatorname{sen}(x)$, $f^{-1}(x) = \operatorname{arcsen}(x)$, $g(x) = \cos(x)$ e $g^{-1}(x) = \operatorname{arccos}(x)$.

Observe que a *imagem* de uma função f é o *domínio* de sua inversa f^{-1}, isto é, $\operatorname{Img}(f) = \operatorname{Dom}(f^{-1})$. Da mesma forma, o *domínio* da função f é a *imagem* de sua inversa f^{-1}, isto é, $\operatorname{Dom}(f) = \operatorname{Img}(f^{-1})$. Assim, como temos $\operatorname{Dom}(\operatorname{sen}(x)) = \left[-\frac{\pi}{2}, \frac{\pi}{2}\right]$ e $\operatorname{Img}(\operatorname{sen}(x)) = [-1, 1]$, então

$$\operatorname{Dom}(\operatorname{arcsen}(x)) = [-1, 1] \quad \text{e} \quad \operatorname{Img}(\operatorname{arcsen}(x)) = \left[-\frac{\pi}{2}, \frac{\pi}{2}\right].$$

e, também, temos $\operatorname{Dom}(\cos(x)) = [0, \pi]$ e $\operatorname{Img}(\cos(x)) = [-1, 1]$, então

$$\operatorname{Dom}(\operatorname{arccos}(x)) = [-1, 1] \quad \text{e} \quad \operatorname{Img}(\operatorname{arcsen}(x)) = [0, \pi].$$

Funções inversas podem ser definidas para as demais funções trigonométricas.

Definição 8.13 *Definimos a função inversa da função $f(x) = \operatorname{tg}(x)$, denotada por $f^{-1}(x) = \operatorname{arctg}(x)$ ou $f^{-1}(x) = \operatorname{tg}^{-1}(x)$ como a função **inversa da função tangente** restrita ao intervalo $\left[-\frac{\pi}{2}, \frac{\pi}{2}\right]$.*

A expressão $\operatorname{arctg}(x)$ é lida como "arco-tangente de x" ou, mais explicitamente, como o "arco cuja tangente é x". Assim, $y = \operatorname{arctg}(x)$ se, e somente se, $\operatorname{tg}(y) = x$, onde $x \in \mathbb{R}$ e $-\frac{\pi}{2} \leq y \leq \frac{\pi}{2}$.

Definição 8.14 *Definimos a função inversa da função $f(x) = \operatorname{cotg}(x)$, denotada por $f^{-1}(x) = \operatorname{arccotg}(x)$ ou $f^{-1}(x) = \operatorname{cotg}^{-1}(x)$, como a função **inversa da função cotangente** restrita ao intervalo $(0, \pi)$.*

A expressão $\operatorname{arccotg}(x)$ é lida como "arco-cotangente de x" ou, mais explicitamente, como o "arco cuja cotangente é x". Assim, $y = \operatorname{arccotg}(x)$ se, e somente se, $\operatorname{cotg}(y) = x$, onde $x \in \mathbb{R}$ e $0 < y < \pi$.

Definição 8.15 *Definimos a função inversa da função $f(x) = \sec(x)$, denotada por $f^{-1}(x) = \operatorname{arcsec}(x)$ ou $f^{-1}(x) = \sec^{-1}(x)$, como a função **inversa da função secante** restrita ao intervalo $\left[0, \frac{\pi}{2}\right) \cup \left(\frac{\pi}{2}, \pi\right]$.*

A expressão arcsec(x) é lida como "arco-secante de x" ou, mais explicitamente, como o "arco cuja secante é x". Assim, $y = \text{arcsec}(x)$ se, e somente se, $\sec(y) = x$, onde $x \in \mathbb{R} - (-1,1)$ e $y \in [0, \frac{\pi}{2}) \cup (\frac{\pi}{2}, \pi]$.

Definição 8.16 *Definimos a função inversa da função $f(x) = \text{cossec}(x)$, denotada por $f^{-1}(x) = \text{arccossec}(x)$ ou $f^{-1}(x) = \text{cossec}^{-1}(x)$, como a função* **inversa da função cossecante** *restrita ao intervalo $[-\frac{\pi}{2}, 0) \cup (0, \frac{\pi}{2}]$.*

A expressão arccossec(x) é lida como "arco-cossecante de x" ou, mais explicitamente, como o "arco cuja cossecante é x". Assim, $y = \text{arccossec}(x)$ se, e somente se, $\text{cossec}(y) = x$, onde $x \in \mathbb{R} - (-1,1)$ e $y \in [-\frac{\pi}{2}, 0) \cup (0, \frac{\pi}{2}]$. Os gráficos das funções das Definições 8.14 a 8.17 são ilustrados na Figura 8.17.

O *domínio* e a *imagem* dessas funções trigonométricas inversas são dadas a seguir:

$$\text{Dom}(\text{arctg}(x)) = [-\infty, +\infty] \quad \text{e} \quad \text{Img}(\text{arctg}(x)) = \left[-\frac{\pi}{2}, \frac{\pi}{2}\right]$$

$$\text{Dom}(\text{arccotg}(x)) = [-\infty, +\infty] \quad \text{e} \quad \text{Img}(\text{arccotg}(x)) = [0, \pi]$$

$$\text{Dom}(\text{arcsec}(x)) = [1, +\infty] \quad \text{e} \quad \text{Img}(\text{arcsec}(x)) = \left[0, \frac{\pi}{2}\right]$$

$$\text{Dom}(\text{arccossec}(x)) = [1, +\infty] \quad \text{e} \quad \text{Img}(\text{arccossec}(x)) = \left[0, \frac{\pi}{2}\right]$$

Este capítulo é bastante extenso e importante. Revise-o sempre que encontrar dificuldades nesses tópicos durante as disciplinas de Cálculo.

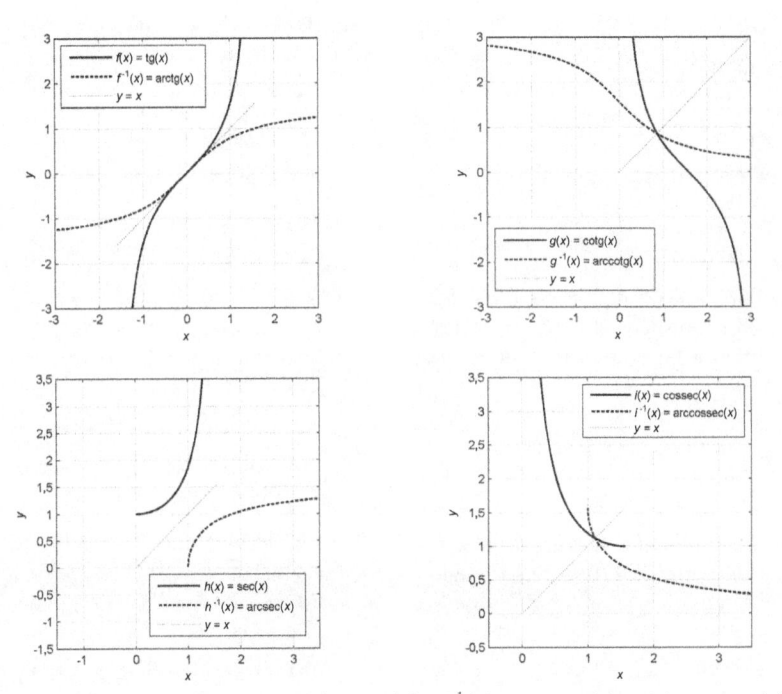

Figura 8.17 Gráfico das funções $f(x) = \text{tg}(x)$, $f^{-1}(x) = \text{arctg}(x)$, $g(x) = \text{cotg}(x)$, $g^{-1}(x) = \text{arccotg}(x)$, $h(x) = \sec(x)$, $h^{-1}(x) = \text{arcsec}(x)$, $i(x) = \text{cossec}(x)$ e $i^{-1}(x) = \text{arccossec}(x)$.

8.4 Problemas

Conjunto A: Básico

8.1 Considere os ângulos seguintes:

$$t_1 = 30°, \quad t_2 = \frac{3\pi}{4} \text{ rad};$$

$$t_3 = 315°, \quad t_4 = \frac{7\pi}{12} \text{ rad}.$$

Determine:

(a) A conversão para *grau* ou *radiano* correspondente.

(b) O quadrante correspondente.

(c) Desenhe e localize os ângulos no círculo trigonométrico.

8.2 Com o auxílio da Tabela 8.3 (arcos notáveis), determine:

(a) $\text{sen}(120°)$;
(b) $\cos(120°)$;
(c) $\text{sen}(210°)$;
(d) $\cos(\frac{7\pi}{6} \text{ rad})$;
(e) $\text{sen}(\frac{5\pi}{3} \text{ rad})$;
(f) $\cos(\frac{5\pi}{3} \text{ rad})$;
(g) $\text{sen}(135°)$;
(h) $\cos(135°)$;
(i) $\text{sen}(225°)$;
(j) $\cos(\frac{5\pi}{4} \text{ rad})$;
(k) $\text{sen}(\frac{7\pi}{4} \text{ rad})$;
(l) $\cos(\frac{7\pi}{4} \text{ rad})$.

8.3 Determine a medida x do arco da primeira volta positiva ($0° \leq x \leq 360°$) que possui a mesma extremidade que o arco de:

(a) $1850°$;
(b) $1320°$;
(c) $1020°$.

8.4 Determine a medida x do arco da primeira volta positiva ($0 \text{ rad} \leq x \leq 360 \text{ rad}$) que possui a mesma extremidade do arco de:

(a) $\frac{18\pi}{5}$ rad;
(b) $\frac{13\pi}{2}$ rad;

(c) $\frac{21\pi}{4}$ rad.

8.5 Seja α um ângulo do 1° Quadrante, tal que $\text{sen}(\alpha) = k$, com $0 < k < 1$. Considere as relações de simetria do círculo trigonométrico para calcular os valores a seguir:

(a) $\text{sen}(-\alpha)$
(b) $\text{sen}(\pi - \alpha)$
(c) $\text{sen}(\pi + \alpha)$
(d) $\text{sen}(\alpha + 2\pi)$

8.6 Dado que $\cos(x) = -\frac{3}{4}$ com $\frac{\pi}{2} < x < \pi$, determine:

(a) $\text{sen}(x)$
(b) $\text{tg}(x)$
(c) $\text{cotg}(x)$
(d) $\sec(x)$
(e) $\text{cossec}(x)$

8.7 Mostre que $(1 - \cos^2(x))(\text{cotg}^2(x) + 1) = 1$ para $x \neq k\pi$ é uma identidade.

8.8 Determine se cada identidade a seguir é *verdadeira* ou *falsa*:

(a) $2\,\text{sen}(t) = \text{sen}(2t)$
(b) $2\,\text{sen}(t) = \text{sen}(t) + \text{sen}(t)$
(c) $\text{sen}^2(t) = \text{sen}(t)\,\text{sen}(t)$
(d) $\text{sen}^2(t) = \text{sen}(t^2)$
(e) $\text{sen}(\text{sen}(t)) = \text{sen}(t)\,\text{sen}(t)$

8.9 Considere as funções $f(x) = 2\,\text{sen}(x)$ e $g(x) = \text{sen}(x)$. Determine se cada afirmação a seguir é *verdadeira* ou *falsa* e justifique.

(a) O período de f é o dobro de g.

(b) As funções f e g possuem os mesmos zeros.

(c) O máximo de f é igual ao máximo de g.

(d) O máximo de g é igual ao dobro máximo de f.

(e) O período de g é o dobro do período de g.

8.10 Para cada uma das funções a seguir, determine amplitude A, o período T e o gráfico correspondente:

(a) $f(t) = \text{sen}(2t)$

(b) $g(t) = 2\,\text{sen}(t)$

(c) $h(t) = 1 + \text{sen}(t)$

(d) $i(t) = -2\,\text{sen}(\frac{t}{2})$

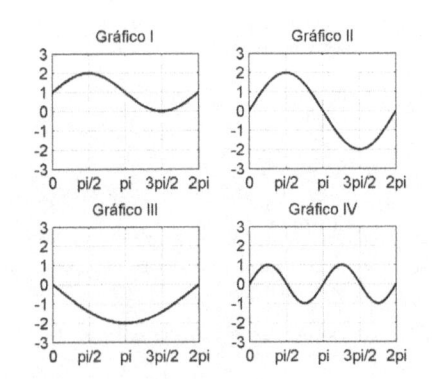

8.11 Para cada uma das funções a seguir, determine amplitude A, o período T e o gráfico correspondente:

(a) $F(t) = 1 - \cos(t)$

(b) $G(t) = \cos(\frac{t}{2})$

(c) $H(t) = \frac{1}{2}\cos(t)$

(d) $I(t) = 3\cos(2t)$

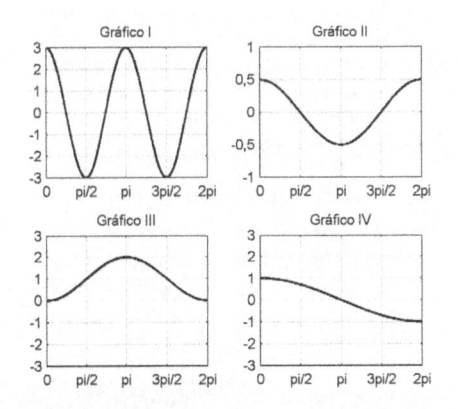

Nos Problemas de 8.12 a 8.15, determine qual das alternativas é a correta.

8.12 A função $f(x) = \cos(\frac{x}{8})$ tem período igual a

(a) $\frac{\pi}{a}$

(b) 2π

(c) π

(d) 8π

(e) 16π

8.13 O período da função $g(x) = \frac{\text{sen}(\pi x)}{2}$ tem período igual a

(a) $\frac{\pi}{a}$

(b) 2π

(c) π

(d) 2

(e) 4

8.14 O conjunto imagem da função $h(x) = 2 - 2\,\text{sen}(x)$ é o intervalo

(a) $[-1, 1]$

(b) $[-2, 2]$

(c) $[0, 4]$

(d) $[1, 4]$

(e) $[2, 4]$

8.15

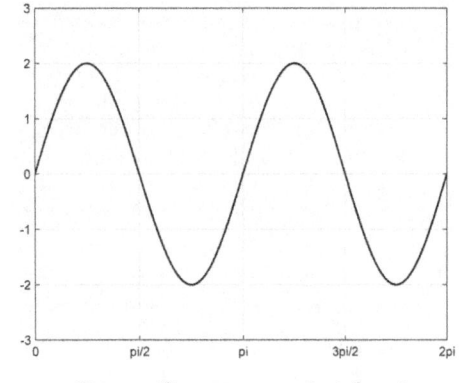

Este gráfico corresponde à função

(a) $y = -2\cos(x)$

(b) $y = \cos(\frac{\pi}{2})$

(c) $y = 2\,\text{sen}(x)$

(d) $y = \text{sen}(\frac{\pi}{2})$

(e) $y = 2\,\text{sen}(2x)$

8.16 Para afinar um piano, um músico usa um diapasão que emite a nota *LÁ* (440 Hz).

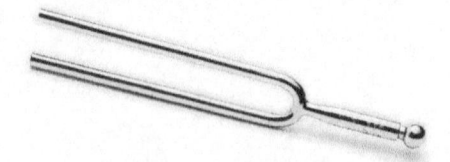

O movimento oscilatório de uma das extremidades do diapasão pode ser descrita de forma aproximada por

$$x(t) = 0{,}01\ \mathrm{sen}(880\pi t),$$

onde x é dado em milímetros e t, em segundos.

(a) Determine o período e a amplitude dessa função.

(b) Desenhe o gráfico de $x(t)$.

8.17 A corrente elétrica i (em ampères) em um circuito é dada, em função do tempo (em segundos), por

$$i(t) = 0{,}30\ \cos(\tfrac{\pi}{60}t).$$

(a) Determine a amplitude e o período dessa função.

(b) Desenhe o gráfico de $i(t)$.

8.18 O prato giratório de um forno de micro-ondas tem 40 centímetros de diâmetro e demora 10 segundos para efetuar uma volta completa. Se colocarmos um copo de leite na borda do prato e ligarmos o forno, observaremos um movimento de *oscilação lateral* do copo. Esse movimento pode ser descrito por $x = A\ \cos(\omega t)$. Determine os valores de A e ω.

8.19 A igualdade $\mathrm{sen}(\pi x) = 0$ é verdadeira se, e somente se, x é um número

(a) real;

(b) inteiro;

(c) complexo;

(d) racional;

(e) irracional.

Conjunto B: Além do básico

8.20 A natureza é repleta de fenômenos periódicos. Faça uma pesquisa e descubra o período (o mais preciso possível) de cada um dos seguintes fenômenos:

(a) o período de duração de um dia;

(b) o período de duração das fases da Lua;

(c) o período de duração de um ano.

8.21 Da Física, sabemos que, se um corpo é lançado com velocidade v a um ângulo θ com a horizontal, então seu alcance R será dado por

$$R = \frac{v^2}{g}\ \mathrm{sen}(2\theta).$$

(a) Desenhe os gráficos de $R(\theta)$ para $v = 10$, 20 e 30 m/s. Suponha $g \approx 10$ m/s^2.

(b) Para qual ângulo tem-se o máximo alcance?

8.22 Considere a função dada por

$$f(t) = \mathrm{sen}(3t)\ \cos(4t) + 0{,}6$$

(a) Com a ajuda de um recurso gráfico computacional, desenhe o gráfico da função no intervalo $[0,\ 6]$.

(b) Determine, com a maior precisão possível, o valor do primeiro zero positivo de f.

Considere as funções dadas nos Problemas 8.23 e 8.24 a seguir. (a) Com a ajuda de um recurso gráfico computacional, desenhe os gráficos das funções no intervalo dado. (b) Observe que essas funções apresentam descontinuidades em $t = 0$. Determine, se existir, o limite da função se $x \to 0$.

8.23 $F(t) = \frac{1}{t}\ \mathrm{sen}(t)$, em $[-4\pi, 4\pi]$.

8.24 $G(t) = \mathrm{sen}(\frac{1}{t})$, em $[-\pi/4, \pi/4]$.

8.25 Use um recurso gráfico computacional para desenhar, em um mesmo plano cartesiano, os gráficos de $\mathrm{tg}(x)$ e sua aproximação racional $P_{34}(x)$, como vistos na p. 118. Verifique que, no intervalo $x \in [-\frac{\pi}{4}, \frac{\pi}{4}]$, não se pode distinguir visualmente um gráfico de outro.

8.26 Um objeto de peso W é arrastado ao longo de um plano horizontal por uma corda que faz um ângulo θ com a horizontal, como mostra a figura a seguir.

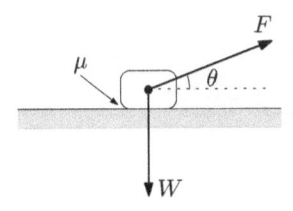

Se o coeficiente de atrito cinético entre o objeto e o plano é μ, então a força F necessária para arrastar o objeto com velocidade constante é dada por

$$F(\theta) = \frac{\mu W}{\mu \operatorname{sen}(\theta) + \cos(\theta)}.$$

(a) Desenhe o gráfico de F no intervalo $0° \leq \theta \leq 90°$ supondo $W = 50$ N e $\mu = 0{,}4$.

(b) Observe, no gráfico, que existe um ângulo para o qual a força necessária para arrastar o objeto é mínima. Que ângulo é esse?

8.27 O volume de uma calota esférica (veja a figura ao lado) é dado por

$$V = \frac{1}{3}\pi h^2 (3R - h),$$

onde R é o raio da esfera e h é a altura da calota. A altura da calota, por sua vez, é dada por

$$h = R(1 - \cos\theta),$$

onde θ é o ângulo entre o "topo" e a "borda" da calota.

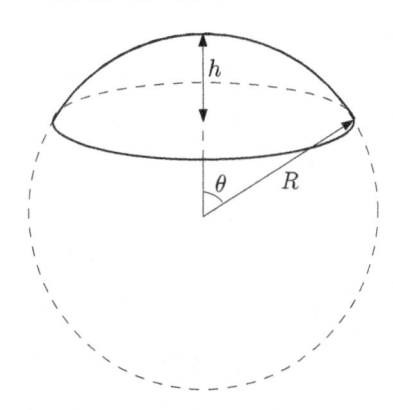

(a) Determine o volume da calota de ângulo $\theta = 60°$ retirada de uma esfera de raio 4 cm.

(b) Use um RGC para desenhar o gráfico de $V(\theta)$ com $0° \leq \theta \leq 180°$.

Apêndice A
Fórmulas Úteis e de Emergência

O Binômio de Newton

O binômio de Newton é tão belo como a Vênus de Milo.
O que há é pouca gente para dar por isso.
óóóó – óóóóóó – óóó – óóóóóóó – óóóóóóóó
(O vento lá fora.)

Fernando Pessoa.

Segue uma brevíssima coleção de fórmulas que podem ser úteis na resolução de problemas. Uma coleção (muito) maior e abrangente pode ser obtida em Manuais de Fórmulas, como Spiegel (1992).

A.1 Fórmulas de geometria plana e espacial

Para o quadrado:

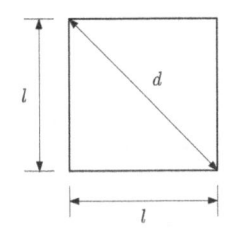

$$p = 4l \quad \text{(A.1)}$$
$$d = l\sqrt{2} \quad \text{(A.2)}$$
$$A = l^2 \quad \text{(A.3)}$$

Para o cubo:

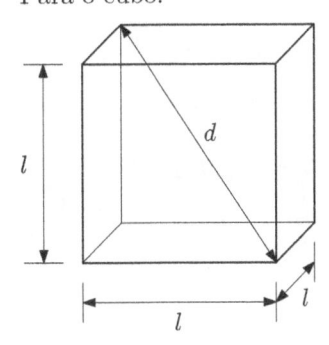

$$d = l\sqrt{3} \quad \text{(A.4)}$$
$$A = 6l^2 \quad V = l^3 \quad \text{(A.5)}$$

A.2 Produtos especiais e fatoração

$$(x+y)^2 = x^2 + 2xy + y^2 \tag{A.6}$$
$$(x+y)^3 = x^3 + 3x^2y + 3xy^2 + y^3 \tag{A.7}$$
$$(x+y)^4 = x^4 + 4x^3y + 6x^2y^2 + 4xy^3 + y^4 \tag{A.8}$$
$$(x-y)^2 = x^2 - 2xy + y^2 \tag{A.9}$$
$$(x-y)^3 = x^3 - 3x^2y + 3xy^2 - y^3 \tag{A.10}$$
$$(x-y)^4 = x^4 - 4x^3y + 6x^2y^2 - 4xy^3 + y^4 \tag{A.11}$$

Esses produtos são casos especiais da *fórmula binomial*

$$(x+y)^n = \sum_{k=0}^{n} \binom{n}{k} x^{n-k} y^k, \tag{A.12}$$

onde

$$\binom{n}{k} = \frac{n!}{k!(n-k)!} \tag{A.13}$$

e

$$n! = n \cdot (n-1) \cdot (n-2) \cdots 3 \cdot 2 \cdot 1 \tag{A.14}$$

Algumas fatorações especiais:

$$x^2 - y^2 = (x-y)(x+y) \tag{A.15}$$
$$x^3 - y^3 = (x-y)(x^2 + xy + y^2) \tag{A.16}$$

A.3 Propriedades dos expoentes e logaritmos

Nas expressões a seguir, b é um número real positivo, p e q são números reais e m e n são números inteiros positivos. O número b é denominado base, p é o expoente e b^p é a p-ésima potência de b.

$b^p \cdot b^q = b^{p+q}$	(A.17)	$b^{-p} = \dfrac{1}{b^p}$	(A.22)
$b^p / b^q = b^{p-q}$	(A.18)	$(ab)^p = a^p b^p$	(A.23)
$(b^p)^q = b^{pq}$	(A.19)	$\sqrt[n]{b} = b^{1/n}$	(A.24)
$b^1 = b$	(A.20)	$\sqrt[n]{b^m} = b^{m/n}$	(A.25)
$b^0 = 1$	(A.21)	$\sqrt[n]{\dfrac{a}{b}} = \dfrac{\sqrt[n]{a}}{\sqrt[n]{b}}$	(A.26)

Nas expressões seguintes, a e c são números reais positivos, e b, número real positivo, é a base do logaritmo.

$$\log_b(ac) = \log_b a + \log_b c \quad \text{(A.27)}$$

$$\log_b\left(\frac{a}{c}\right) = \log_b a - \log_b c \quad \text{(A.28)}$$

$$\log_b(a^r) = r \log_b a \quad \text{(A.29)}$$

$$\log_b b = 1 \quad \text{(A.30)}$$

$$\log_b 1 = 0 \quad \text{(A.31)}$$

$$\log_b\left(\frac{1}{c}\right) = -\log_b c \quad \text{(A.32)}$$

$$\log_b a = \frac{\log_c a}{\log_c b} \quad \text{(A.33)}$$

A.4 Zeros de funções polinomiais de graus 2, 3 e 4

Função quadrática: $f(x) = ax^2 + bx + c,\ a \neq 0$

O *discriminante* d é dado por

$$d = b^2 - 4ac. \quad \text{(A.34)}$$

Se $d > 0$, então f possui dois zeros reais e distintos.

Se $d = 0$, então f possui dois zeros reais e iguais.

Se $d < 0$, então f possui dois zeros complexos conjugados.

Os *zeros* de f são dados por

$$z_1 = \frac{-b + \sqrt{b^2 - 4ac}}{2a}, \quad \text{(A.35)}$$

$$z_2 = \frac{-b - \sqrt{b^2 - 4ac}}{2a}. \quad \text{(A.36)}$$

Função cúbica: $f(x) = x^3 + a_2 x^2 + a_1 x + a_0$

Se a_3, o coeficiente de x^3, é diferente de 1, dividem-se todos os coeficientes por a_3.

Sejam os valores auxiliares

$$q = \frac{3a_1 - a_2^2}{9}, \quad r = \frac{9a_1 a_2 - 27a_0 - 2a_2^3}{54}, \quad d = q^3 + r^2. \quad \text{(A.37)}$$

Se $d > 0$, então f possui um zero real e dois zeros complexos conjugados.

Se $d = 0$, então f possui três zeros reais e, pelo menos, dois iguais.

Se $d < 0$, então f possui três zeros reais.

Sejam os valores auxiliares

$$s = \sqrt[3]{r + \sqrt{d}}, \qquad t = \sqrt[3]{r - \sqrt{d}}. \qquad (A.38)$$

Os zeros de f são dados por

$$z_1 = s + t - \frac{1}{3}a_2, \qquad (A.39)$$

$$z_2 = -\frac{1}{2}(s+t) - \frac{1}{3}a_2 + i\frac{\sqrt{3}}{2}(s-t), \qquad (A.40)$$

$$z_3 = -\frac{1}{2}(s+t) - \frac{1}{3}a_2 - i\frac{\sqrt{3}}{2}(s-t). \qquad (A.41)$$

Se $d < 0$, o cálculo é simplificado:

$$z_1 = 2\sqrt{-q}\cos\left(\frac{\theta}{3}\right) - \frac{1}{3}a_2, \qquad (A.42)$$

$$z_2 = 2\sqrt{-q}\cos\left(\frac{\theta + 2\pi}{3}\right) - \frac{1}{3}a_2, \qquad (A.43)$$

$$z_3 = 2\sqrt{-q}\cos\left(\frac{\theta + 4\pi}{3}\right) - \frac{1}{3}a_2, \qquad (A.44)$$

sendo

$$\theta = \cos^{-1}\left(\frac{r}{\sqrt{-q^3}}\right).$$

Função quártica: $f(x) = x^4 + a_3x^3 + a_2x^2 + a_1x + a_0$

Se a_4, o coeficiente de x^4, é diferente de 1, dividem-se todos os coeficientes por a_4.

Sejam os valores auxiliares

$$t_1 = -\frac{a_3}{4}, \qquad t_2 = a_2^2 - 3a_3a_1 + 12a_0, \qquad (A.45)$$

$$t_3 = \frac{2a_2^3 - 9a_3a_2a_1 + 27a_1^2 + 27a_3^2a_0 - 72a_2a_0}{2}, \qquad (A.46)$$

$$t_4 = \frac{-a_3^3 + 4a_3a_2 - 8a_1}{32}, \qquad t_5 = \frac{3a_3^2 - 8a_2}{48}. \qquad (A.47)$$

E também

$$r_1 = \sqrt{t_3^2 - t_2^3}, \qquad r_2 = \sqrt[3]{t_3 + r_1}, \qquad r_3 = \frac{1}{12}\left(\frac{t_2}{r_2} + r_2\right), \qquad (A.48)$$

$$r_4 = \sqrt{t_5 + r_3}, \qquad r_5 = 2t_5 - r_3, \qquad r_6 = \frac{t_4}{r_4}. \tag{A.49}$$

Os zeros de f são dados por

$$z_1 = t_1 - r_4 - \sqrt{r_5 - r_6}, \tag{A.50}$$
$$z_2 = t_1 - r_4 + \sqrt{r_5 - r_6}, \tag{A.51}$$
$$z_3 = t_1 + r_4 - \sqrt{r_5 + r_6}, \tag{A.52}$$
$$z_4 = t_1 + r_4 + \sqrt{r_5 + r_6}. \tag{A.53}$$

A.5 Extremos locais de funções polinomiais de graus 2, 3 e 4

Se existirem extremos locais (máximos ou mínimos) em uma dada função polinomial de grau n, suas abscissas se localizam nos *zeros* de uma função f' de grau $n-1$ associada, denominada *derivada*[1] de f (Anton; Bivens; Davis, 2014).

A abscissa do extremo local de $f(x) = ax^2 + bx + c$ é o zero de

$$f'(x) = 2ax + b, \tag{A.54}$$

isto é,

$$x = -\frac{b}{2a}. \tag{A.55}$$

As abscissas x_1 e x_2 dos extremos locais de $f(x) = c_3 x^3 + c_2 x^2 + c_1 x + c_0$ são os zeros reais de

$$f'(x) = 3c_3 x^2 + 2c_2 x + c_1. \tag{A.56}$$

As abscissas x_1, x_2 e x_3 dos extremos locais de $f(x) = c_4 x^4 + c_3 x^3 + c_2 x^2 + c_1 x + c_0$ são os zeros reais de

$$f'(x) = 4c_4 x^3 + 3c_3 x^2 + 2c_2 x + c_1. \tag{A.57}$$

---

[1] O estudo das funções derivadas está fora do escopo deste livro.

A.6 Valores notáveis das funções trigonométricas

θ (grau)	θ (radiano)	sen(θ)	cos(θ)	tg(θ)	cotg(θ)	sec(θ)	cossec(θ)
0°	0	0	1	0	–	1	–
30°	$\pi/6$	$1/2$	$\sqrt{3}/2$	$\sqrt{3}/3$	$\sqrt{3}$	$2\sqrt{3}/3$	2
45°	$\pi/4$	$\sqrt{2}/2$	$\sqrt{2}/2$	1	1	$\sqrt{2}$	$\sqrt{2}$
60°	$\pi/3$	$\sqrt{3}/2$	$1/2$	$\sqrt{3}$	$\sqrt{3}/3$	2	$2\sqrt{3}/3$
90°	$\pi/2$	1	0	–	0	–	1
120°	$2\pi/3$	$\sqrt{3}/2$	$-1/2$	$-\sqrt{3}$	$-\sqrt{3}/3$	-2	$2\sqrt{3}/3$
135°	$3\pi/4$	$\sqrt{2}/2$	$-\sqrt{2}/2$	-1	-1	$-\sqrt{2}$	$\sqrt{2}$
150°	$5\pi/6$	$1/2$	$-\sqrt{3}/2$	$-\sqrt{3}/3$	$-\sqrt{3}$	$-2\sqrt{3}/3$	2
180°	π	0	-1	0	–	-1	–
210°	$7\pi/6$	$-1/2$	$-\sqrt{3}/2$	$\sqrt{3}/3$	$\sqrt{3}$	$-2\sqrt{3}/3$	-2
225°	$5\pi/4$	$-\sqrt{2}/2$	$-\sqrt{2}/2$	1	1	$-\sqrt{2}$	$-\sqrt{2}$
240°	$4\pi/3$	$-\sqrt{3}/2$	$-1/2$	$\sqrt{3}$	$\sqrt{3}/3$	-2	$-2\sqrt{3}/3$
270°	$3\pi/2$	-1	0	–	0	–	-1
300°	$5\pi/3$	$-\sqrt{3}/2$	$1/2$	$-\sqrt{3}$	$-\sqrt{3}/3$	2	$-2\sqrt{3}/3$
315°	$7\pi/4$	$-\sqrt{2}/2$	$\sqrt{2}/2$	-1	-1	$\sqrt{2}$	$-\sqrt{2}$
330°	$11\pi/6$	$-1/2$	$\sqrt{3}/2$	$-\sqrt{3}/3$	$-\sqrt{3}$	$2\sqrt{3}/3$	-2
360°	2π	0	1	0	–	1	–

A.7 Identidades trigonométricas

$$\operatorname{tg}(a) = \frac{\operatorname{sen}(a)}{\cos(a)} \qquad (A.58)$$

$$\sec^2(a) - \operatorname{tg}^2(a) = 1 \qquad (A.63)$$

$$\operatorname{cotg}(a) = \frac{\cos(a)}{\operatorname{sen}(a)} = \frac{1}{\operatorname{tg}(a)} \qquad (A.59)$$

$$\operatorname{sen}(a \pm b) = \operatorname{sen}(a)\cos(b) \pm \cos(a)\operatorname{sen}(b) \qquad (A.64)$$

$$\sec(a) = \frac{1}{\cos(a)} \qquad (A.60)$$

$$\cos(a \pm b) = \cos(a)\cos(b) \mp \operatorname{sen}(a)\operatorname{sen}(b) \qquad (A.65)$$

$$\operatorname{cossec}(a) = \frac{1}{\operatorname{sen}(a)} \qquad (A.61)$$

$$\operatorname{sen}^2(a) + \cos^2(a) = 1 \qquad (A.62)$$

$$\operatorname{tg}(a \pm b) = \frac{\operatorname{tg}(a) \pm \operatorname{tg}(b)}{1 \mp \operatorname{tg}(a)\operatorname{tg}(b)} \qquad (A.66)$$

Apêndice B
Respostas aos Problemas

Capítulo 1

1.1 (a) $(-\infty, 0) \cup (0, +\infty)$ (b) $(0, +\infty)$
(c) $(-\infty, 0)$ (d) $[0, +\infty)$ (e) $(-\infty, 0]$

1.2 (a) Todos os números reais menores ou iguais a 3

(b) Todos os números reais entre −2 e 4, incluindo −2 e excluindo 4

(c) Todos os números reais menores ou iguais a 5

(d) Todos os números reais maiores que −3

(e) Todos os números reais menores que 0

(f) Todos os números reais entre 0 e 3, incluindo 0 e incluindo 3

1.3 (a) $\{x \in \mathbb{R} : -2 \leq x \leq 2\}$

(b) $\{x \in \mathbb{R} : x \geq 5\}$

(c) $\mathbb{R}_-^* = \{x \in \mathbb{R} : x \leq 0\}$

(d) $\{x \in \mathbb{R} : 2 < x \leq 6\}$

(e) $\{x \in \mathbb{R} : -2 \leq x < 2\}$

1.4 (a) 7/10 (b) −0,5 (c) 360 (d) 720

1.5 (a) $\frac{22}{15}$ (b) $\frac{9}{70}$ (c) $-\frac{1}{12}$ (d) $\frac{14}{5}$ (e) $\frac{48}{35}$ (f) $\frac{97}{24}$
(g) $\frac{4}{15}$ (h) $\frac{8}{15}$ (i) $\frac{1}{9}$

1.6 (a) 4 (b) −3

1.7 (a) $x = 4$ (b) $x = 3$

1.8 (a) $-\frac{17}{15}$ (b) $\frac{9}{2}$ (c) $\frac{1}{4}$ (d) −7

1.9 (a) $-\frac{mn^2}{15}$ (b) $-a^2b^3m^2$ (c) $-10a^2m^3n^2$
(d) $\frac{1}{8}a^2m^6n^3$ (e) a^2m

1.10 (a) $x^{17} + x$ (b) $4x^{12}$ (c) $\frac{7x^7}{2}$ (d) $27x^3$
(e) $-x$ (f) $a^{17/6}b^{3/4}$ (g) $\frac{247}{108}$ (h) −15

1.11 (a) $\frac{y}{xy+1}$ (b) $\frac{a^4}{b^6}$ (c) $\frac{x^6}{49y^{10}}$ (d) $\frac{y^{24}}{125x^{21}}$

1.12 (a) $x^{2/3}$ (b) $(x+y)^{5/2}$ (c) $\sqrt[5]{x^2y}$ (d) $2x^{8/5}$
(e) $\frac{5}{\sqrt[3]{x^2}}$

1.13 (a) −8 (b) 3/2 (c) 2 (d) $25\sqrt{3}$

1.14 (a) $\sqrt[6]{2x}$ (b) $\sqrt[10]{ab}$ (c) $\sqrt[15]{x^7}$ (d) $a^2\sqrt[6]{a}$

1.15 (a) $\sqrt{2}x - x$ (b) $2x - 3\sqrt{xy} - 2y$

1.16 40

1.17 (a) $\frac{10x^2y+3}{2}$ (b) $2y^2 - 3xy$ (c) $\frac{1}{x}$ (d) $\frac{5}{x+5}$
(e) $\frac{2(x+2)}{x-2}$ (f) $\frac{8x}{5y}$ (g) $\frac{2}{xy-1}$

1.18 (a) $\frac{3}{2}$ (b) $\frac{x+2y}{x}$ (c) $\frac{2}{2x+y}$

1.19 10^{-9}

1.20 26

Capítulo 2

2.1 Gráfico a seguir:

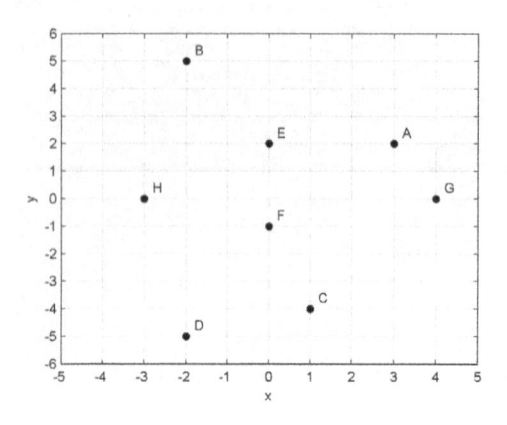

2.2 (a) $\text{Dom}(A) = \mathbb{R}$ (b) $\text{Dom}(B) = \mathbb{R}$ (c) $\text{Dom}(C) = \mathbb{R}$ (d) $\text{Dom}(D) = \{x \in \mathbb{R} : x \geq 0\}$ (e) $\text{Dom}(E) = \{x \in \mathbb{R} : x \neq 6\}$ (f) $\text{Dom}(F) = \{x \in \mathbb{R} : x < 3\}$ (g) $\text{Dom}(G) = \{x \in \mathbb{R} : x \neq -2 \text{ ou } x \neq 1/2\}$ (h) $\text{Dom}(H) = \{x \in \mathbb{R} : x \leq -2 \text{ ou } x \geq 1/2\}$ (i) $\text{Dom}(I) = \{x \in \mathbb{R} : x < -2 \text{ ou } x > 1/2\}$ (j) $\text{Dom}(J) = \mathbb{R}$

2.3 Não. $\text{Dom}(f) = \{x \in \mathbb{R} : x > 0\}$ e $\text{Dom}(g) = \{x \in \mathbb{R} : x \geq 0\}$.

2.4 Apenas o gráfico 2 não representa uma função.

2.5 (a) Zero: $x = -15/2$, Intercepto: $y = 3$
(b) Zero: $x = -1$, Intercepto: $y = 1$
(c) Zero: $x = 0$, Intercepto: $y = 0$
(d) Zero: $x = -4$, Intercepto: $y = -2/3$
(e) Zero: não existe, Intercepto: $y = 1/3$

2.6 Para f: (a) $\text{Dom}(f) = \mathbb{R}$, $\text{Img}(f) = \mathbb{R}$ (b) Interceptos: $x = 1$, $y = 2$ (c) $f(x) > 0$ para $x < 1$, $f(x) < 0$ para $x > 1$ (d) f e decrescente em $(-\infty, +\infty)$, isto é, em todo o seu domínio. Para g: (a) $\text{Dom}(g) = \mathbb{R}$, $\text{Img}(g) = (-\infty, 1)$ (b) Interceptos: $x = 1$, $x = 3$, $y = -3$ (c) $g(x) > 0$ para $1 < x < 3$, $g(x) < 0$ para $x < 1$ ou $x > 3$ (d) g é crescente em $(-\infty, 2]$, g é decrescente em $[2, +\infty)$. Para h: (a) $\text{Dom}(h) = \mathbb{R}$, $\text{Img}(h) = \{y \in \mathbb{R} : y = -2\}$ (b) Interceptos: $y = -2$ (c) $h(x) < 0$ em $(-\infty, +\infty)$, isto é, em todo o seu domínio. (d) h não é crescente nem decrescente. Para i: (a) $\text{Dom}(i) = \{x \in \mathbb{R} : x \geq 2\}$, $\text{Img}(i) = \{y \in \mathbb{R} : y \geq 0\}$ (b) Interceptos: $x = 2$ (c) $i(x) > 0$ em $(2, +\infty)$ (d) i é crescente em $(2, +\infty)$.

2.7

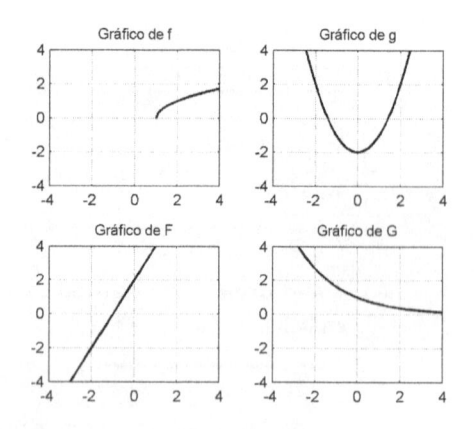

2.8 Um possível gráfico a seguir:

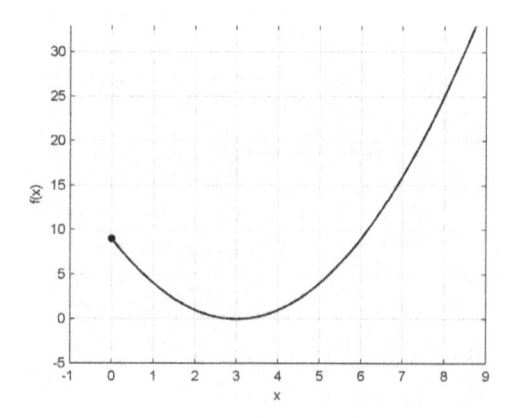

2.9 f é par. h é ímpar. g e i não são pares nem ímpares.

2.10 (a) 25,4°C (b) 17 (c) Entre 26,0°C e 26,5°C

2.11 São, pelo menos, 5 pontos de extremos visíveis.

2.12 (a) Apenas para $v = 0$ temos $K = 0$; para os demais valores de v, $K > 0$; (b) A função apresenta simetria par. (c) A função é decrescente para $v < 0$ e crescente para $v > 0$.

2.13 (a) $\text{Dom}(f) = \{p \in \mathbb{R} : p \geq 0\}$ (b) $f(0) = 10$ (c) $f(5) = 20$ (d) $p = 4$ (e) Gráfico a seguir:

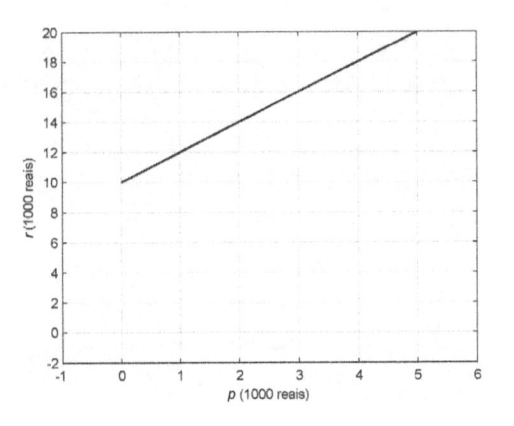

2.14 (a) $\text{Dom}(C) = \{q \in \mathbb{Z}, q \geq 0\}$ (b) R$ 2 012,00, R$ 14 000,00, R$ 26 000,00, R$ 38 000,00 (c) Gráfico a seguir (d) $U(q) = 12 + \frac{2000}{q}$ (e) Mais de 4000 unidades

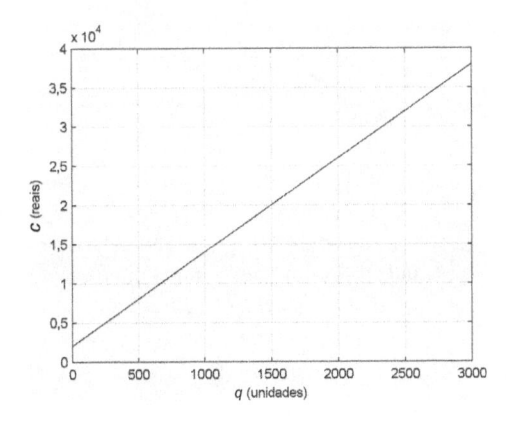

2.15 (a) $\text{Dom}(T) = \{n \in \mathbb{Z}, n > 0\}$ (b) 7 minutos (c) 12ª tentativa (d) O tempo diminui, aproximando-se de 3 minutos (e) Não. Como $12/n > 0$, $T(n) > 3$

2.16 (a) $\text{Dom}(G) = \{x \in \mathbb{R} : x \neq -2 \text{ ou } x \neq 1/2\}$ (b) $\text{Dom}(H) = \{x \in \mathbb{R} : x \leq -2 \text{ ou } x \geq 1/2\}$ (c) $\text{Dom}(I) = \{x \in \mathbb{R} : x < -2 \text{ ou } x > 1/2\}$ (d) $\text{Dom}(J) = \mathbb{R}$

2.17 (a) $\text{Dom}(f) = \{x \in \mathbb{R} : 0 \leq x < 2\}$, $\text{Img}(f) = \{y \in \mathbb{R} : 0 \leq y < 1\}$ (b) $\text{Dom}(g) = \{x \in \mathbb{R} : -1 \leq x \leq 3\}$, $\text{Img}(f) = \{y \in \mathbb{R} : 0 \leq y \leq 2\}$

2.18 (a) $V(x) = x(15 - 2x)^2$ (b) $\text{Dom}(V) = \{x \in \mathbb{R} : 0 \leq x \leq 7,5\}$ (b) Gráfico a seguir (c) $x_{\max} = 2,5$ cm, $v_{\max} = 250$ cm^3

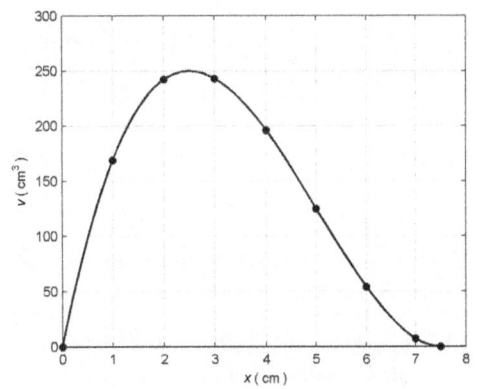

2.19 É ímpar. Se $f(-x) = f(x)$ e $g(-x) = -g(x)$, então $h(-x) = f(-x)g(-x) = f(x) \cdot -g(x) = -f(x)g(x) = -h(x)$.

2.20 Cerca de 58,8 milhões de toneladas.

Capítulo 3

3.1 (a) Crescente (b) (0, 0) (c) $x = 0$ (d) Gráfico a seguir

3.2 (a) Decrescente (b) (0, 0) (c) $x = 0$ (d) Gráfico a seguir

3.3 (a) Crescente (b) (0, 0) (c) $x = 0$ (d) Gráfico a seguir

3.4 (a) Crescente (b) (0, 0) (c) $x = 0$ (d) Gráfico a seguir

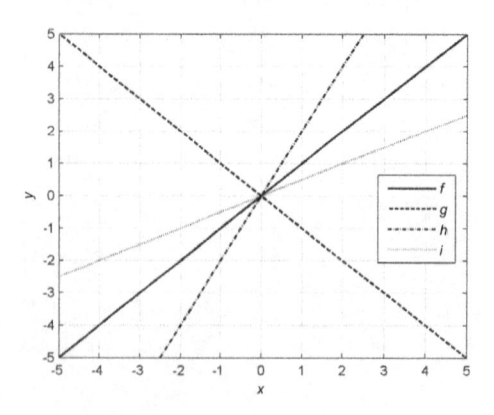

3.5 (a) Crescente (b) (0, −4) (c) $x = 2$ (d) Gráfico a seguir

3.6 (a) Decrescente (b) (0, 1) (c) $x = 1/3$ (d) Gráfico a seguir

3.7 (a) Constante (b) (0, 3) (c) Não existe (d) Gráfico a seguir

3.8 (a) Crescente (b) (0, −2/3) (c) $x = 4/9$ (d) Gráfico a seguir

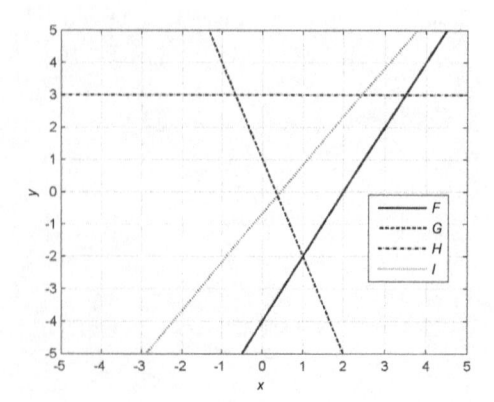

3.9 A função e decrescente (pois $m = -5 < 0$) e corta o eixo vertical em $y = 3$ (pois $b = 3$).

3.10 (a) f (linha contnua), g (linha tracejada), h (linha ponto-traço), i (linha pontilhada) (b) Todas as funções têm o mesmo valor de m.

3.11 (a) f (linha contínua), g (linha tracejada), h (linha ponto-traço), i (linha pontilhada) (b) Ponto (0, 1). Todas as funções têm o mesmo valor de b.

3.12 f (linha contínua), g (linha tracejada), h (linha ponto-traço), i (linha pontilhada)

3.13 (a) $y = \frac{5}{4}x - \frac{13}{4}$ (b) $x = \frac{13}{5}$

3.14 (a) $q(p) = -50p + 1000$ (b) $p(q) = -\frac{1}{50}q + 20$

3.15 (a) $C(q) = 2\,000 + 5q$ (b) $\{q \in \mathbb{Z}; q \geq 0\}$ (c) Gráfico a seguir

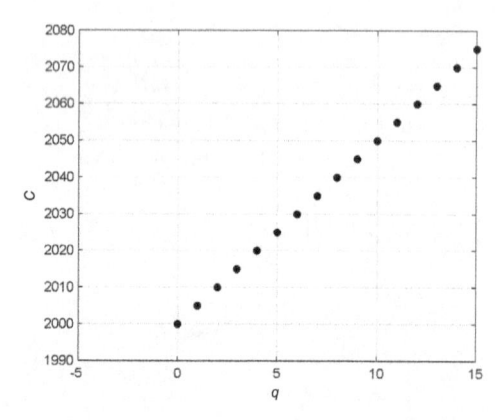

3.16 (a) Gráfico a seguir (b) $h_A(2) = 3$ cm, $h_B(2) = 5$ cm (c) Provavelmente a folhagem B, pois cresce mais rapidamente. (d) Sim, se $t = 0$ (e) $t = 4$

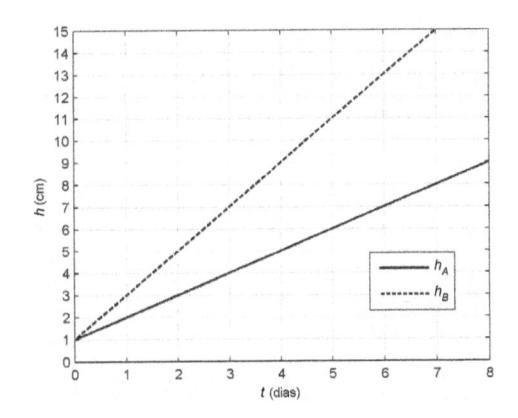

3.17 (a) $L(T) = 100 + 0,0017\,T$ (b) $\frac{\Delta L}{\Delta T} = 0,0017$ m/°C. Em média, o comprimento do fio aumenta 0,0017 m para cada aumento de 1°C na temperatura (c) 100,051m (d) 11,6°C (e) Gráfico a seguir

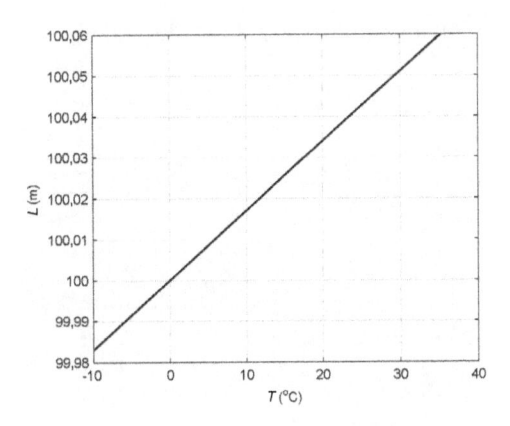

3.18 (a) $L(T) = 0,00171T + 89,9829$ (b) $1,9 \times 10^{-5}$

3.19 (a) $U(i) = -0,0223i + 18,70$ (b) 9,78 V (c) 233,18 mA (d) Gráfico a seguir

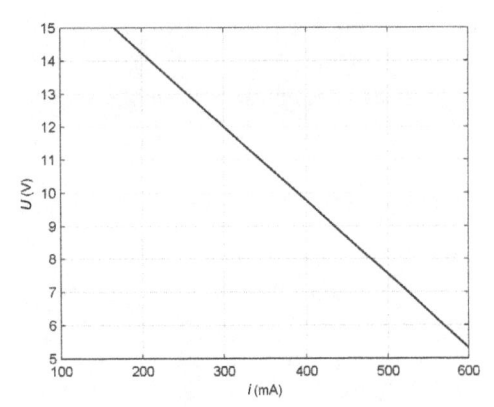

3.20 (a) $G(T) = 0,15T + 27,95$ (b) 32,45 (c) 55°C

3.21 (a) $S_A(n) = 900 + 10n$, $S_B(n) = 440 + 30n$ (b) $S_A(n)$: linha contínua, $S_B(n)$: linha tracejada (c) 1.090 reais (d) 26 programas (e) No mínimo, 24 programas

3.22 (a) $C_{BP}(x) = 0,15x + 40$, $C_{BV}(x) = 0,10x + 50$ (b) Gráfico a seguir (c) Se a distância a ser percorrida for maior que 200 quilômetros, optar pela *Boa Viagem*, caso contrário optar pela *Bom Passeio*.

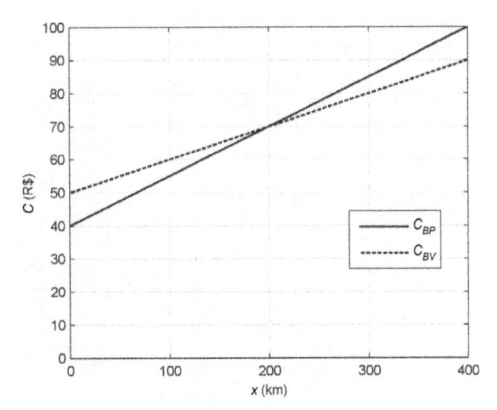

3.23 (a) $S(v) = 1\,000 + 0,08v$ (b) R$ 1.400,00

3.24 (a) $S_2(v) = 1.150 + 0,06v$ (b) Gráfico a seguir (c) (7500, 1600). Esse ponto indica o valor das vendas e o correspondente valor dos salários quando é indiferente em qual dos dois empregos o vendedor trabalha (d) Sim

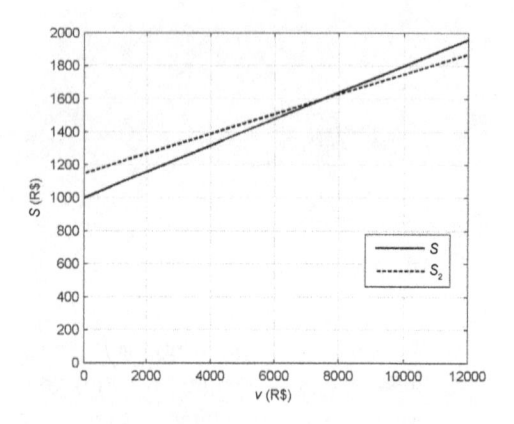

3.25 (a) $C_A(t) = 3t$, $C_R(t) = 0,30t + 25$, $C_E(t) = 30$ (b) Gráfico a seguir (c) Se um estudante estaciona até 9 dias por mês, deve optar pelo pagamento *avulso*; se usar de 10 a 16 dias, deve optar pelo *regular*; se usar 17 ou mais dias, deve optar pelo *especial*.

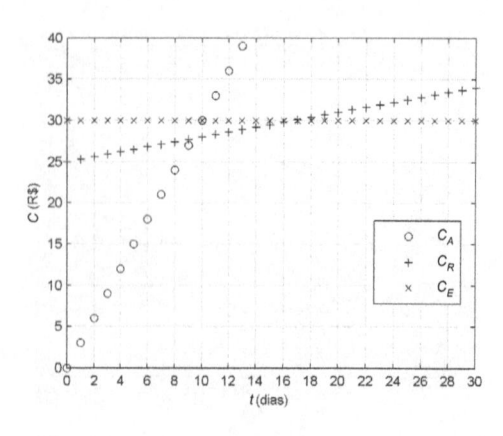

3.26 0,17 (aproximadamente)

3.27 (a) R\$ 1,60, R\$ 3,20, R\$ 3,24, R\$ 4,80

(b) $P(x) = \begin{cases} 0,08x, & x \leq 40 \\ 3,20 + 0,04(x - 40), & x > 40 \end{cases}$

(c) Gráfico a seguir (d) 60 cópias

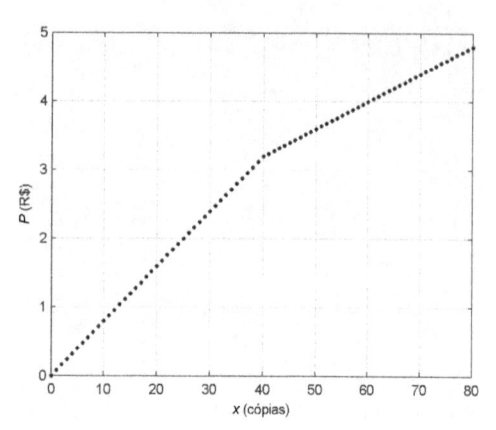

3.28 (a) $m = -1/2$ (b) $A(6, 0)$ e $B(0, 3)$ (c) $d = 3\sqrt{5}$

3.29 (a) $m = 5/3$ (b) $A(-3, 0)$ e $B(0, 5)$ (c) $d = \sqrt{34}$

3.30 intercepto: $(-12/13, 45/13)$

3.31 (a) Gráfico a seguir (b) Gráfico a seguir (c) $u(t) = 120H(t)$

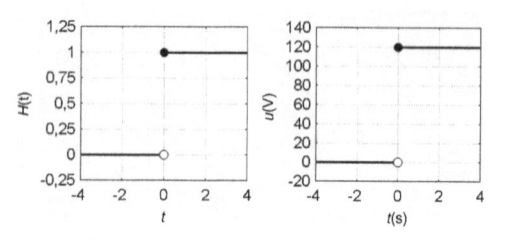

3.32 Gráficos a seguir

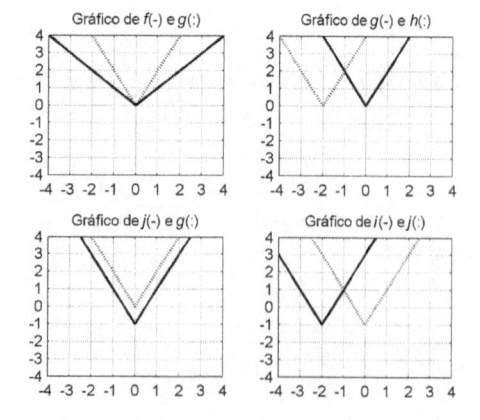

3.33 (a) $V(q) = \begin{cases} 8q, & 0 \leq q < 3 \\ 6{,}4q, & t \geq 3 \end{cases}$

(b) Gráfico a seguir

(c) R\$ 25,60 (d) 2,500 kg ou 3,125 kg

3.34 (a) $\text{Dom}(F) = \{x \in \mathbb{R} : x \neq 0\}$

(b) Gráfico ao lado

(c) $F(x) = \begin{cases} -1, & x < 0 \\ 1, & x > 0 \end{cases}$

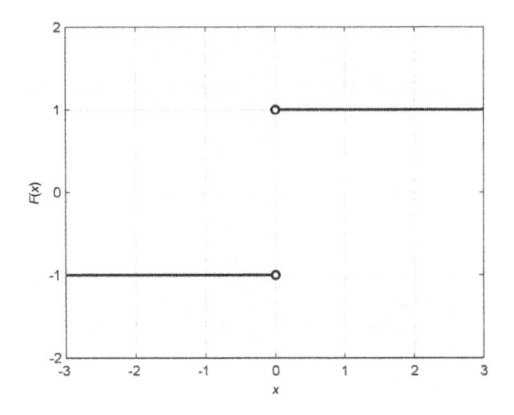

Capítulo 4

4.1 (a) 0 (b) 0 (c) $-\infty$ (d) $+\infty$ (e) $+\infty$ (f) 2 (g) 0 (h) não existe limite (i) não existe limite (j) $+\infty$ (k) $-\infty$

4.2 Para F: (a) 2 (b) 2 (c) 2. Para G: (a) não existe (b) 2 (c) 2. Para H: (a) 4 (b) 2 (c) 2. Para I: (a) 4 (b) 2 (c) 4.

4.3 F é contínua em $x = 1$; G, H e I são descontínuas em $x = 1$.

4.4 $f(2) = \nexists$, $\lim_{x \to 2} g(x) = \nexists$, $\lim_{x \to 2} p(x) = \nexists$, $q(2) \neq \lim_{x \to 2} q(x)$

4.5 (a) Gráfico a seguir (b) 1, 1, 1
(c) A função é contínua em $x = -1$.
(d) 4, 5, 5 (e) A função é descontínua em $x = 2$.

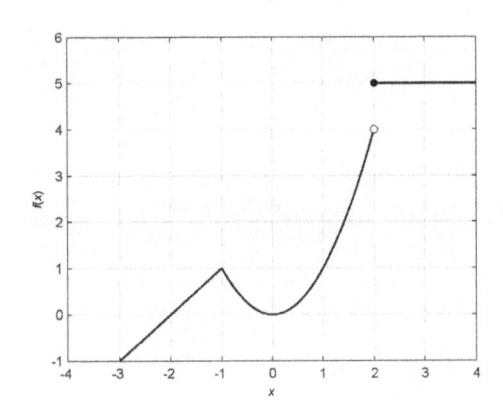

4.6 (a) $p = 8$, $q = 4/3$ (b) Gráfico a seguir

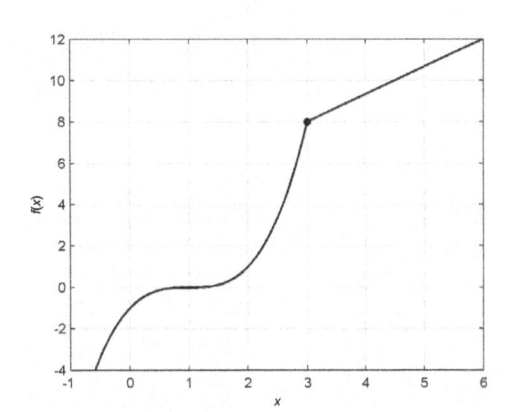

4.7 Um possível gráfico a seguir:

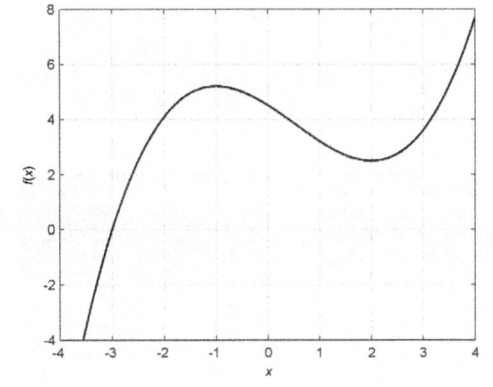

4.8 Representação de um possível gráfico:

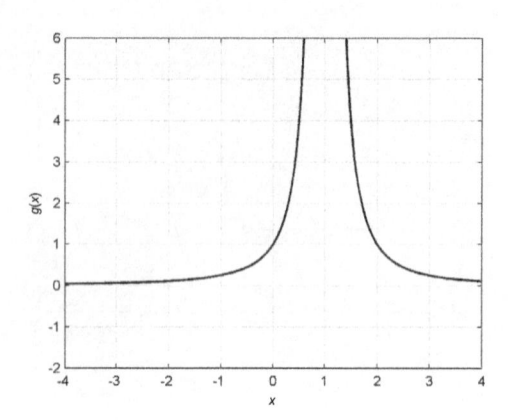

4.9 Representação de um possível gráfico:

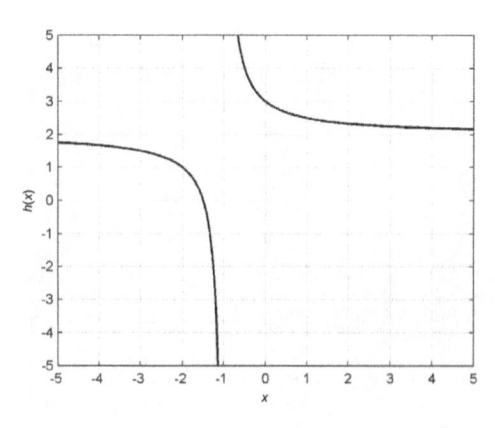

4.10 (a) Gráfico a seguir (b) Sim. $a = 10$

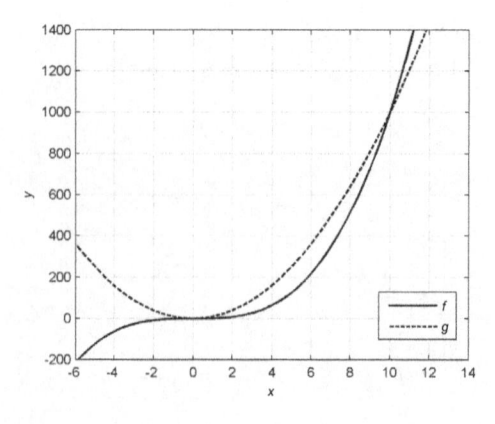

4.11 (a) Gráfico a seguir (b) $f(x) > h(x) > g(x)$ para $x > 1{,}71$ (c) $g(x) > h(x) > f(x)$ para $x < -5$ (d) $h(x) > f(x) > g(x)$ para $0 < x < 1$

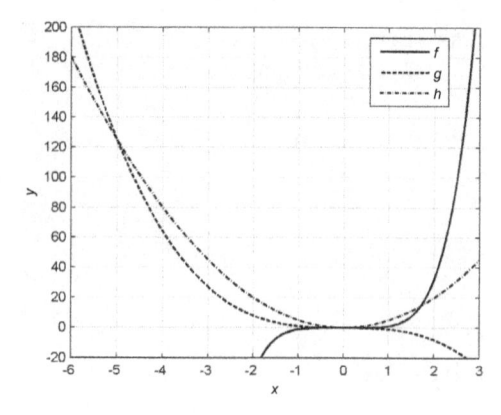

4.12 (a) Gráfico a seguir (b) $g(x) < f(x)$ para $0 < x < 1$ (c) $g(x) > f(x)$ para $x > 1$

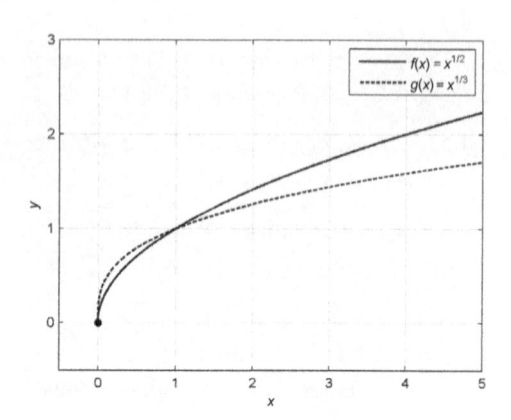

4.13

x	$f(x)$	$g(x)$	$h(x)$
-3	9	25	1
-2	4	16	0
-1	1	9	1
0	0	4	4
1	1	1	9
2	4	0	16
3	9	1	25

4.14 O gráfico da função g, mostrado na Figura 4.12 (parte c), é obtido pelo deslocamento horizontal do gráfico de f de 2 unidades para a direita. O gráfico da função h, de forma semelhante, é obtido pelo deslocamento de 2 unidades para a esquerda.

4.15 (a) alongamento vertical (b) deslocamento horizontal (c) deslocamento vertical (d) deslocamento horizontal

4.16 (a) traço contínuo (b) ponto – traço (c) traço – traço (d) ponto – ponto

4.17 função g: deslocar f verticalmente 2 unidades para baixo; função h: deslocar f horizontalmente 2 unidades para a esquerda; função i: repetir f sobre o eixo $y = 0$.

4.18 (a) $l(d) = \frac{1}{\sqrt{2}}d$ (b) $A(d) = \frac{1}{2}d^2$

4.19 (a) $l(d) = \frac{1}{\sqrt{3}}d$ (b) $A(d) = 2d^2$
(c) $V(d) = \frac{1}{3\sqrt{3}}d^3$

4.20 (a) $v(h) = \sqrt{2gh}$ (b) Gráfico a seguir

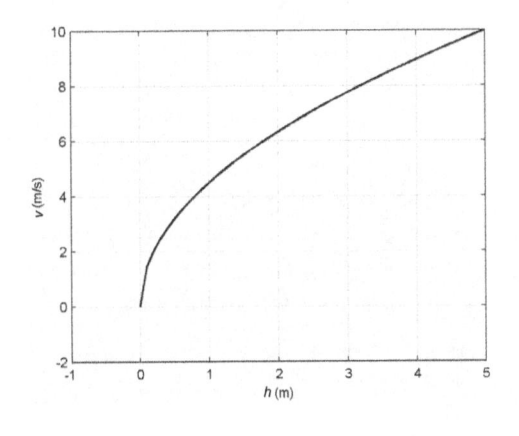

4.21 (a) ficará mais lento (b) Passo 1: deslocar horizontalmente 1 unidade para a esquerda, obtendo $(t + 1)^{-1}$. Passo 2: refletir sobre o eixo $y = 0$, obtendo $-(t + 1)^{-1}$. Passo 3: alongar verticalmente pelo fator 6, obtendo $-6(t + 1)^{-1}$. Passo 4: deslocar verticalmente 20 unidades para cima, obtendo $20 - 6(t + 1)^{-1}$.

4.22 (a) $C = 3{,}38 \times 10^{10}$ N $\cdot$ km^2 (b) $P = 730{,}97$ N (c) Gráfico a seguir

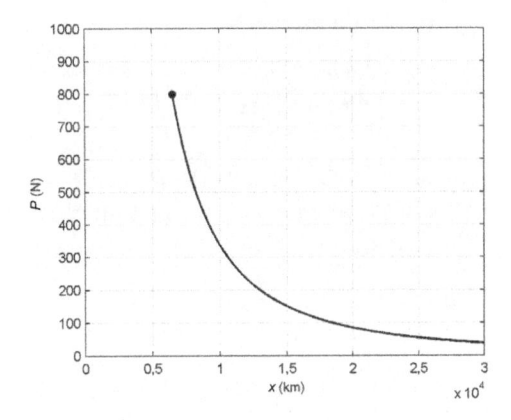

4.23 (a) Gráfico a seguir (b) $r_{\min} = 0{,}236$ nm

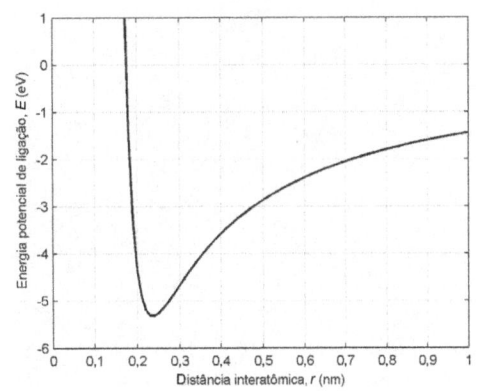

Capítulo 5

5.1 Apenas as expressões dos itens **(a)**, **(b)**, **(e)** e **(f)** são polinômios.

5.2 Há infinitas soluções, uma delas pode ser $a = 5$ e $b = -1$.

5.3 $P(x) = x^2 - 2x - 8$

5.4 **(a)** $x(4 + x)$ **(b)** $(x - 6)(x + 6)$
(c) $(9x^2 + a^2)(3x + a)(3x - a)$
(d) $(x - 1)(x^2 + x + 1)$
(e) $x(x - \sqrt{2})^2(x + \sqrt{2})^2$

5.5 **(a)** $(x - 2)(x + 2)$ **(b)** $(x + 1)(x - 1)(x - 2)$ **(c)** $2(x - 1)(x - \frac{1}{2})(x + 1)$ **(d)** $(x - 4)(x - 4)(x - 4)(x - 4)$

5.6 **(a)** $A(x)$ no gráfico II **(b)** $B(x)$ no gráfico IV **(c)** $C(x)$ no gráfico III **(d)** $D(x)$ no gráfico I

5.7 **(a)** Zeros: $\{-2, 2\}$ **(b)** Intercepto vertical em $y = -4$ **(c)** $f \to +\infty$ e $f \to +\infty$, respectivamente **(d)** Gráfico a seguir

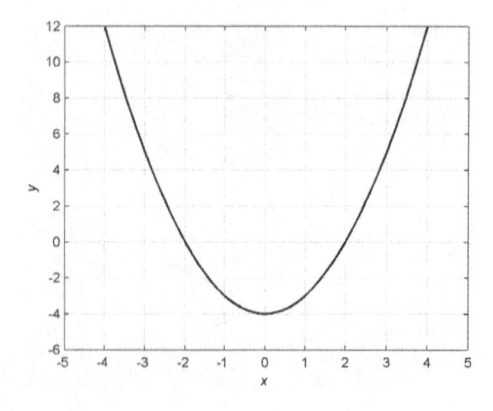

5.8 **(a)** Zeros: $\{-\sqrt{10}, \sqrt{10}\}$ **(b)** Intercepto vertical em $y = 10$ **(c)** $g \to -\infty$ e $g \to +\infty$, respectivamente **(d)** Gráfico a seguir

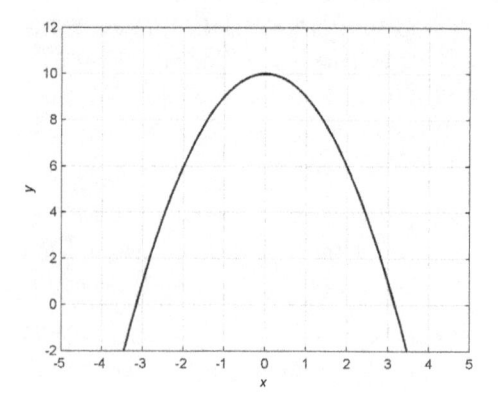

5.9 **(a)** Não possui zeros reais **(b)** Intercepto vertical em $y = 4$ **(c)** $h \to +\infty$ e $h \to +\infty$, respectivamente **(d)** Gráfico a seguir

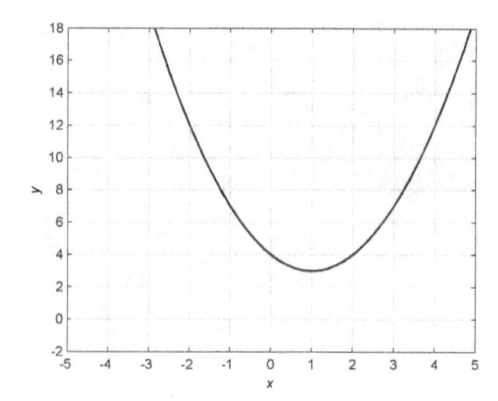

5.10 **(a)** Zero: $\{-2\}$ **(b)** Intercepto vertical em $y = 2$ **(c)** $i \to +\infty$ e $i \to -\infty$, respectivamente **(d)** Gráfico a seguir

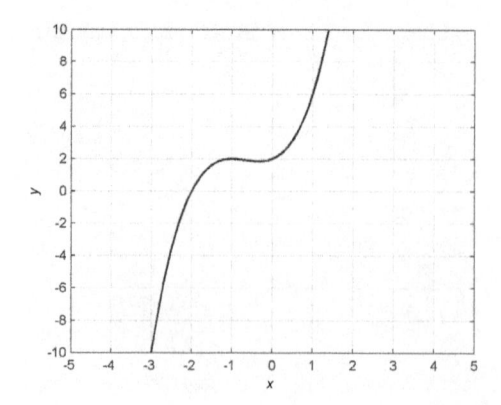

5.11 (a) Zeros: $\{-2, 3\}$ (b) Intercepto vertical em $y = 12$ (c) $j \to -\infty$ e $j \to +\infty$, respectivamente (d) Gráfico a seguir

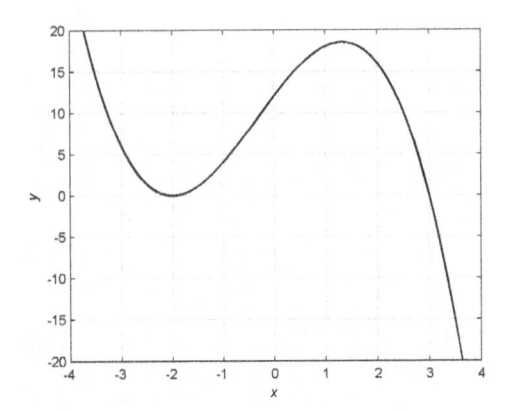

5.12 (a) Zeros: $\{-8, 2\}$ (b) Intercepto vertical em $y = -64$ (c) $k \to +\infty$ e $k \to +\infty$, respectivamente (d) Gráfico a seguir

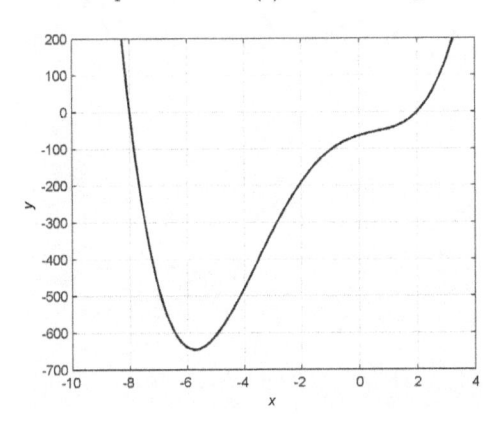

5.13 Gráficos a seguir:

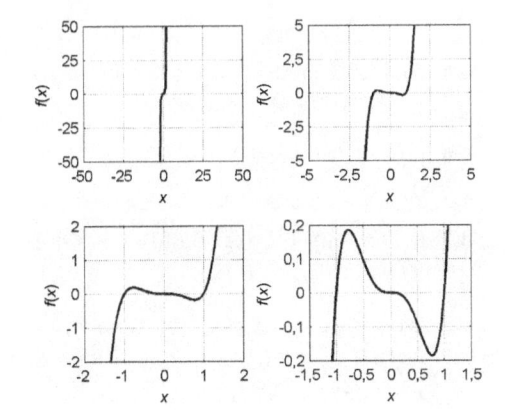

5.14 Gráficos a seguir:

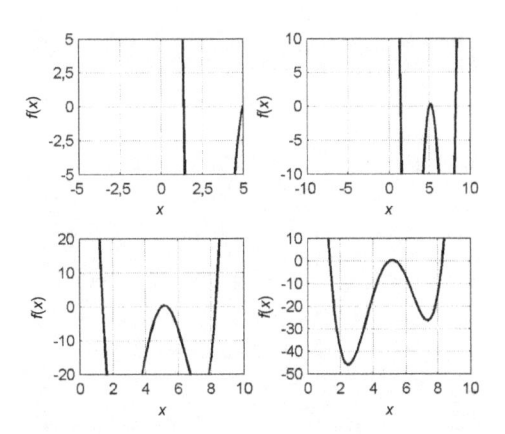

5.15 (a) $h(t) = 15t - 5t^2$ (b) Zeros: $\{0, 3\}$. Representam, respectivamente, o instante em que o objeto é jogado para cima e o instante em que ele retorna ao solo. (c) $\text{Dom}(h) = \{t \in \mathbb{R} : 0 \leq t \leq 3\}$, gráfico a seguir (d) $h_{\max} = 11{,}25$ m, $t_{\max} = 1{,}5$ s

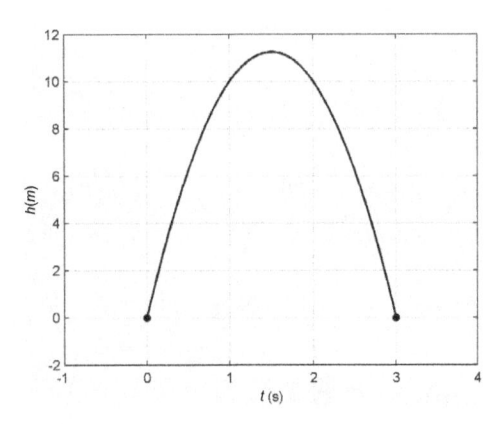

5.16 (a) $C(20) = 5046{,}30$ (b) $C(20) - C(19) = 362{,}30$

5.17 (a) $T(14) = 33{,}333\,°\text{C}$ (b) $\frac{\Delta T}{\Delta t} = -2{,}5\,°\text{C/h}$ (c) $t_{\max} = 12$ h

5.18 $r = 4{,}0833 \times 10^{-2} = 4{,}0833\%$

5.19 (a) Zeros: $\{7{,}4495,\ 2{,}5505\}$, Preços para os quais o lucro é zero (b) $x = \{5{,}7071,\ 4{,}2929\}$ (c) $x_{\max} = 5{,}00$

5.20 $x = 3{,}437 \times 10^{-5}$

5.21 (a) grau 2 (b) $\text{Dom}(P) = \{n \in \mathbb{N}, n \geq 1\}$ (c) 276 (d) $n = 14$; $P(14) = 91$

5.22 16 ou 48 macacos

5.23 $k = 40$, $p(40) = 1681 = 41^2$ é composto

5.24 (a) $A(x) = 8x - \frac{4}{3}x^2$ (b) $\text{Dom}(A) = \{x \in \mathbb{R} : 0 \leq x \leq 6\}$ (c) $x_{\max} = 3$ cm, $y_{\max} = 12$ cm

5.25 (a) $A(x) = -\frac{1}{2}x^2 + 20x$ (b) $\text{Dom}(A) = \{x \in \mathbb{R} : 0 < x < 40\}$, gráfico a seguir (c) $x_{\max} = 20$ (d) dimensões: 20 m × 10 m, área: 200 m²

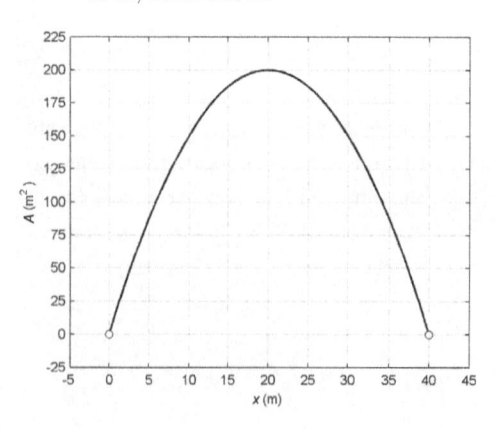

5.26 dimensões: 20m × 20 m, área: 400 m²

5.27 (a) $A(x) = \frac{1}{8}x^2 - \frac{25}{2}x + 625$ (b) $\text{Dom}(A) = \{x \in \mathbb{R} : 0 < x < 100\}$, gráfico a seguir (c) $x_{\min} = 50$ cm

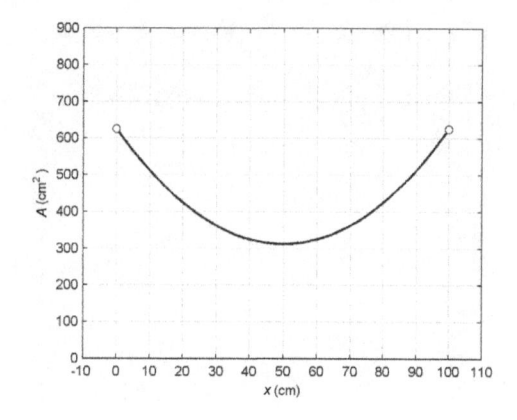

5.28 (a) $A(x) = \frac{4+\pi}{16\pi}x^2 - \frac{25}{2}x + 625$ (b) $\text{Dom}(A) = \{x \in \mathbb{R} : 0 < x < 100\}$, gráfico a seguir (c) $x_{\min} = 44{,}01$ cm

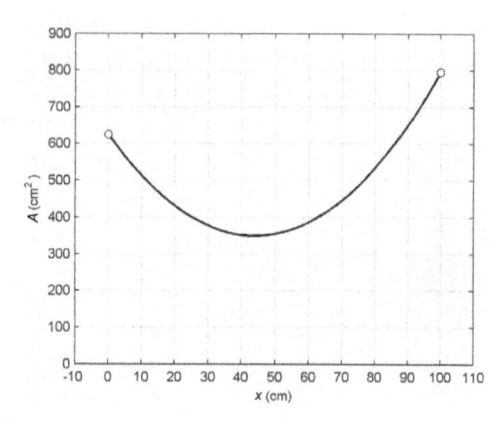

Capítulo 6

6.1 (a) $\text{Dom}(f) = \{x \in \mathbb{R} : x \neq 0\}$ (b) Zeros: $\{-4, 4\}$

6.2 (a) $\text{Dom}(g) = \{x \in \mathbb{R} : x \neq 12\}$ (b) Zeros: $\{3, 4\}$

6.3 (a) $\text{Dom}(h) = \{x \in \mathbb{R} : x \neq 9/5\}$ (b) Zeros: $\{0\}$

6.4 (a) $\text{Dom}(i) = \{x \in \mathbb{R} : x \neq \pm 4\}$ (b) não existem zeros

6.5 f no gráfico II, g no gráfico IV, h no gráfico III, i no gráfico I

6.6 (a) $-\infty$ (b) $+\infty$ (c) $+\infty$ (d) $-\infty$ (e) -1 (f) -1

6.7 (a) $-\infty$ (b) $+\infty$ (c) $-\infty$ (d) $+\infty$ (e) 0 (f) 0

6.8 (a) Zeros: não possui (b) $\text{Dom}(A) = \{x \in \mathbb{R} : x \neq 1\}$ (c) AH: $y = 0$, AV: $x = 1$ (d) Gráfico a seguir

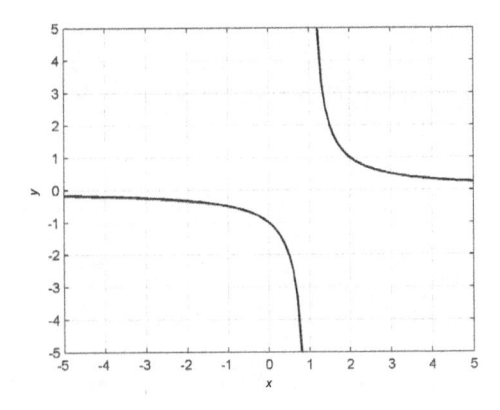

6.9 **(a)** Zeros: $\{0\}$ **(b)** $\text{Dom}(B) = \{x \in \mathbb{R}: x \neq 3\}$ **(c)** AH: $y = 5$, AV: $x = 3$ **(d)** Gráfico a seguir

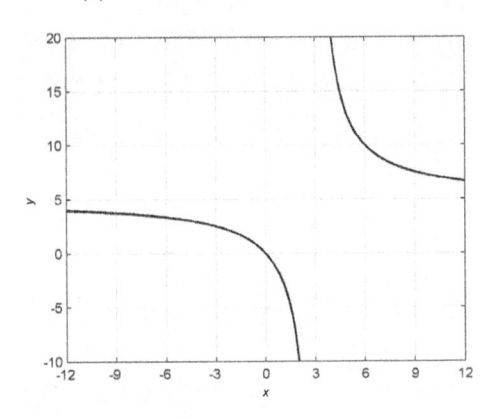

6.10 **(a)** Zeros: $\{0\}$ **(b)** $\text{Dom}(C) = \{x \in \mathbb{R}: x \neq -3/2\}$ **(c)** AH: $y = 1/2$, AV: $x = -3/2$ **(d)** Gráfico a seguir

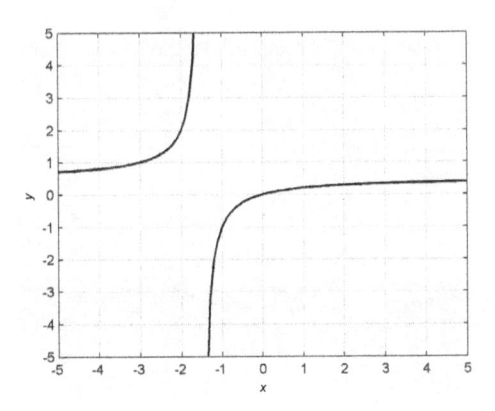

6.11 **(a)** Zeros: $\{-3/2\}$ **(b)** $\text{Dom}(D) = \{x \in \mathbb{R}: x \neq -7/5\}$ **(c)** AH: $y = 2/5$, AV: $x = -7/5$ **(d)** Gráfico a seguir

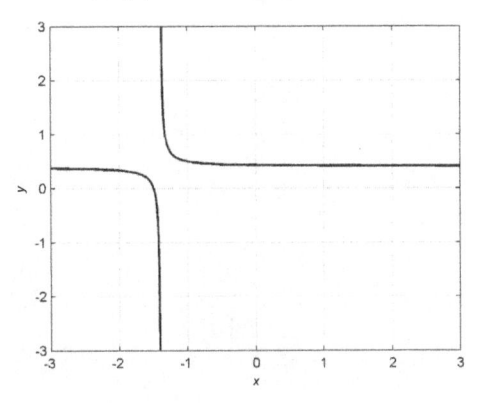

6.12 **(a)** Zeros: $\{0\}$ **(b)** $\text{Dom}(E) = \{x \in \mathbb{R}: x \neq \pm 2\}$ **(c)** AH: $y = 0$, AV: $x = \pm 2$ **(d)** Gráfico a seguir

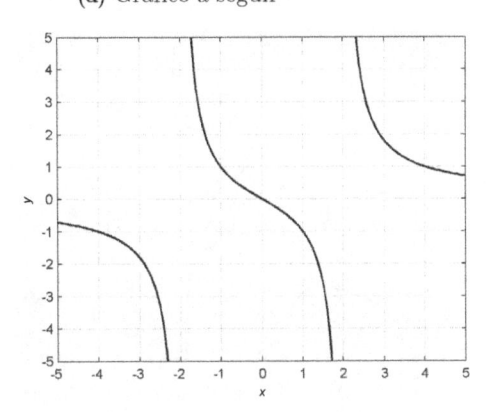

6.13 **(a)** Zeros: $\{-2\}$ **(b)** $\text{Dom}(F) = \mathbb{R}$ **(c)** AH: $y = 0$, AV: não existe **(d)** Gráfico a seguir

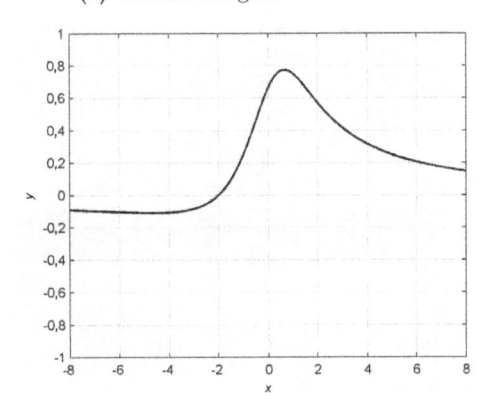

6.14 (a) Zeros: $\{1\}$ (b) $\mathrm{Dom}(G) = \{x \in \mathbb{R} : x \neq 2\}$ (c) AH: não existe, AV: $x = 2$ (d) Gráfico a seguir

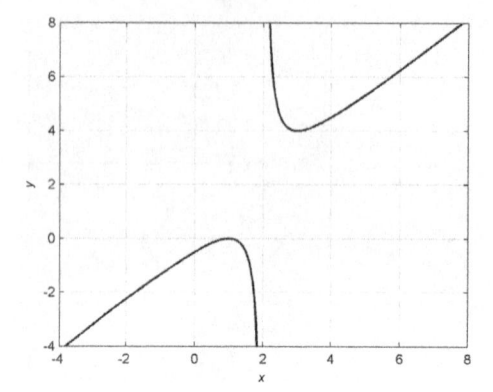

6.15 (a) Zeros: $\{1\}$ (b) $\mathrm{Dom}(H) = \{x \in \mathbb{R} : x \neq \pm 2\}$ (c) AH: não existe, AV: $x = \pm 2$ (d) Gráfico a seguir

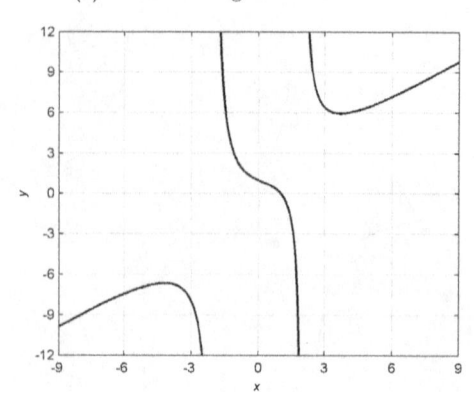

6.16 (a) Zeros: $\{1/\sqrt[3]{12}\}$ (b) $\mathrm{Dom}(I) = \mathbb{R}$ (c) AH: não existe, AV: não existe (d) Gráfico a seguir

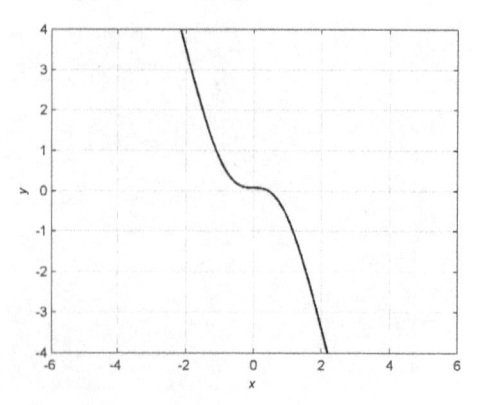

6.17 (a) Zeros: não existem (b) $\mathrm{Dom}(J) = \{x \in \mathbb{R} : x \neq 0\}$ (c) AH: $y = 6$, AV: não existe (d) Gráfico a seguir

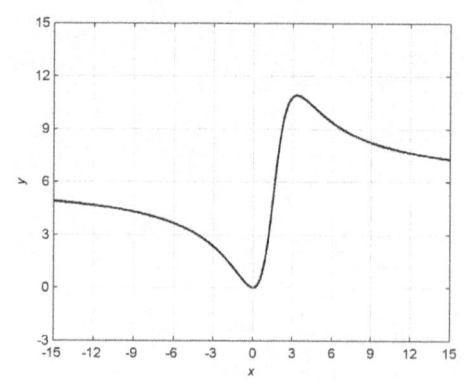

6.18 (a) Zeros: $\{-\sqrt[5]{3/2}\}$ (b) $\mathrm{Dom}(K) = \{x \in \mathbb{R} : x \neq 0; x \neq 1\}$ (c) AH: não existe, AV: $x = 0$ e $x = 1$ (d) Gráfico a seguir

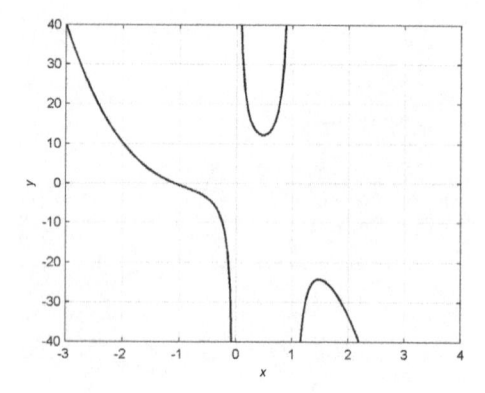

6.19 (a) $A(x) = \frac{2x^3 + 8000}{x}$ (b) $\mathrm{Dom}(A) = \{x \in \mathbb{R} : x > 0\}$, gráfico a seguir (c) $x = 12{,}6$ cm (d) $12{,}6$ cm $\times$ $12{,}6$ cm $\times$ $12{,}6$ cm, $A = 952{,}4$ cm^2

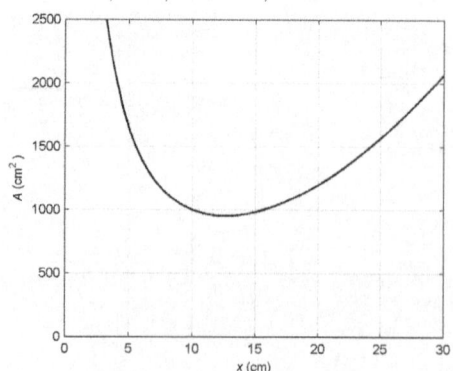

6.20 Não, as dimensões serão 15,9 cm × 15,9 cm × 7,9 cm, A = 756,0 cm²

6.21 $F(x) = \frac{6}{x^2+x-6}$

6.22 (a) $I(x) = \frac{10}{x^2} + \frac{100}{(50-x)^2}$ (b) Gráfico a seguir (c) posição $x = 16,2$ cm com luminosidade $I = 0,126$ lux

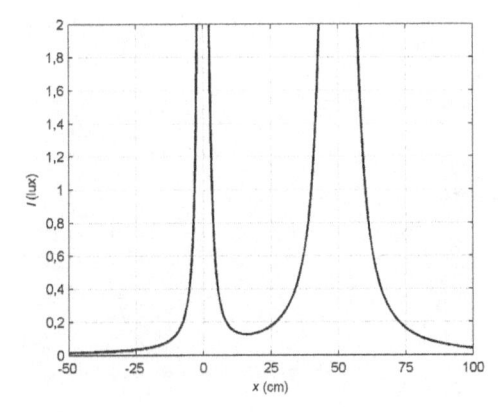

6.23 Gráfico a seguir:

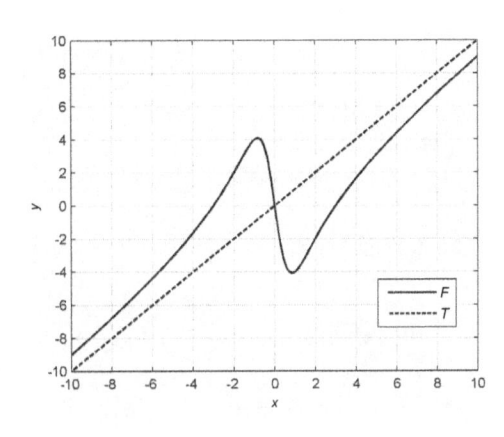

6.24 (a) $\text{Dom}(P) = \{R \in \mathbb{R} : R \geq 0\}$ (b) Zeros: $\{0\}$ (se não há "carga", não há potência dissipada), AV: não existe, AH: $P = 0$ (a medida que a "carga" cresce, a corrente elétrica diminui, logo a potência também diminui) (c) Gráfico a seguir (d) $P = 0,72$ W em $R = 50\ \Omega$

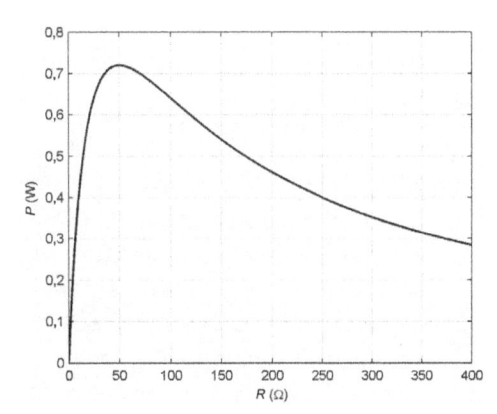

6.25 (a) $H(P_3) = \frac{105 P_3}{12 P_3 + 35}$ (b) Gráfico a seguir (c) $P_3 \geq 210/33 \approx 6,4$

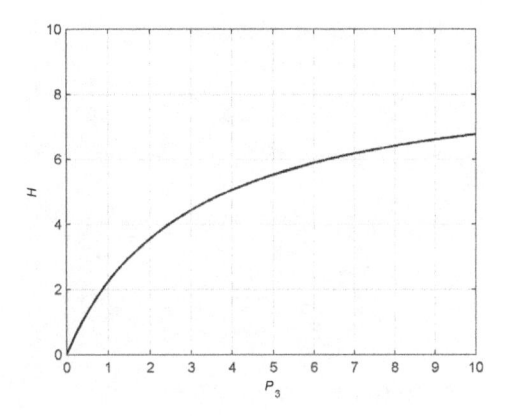

Capítulo 7

7.1 (a) $x = 4, y = 1/4$ (b) $u = 3, v = 27$
(c) $p = 4, q = -4$ (d) $r = -4, s = 5$

7.2 (a) $x = 3, y = 9$ (b) $x = 5, y = -4$
(c) $x = \ln 7 - 1, y = 5$ (d) $x = 4, y = \sqrt{5}$
(e) $x = 2, y = e^e$

7.3 $\log_b \frac{1}{a} = \log_b(a^{-1}) = -1 \cdot \log_b a = -\log_b a$

7.4 $y = \log_b x \Rightarrow x = b^y \Rightarrow \log_c x = \log_c b^y$
$= y \log_c b \Rightarrow y = \log_c x / \log_c b$

7.5 (a) $x = \ln 7 \approx 1{,}9456$, $y = e^{\sqrt{2}} \approx 4{,}1133$ (b) $x = -0{,}3413$, $y = 241$ (c) $x = 0{,}2007$, $y = 10^{\frac{1}{\pi}-2} \approx 0{,}0208$

7.6 $E(1) = 2{,}0000$, $E(10) = 2{,}5937$, $E(10^2)$
$= 2{,}7048$, $E(10^3) = 2{,}7169$, $E(10^4) =$
$2{,}7181$, $E(10^5) = 2{,}7183$

7.7 $t = 111{,}267$ s

7.8 (a) $P(40) = 42{,}33$, $P(50) = 53{,}97$, $P(60) = 68{,}81$, $P(70) = 87{,}75$, $P(80) = 111{,}88$, $P(90) = 142{,}66$, $P(100) = 181{,}9$ (b) Gráfico a seguir (c) Sim, pois as diferenças entre os valores da tabela e os modelados são relativamente pequenas (d) $P(0) = 16{,}0141$, indica a população (modelada) no ano de 1900 (e) Em 2013, aproximadamente.

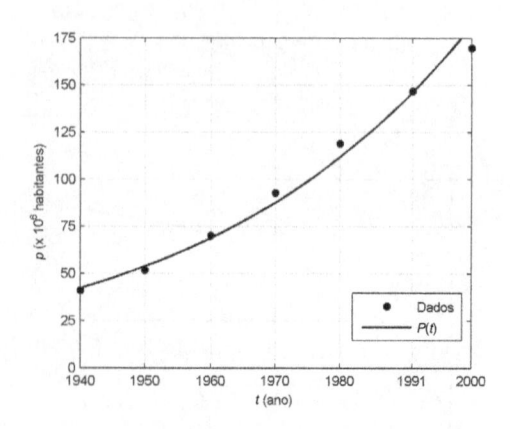

7.9 (a) Gráfico a seguir (b) À medida que o tempo passa, a população de bactérias estabiliza-se em 12 bilhões (c) 1,35 bilhão de bacterias por dia (d) Se a população estabiliza-se, ao longo do tempo, a taxa de variação tende a zero.

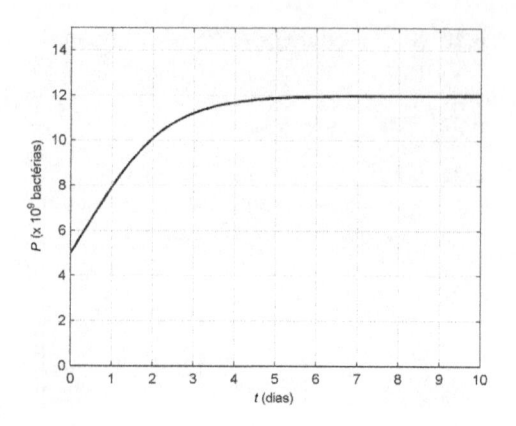

7.10 (a) Gráfico a seguir
(b) $-0{,}0673$ mg/min, $-0{,}0129$ mg/min

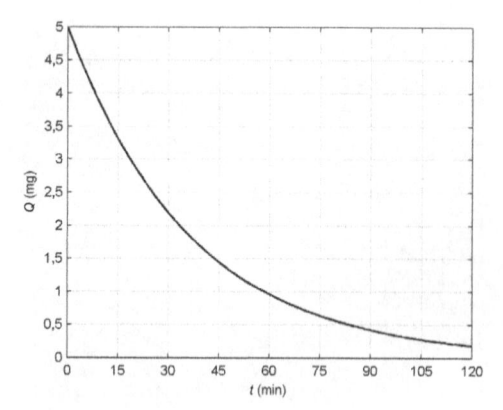

7.11 (a) $Q(\tau) = Q_0 e^{-k\tau} = \frac{1}{2}Q_0 \Rightarrow -k\tau = \ln \frac{1}{2}$
$= -\ln 2$

(b) $Q(0) = Q_0$, $Q(\tau) = \frac{1}{2}Q_0$, $Q(2\tau) = \frac{1}{4}Q_0$, $Q(3\tau) = \frac{1}{8}Q_0$, ...

7.12 (a) $k \approx 0{,}0248$ (b) A resposta muda a cada ano: calcular $Q(t)$ com $t =$ ano corrente $- 1986$

7.13 (a) $i(t) = 0{,}2 e^{-4{,}5 \times 10^{-3} t}$ (b) $i(0) = 0{,}2$ A, $i(200) = 0{,}0813$ A, $i(400) = 0{,}0331$ A, $i(600) = 0{,}0134$ A, gráfico a seguir (c) $t = 511{,}7$ s

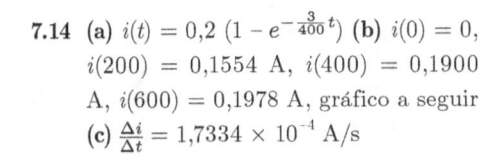

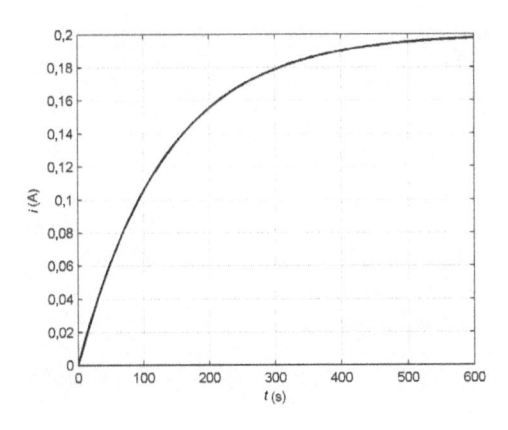

7.14 (a) $i(t) = 0{,}2\,(1 - e^{-\frac{3}{400}t})$ (b) $i(0) = 0$, $i(200) = 0{,}1554$ A, $i(400) = 0{,}1900$ A, $i(600) = 0{,}1978$ A, gráfico a seguir (c) $\frac{\Delta i}{\Delta t} = 1{,}7334 \times 10^{-4}$ A/s

7.15 67,46 meses

7.16 (a) 67,29 meses

(b) Sim ($6{,}8963 \approx 6{,}7294$)

7.17 R$ 3.555,94

7.18 (a) $V = 10.000(0{,}9)^t$ (b) No primeiro ano: −1.000 reais/ano, No segundo ano: −900 reais/ano (c) Durante o primeiro ano de uso (d) 7 anos

7.19 (a) 68,78% (b) 12.113m

7.20 31,62%

7.21 (a) $N = 80$ dB (b) 10^{-4} W/cm^2

7.22 (a) $v(0) = 0$ m/s, $v(1) = 17{,}64$ m/s, $v(2) = 20{,}34$ m/s, $v(3) = 20{,}75$ m/s

(b) $t = 1{,}7188$ s (d) No primeiro intervalo: 17,63 m/s^2. No segundo intervalo: 2,70 m/s^2 (e) Ao longo do tempo, a velocidade estabiliza em 20,83 m/s

7.23 (a) $r = 3$ (b) $f(n) = 5 \cdot 3^n$

7.24 (a) Não, a razão entre termos sucessivos não é constante. (b) Não, representam melhor uma *progressão aritmética*.

7.25 (a) Dom(senh) = $\mathbb{R}$, Img(senh) = $\mathbb{R}$, Dom(cosh) = $\mathbb{R}$, Img(cosh) = $\{y \in \mathbb{R} : y \geq 1\}$ (b) Gráficos a seguir:

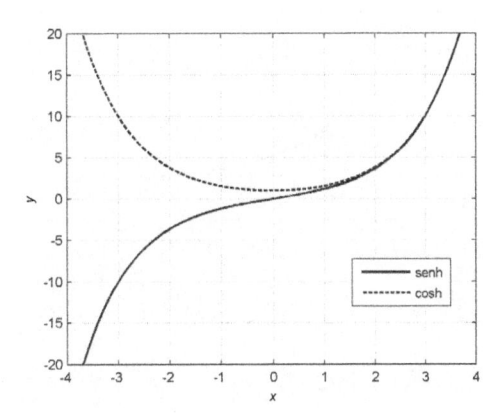

7.26 $\left(\frac{e^x + e^{-x}}{2}\right)^2 - \left(\frac{e^x - e^{-x}}{2}\right)^2 = \frac{e^{2x} + 2e^0 + e^{-2x}}{4}$

$- \frac{e^{2x} - 2e^0 + e^{-2x}}{4} = \frac{2+2}{4} = 1$

7.27 $a = 10/3$, $b = \ln\sqrt{3}$

7.28 (a) Gráfico a seguir

(b) $H \approx 192$ m, $D \approx 192$ m

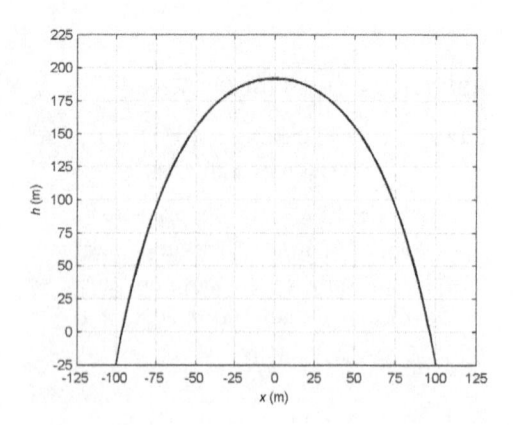

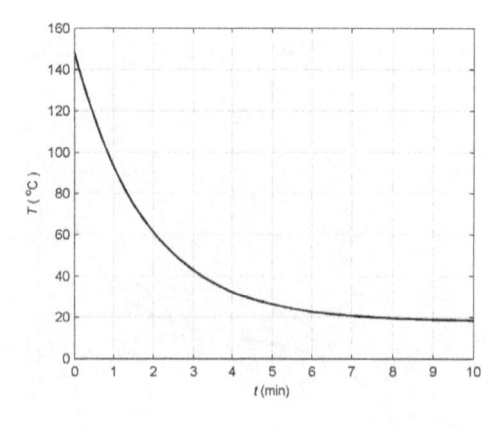

7.30 (a) $M = 9,5$ (b) $E = 2 \times 10^{14}$ J

7.31 $\Delta M = \frac{2}{3} \log 2 \approx 0,2007$

7.32 (a) $\frac{3,7492 \times 10^{-16}}{\lambda^5} \cdot \frac{1}{e^{4,1180 \times 10^{-6}/\lambda} - 1}$
(b) Gráfico abaixo

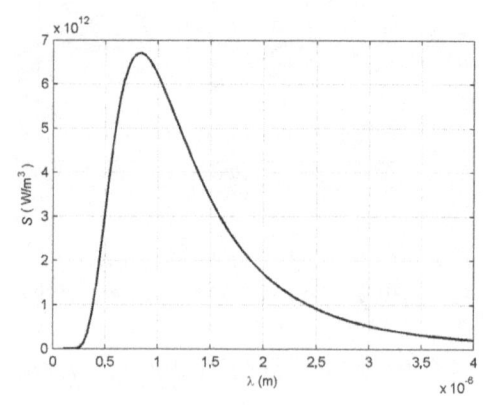

7.29 (a) $k = 0,5500$ min^{-1} (b) Gráfico a seguir (c) $8,85$ min

7.33 (a) $z = 4,9651$
(b) $\lambda_{\max} = 0,8294 \times 10^{-6}$ m

Capítulo 8

8.1 (a) $t_1 = \frac{\pi}{6}$, $t_2 = 135°$, $t_3 = \frac{7\pi}{4}$, $t_4 = 105°$
(b) 1° Quad., 2° Quad., 4° Quad., 2° Quad. (c) Desenho a seguir

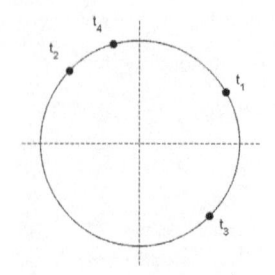

8.2 (a) $\frac{\sqrt{3}}{2}$ (b) $1\frac{1}{2}$ (c) $1\frac{1}{2}$ (d) $-\frac{\sqrt{3}}{2}$ (e) $\frac{\sqrt{3}}{2}$
(f) $\frac{1}{2}$ (g) $\frac{\sqrt{2}}{2}$ (h) $-\frac{\sqrt{2}}{2}$ (i) $-\frac{\sqrt{2}}{2}$ (j) $-\frac{\sqrt{2}}{2}$
(k) $-\frac{\sqrt{2}}{2}$ (l) $\frac{\sqrt{2}}{2}$

8.3 (a) $50°$ (b) $240°$ (c) $300°$

8.4 (a) $\frac{8\pi}{5}$ rad (b) $\frac{\pi}{2}$ rad (c) $\frac{5\pi}{4}$ rad

8.5 (a) $-k$ (b) k (c) $-k$ (d) k

8.6 (a) $\frac{\sqrt{7}}{4}$ (b) $-\frac{\sqrt{7}}{3}$ (c) $-\frac{3\sqrt{7}}{7}$ (d) $-\frac{4}{3}$ (e) $\frac{4\sqrt{7}}{7}$

8.7 Sugestão: Comece substituindo cotg(x) por sua definição envolvendo sen(x) e cos(x). Depois, use sen$^2(x)$+ cos$^2(x) = 1$

8.8 (a) Falso (b) Verdadeiro (c) Verdadeiro, pois sen$^2(x)$ = [sen(x)]^2 (d) Falso (e) Falso

8.9 (a) Verdadeiro (b) Falso (c) Falso (d) Falso (e) Falso

8.10 (a) $A = 1$, $T = \pi$, gráfico IV (b) $A = 2$, $T = 2\pi$, gráfico II (c) $A = 1$, $T = 2\pi$, gráfico I (d) $A = 2$, $T = 4\pi$, gráfico IV

8.11 (a) $A = 1$, $T = 2\pi$, gráfico III (b) $A = 1$, $T = 4\pi$, gráfico IV (c) $A = 1/2$, $T = 2\pi$, gráfico II (d) $A = 3$, $T = \pi$, gráfico I

8.12 alternativa **e**

8.13 alternativa **d**

8.14 alternativa **c**

8.15 alternativa **e**

8.16 (a) $A = 0{,}01$ mm e $T = 1/440$ s (b) Gráfico a seguir:

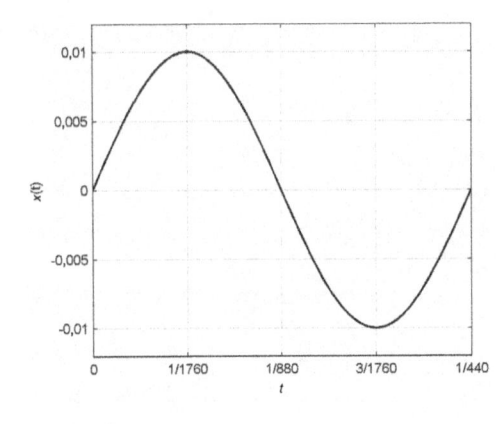

8.17 (a) $A = 0{,}3$ A e $T = 120$ s (b) Gráfico a seguir:

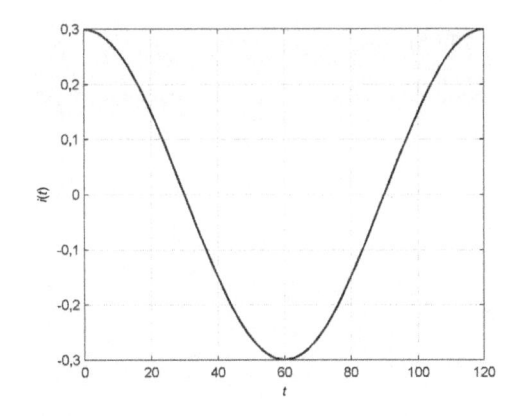

8.18 $A = 20$ cm e $\omega = \pi/5$ s^{-1}

8.19 alternativa **b**

8.20 (a) $T_{\text{dia}} = 24$ h (b) $T_{\text{lua}} = 29$ d, 12 h, 44 min (c) $T_{\text{ano}} = 365$ d, 5 h, 49 min

8.21 (a) Gráficos a seguir (b) 45°

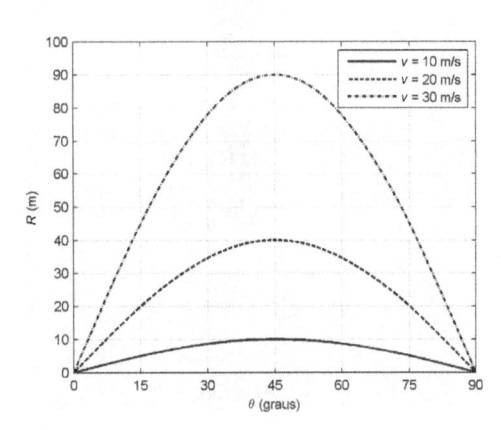

8.22 (a) Figura a seguir (b) $z = 0{,}5544$

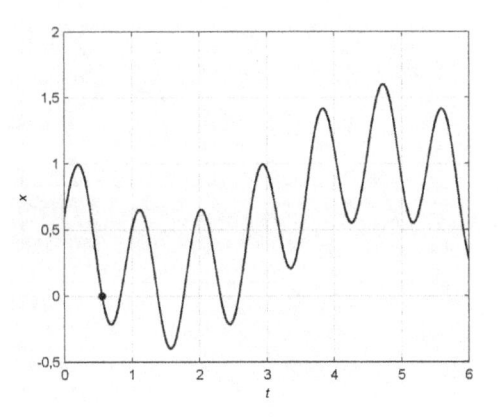

8.23 (a) Gráficos a seguir (b) $\lim_{t \to 0} F(t) = 1$

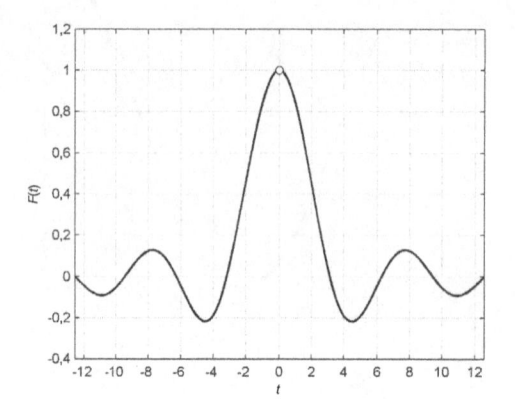

8.24 (a) Gráfico a seguir (b) $\lim_{t \to 0} G(t) = \nexists$

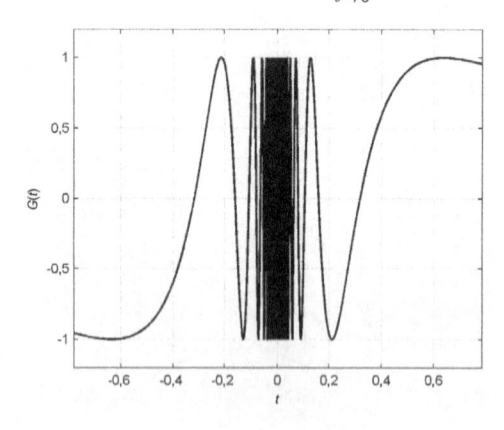

8.25 Os gráficos (mostrados a seguir) são visualmente indistinguíveis.

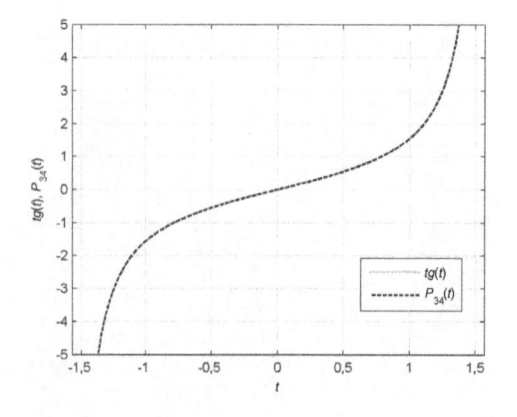

8.26 (a) Gráfico a seguir (b) $\theta_{\min} = 21,8°$ ($F_{\min} = 18,6$ N)

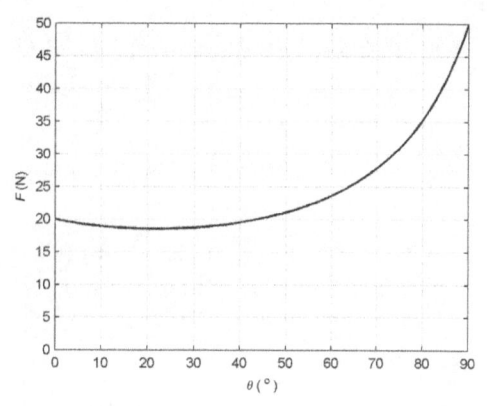

8.27 (a) $V = 41,89$ cm^3 (b) Gráfico a seguir

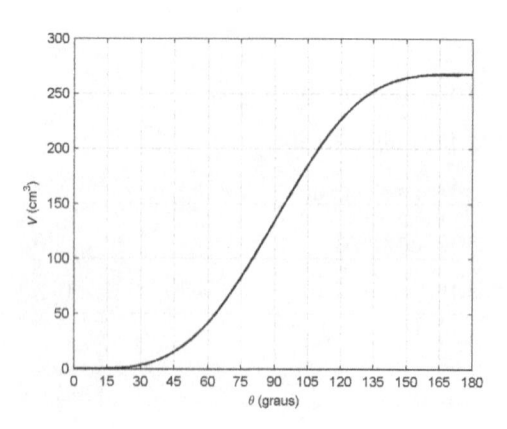

Referências

ANTON, H.; BIVENS, I. C.; DAVIS, S. L. *Cálculo*. 10. ed. Porto Alegre: Bookman, 2014. v. 1.

ASSOCIAÇÃO NACIONAL DOS FABRICANTES DE VEÍCULOS AUTOMOTORES. [2014]. [Estatísticas 1997-2007]. Disponível em: <http://www.anfavea.com.br/tabelas.html>. Acesso em: 07 nov. 2014.

ÁVILA, G. *Introdução às funções e a derivada*. São Paulo: Atual, 1995.

CALLISTER JR, W. D.; RETHWISCH, D. G. *Material science and engineering:* an introduction. 7th ed. New York: John Wiley, 2007.

CARMO, M. P.; MORGADO, A. C.; WAGNER, E. *Trigonometria e números complexos*. Rio de Janeiro: SMB, 1992. (Coleção do Professor de Matemática).

GARBI, G. G. *O romance das equações algébricas*: a história da álgebra. São Paulo: Makron Books, 1997.

GONCHAR, A. A.; DOLZHENKO, E. P. Approximation of functions of a complex variable. In: *Encyclopedia of Mathematics*. 2011. Disponível em: < http://www.encyclopediaofmath.org/index.php/Approximation_of_functions_of_a_complex_variable>. Acesso em: 3 fev. 2015.

HALLIDAY, D.; RESNICK, R.; MERRILL, J. *Fundamentos de física*. 2. ed. Rio de Janeiro: LTC, 1991. v. 4.

HOWARD, A. *Cálculo*: um novo horizonte. 6. ed. Porto Alegre: Bookman, 2000. v. 2.

INSTITUTO BRASILEIRO DE GEOGRAFIA E ESTATÍSTICA. *População residente, por situação do domicílio e por sexo,1940-1996*. [c2014]. Disponível em: < http://www.ibge.gov.br/home/estatistica/populacao/censohistorico/1940_1996.shtm>. Acesso em: 07 nov. 2014.

LIMA, E. L. et al. *A matemática do ensino médio*. Rio de Janeiro: SBM, 1998. (Coleção do Professor de Matemática, v. 3).

LIMA, E. L. A propósito de contextualização. *Revista do Professor de Matemática*, v. 58, p. 28–32, 2005.

LIMA, E. L. *Logaritmos*. Rio de Janeiro: SBM, 1991. (Coleção do Professor de Matemática).

NEWTON, I. *Philosophiæ naturalis principia mathematica*. London: [s.n], 1687. v. 3. Disponível em http://books.google.com/books?id=bulJAAAAMAAJ. Acesso em: 12 nov. 2014.

O'CONNOR, J. J.; ROBERTSON, E. F. MacTutor History of Mathematics. 2014. Disponível em: < http://www-history.mcs.st-andrews.ac.uk/>. Acesso em: 07 nov. 2014.

RIBENBOIM, P. *Números primos:* mistérios e recordes. Rio de Janeiro: IMPA, 2001. (Coleção Matemática Universitária).

SAFIER, F. *Pré-cálculo*. 2. ed. Porto Alegre: Bookman, 2011. (Coleção Schaum).

SPIEGEL, M. R. *Manual de fórmulas, métodos e tabelas de matemática*. São Paulo: Makron Books do Brasil, 1992.

SPORTING HEROES: a photographic encyclopaedia of sports. [c2014]. Disponível em: <http://www.sporting-heroes.net/>. Acesso em: 28 nov. 2014.

TOSCANI, L. V.; VELOSO, P. A. S. *Complexidade de algoritmos*. Porto Alegre: Sagra Luzzatto, 2002. (Livros Didáticos do Instituto de Informática da UFRGS, v.13).

WEISSTEIN, E. *Wolfram MathWorld*: the web's most extensive mathematics resource. 2014. Disponível em: < http://mathworld.wolfram.com/>. Acesso em: 07 nov. 2014.

YOUSSEF, A. N.; FERNANDEZ, V. P.; SOARES, E. *Matemática para o 2^0 grau:* curso completo. 7. ed. São Paulo: Scipione, 1997.

ZEMANSKY, M. W. *Calor e termodinâmica*. 5. ed. Rio de Janeiro: Guanabara, 1978.